Legende

AF124571

Annette Schäfer | Christel Wedra | Hildegard Wey

Die Pflanzenwelt im Moseltal

18 faszinierende Entdeckungstouren
zwischen Perl und Koblenz

Quelle & Meyer Verlag Wiebelsheim

Die Angaben in diesem Buch sind von den Autoren und dem Verlag sorgfältig erwogen und geprüft, dennoch kann keine Garantie übernommen werden. Bitte immer aktuelle Hinweisschilder auf den Wanderwegen beachten! Eine Haftung der Autoren bzw. des Verlags und seiner Beauftragten für Personen-, Sach- und Vermögensschäden ist ausgeschlossen.

Bibliografische Information der Deutschen Nationalbibliothek
Die Deutsche Nationalbibliothek verzeichnet diese Publikation in der Deutschen Nationalbibliografie; detaillierte bibliografische Daten sind im Internet über http://dnb.d-nb.de abrufbar.

© 2016, by Quelle & Meyer Verlag GmbH & Co., Wiebelsheim
www.quelle-meyer.de

Das Werk einschließlich aller seiner Teile ist urheberrechtlich geschützt. Jede Verwertung außerhalb der engen Grenzen des Urheberrechtsgesetzes ist ohne Zustimmung des Verlages unzulässig und strafbar. Dies gilt insbesondere für Vervielfältigungen auf fotomechanischem Wege (Fotokopie, Mikrokopie), Übersetzungen, Mikroverfilmungen und die Einspeicherung und Verarbeitung in elektronischen und digitalen Systemen (CD-ROM, DVD, Internet, etc.).

Druck und Verarbeitung: Westermann Druck Zwickau GmbH
Printed in Germany/Imprimé en Allemagne
ISBN 978-3-494-01596-5

Inhaltsverzeichnis

Einführung

*B*ei „Mosel" denken die meisten an ein Flusstal mit vielen engen Windungen und weißen Ausflugsschiffen, an steile Schieferhänge mit berühmten Weinlagen, an romantisch gelegene Winzerorte mit alten Fachwerkhäusern und an malerisch auf schroffen Bergspornen thronende Burgen. Diesem Bild entspricht allerdings nur das Flusstal unterhalb von Trier, und da hat die Mosel schon deutlich mehr als die Hälfte ihrer Fließstrecke hinter sich. Ganz zu Recht haben die Weinkultur, die Gastlichkeit der Winzerdörfer und die spektakuläre Landschaft die Mosel in aller Welt berühmt gemacht. Als Wanderregion hat das Moseltal ebenfalls einen guten Ruf. Die örtlichen Vereine und Gemeinden haben viel Zeit und Mühe in die Anlage und Pflege des Wandernetzes investiert. Erst kürzlich wurde der Moselsteig eröffnet, der das Moseltal von der deutsch-luxemburgisch-französischen Grenze bis nach Koblenz für Fernwanderer erschließt. Für Naturliebhaber ist die Mosel mehr als eine Reise wert, denn auf vielen Wegen und Felspfaden gibt es nicht nur atemberaubende Ausblicke, sondern auch eine vielfältige und an Raritäten reiche Tier- und Pflanzenwelt zu entdecken. Dieses Buch ist als Begleiter für Wanderer gedacht, die auf ihren Wegen die Pflanzenwelt der Mosel näher kennenlernen möchten.

Zu diesem Buch

Unsere Auswahl der Pflanzenarten: Von der reichhaltigen Flora des Moseltals kann der vorliegende Führer nur einen kleinen Teil vorstellen. Der Schwerpunkt unserer Auswahl liegt auf gut erkennbaren Kräutern am Wegesrand und auf Pflanzenarten, die für die Lebensräume im Moseltal typisch sind. Wir haben nur wenige Gehölze ausgewählt und von den Gräsern nur das Wimper-Perlgras. Weit verbreitete Pflanzenarten wie Löwenzahn, Efeu und Gänseblümchen wurden ebenso weggelassen. Fortgeschrittenen Botanikern wird auffallen, dass nicht alle floristischen Raritäten aufgeführt sind, für die die Mosel in Fachkreisen bekannt ist. Dafür ist dieses Buch aber nicht gedacht. Auch gebietet es der Naturschutz, besonders seltene und empfindliche Bereiche nicht zu betreten und von Störungen freizuhalten. In diesem Zusammenhang bitten wir alle Wanderer: Helfen Sie mit, die Naturschätze der Moselregion zu bewahren, indem Sie auf den Wegen bleiben – ganz besonders in den Naturschutzgebieten –, keine Pflanzen beschädigen oder gar ausgraben und keine geschützten Arten pflücken!

Das Auffinden der Pflanzenarten unterwegs: Die Tourbeschreibungen bieten Angaben zu Orten und Wegstrecken in der Landschaft, an denen bestimmte Pflanzenarten beobachtet werden können. So kann, wer mit diesem Wanderfüh-

rer unterwegs ist, die vorgestellten Pflanzen an den entsprechenden Orten auch erwarten. Der Aspekt der Pflanzendecke in der freien Natur ändert sich ständig, besonders jahreszeitlich. Wenn im Sommer der Regen lange ausbleibt, können selbst abgehärtete, an viel Sonne und Trockenheit gewöhnte Pflanzen welken. Außerdem kann es vorkommen, dass Wiesen und Wegränder frisch gemäht und nur noch kurzes Gras und Blattrosetten ohne Blüten zu sehen sind. Auf der anderen Seite werden Sie sicherlich auch positiv überrascht werden und manch schöne Pflanze finden, die wir Autorinnen bei unseren Wanderungen nicht gesehen haben!

Die Auswahl der Touren: Das Moseltal ist altes Kultur- und auch Reiseland, das seit Jahrhunderten mit einer Vielzahl von örtlichen und Fernwanderwegen erschlossen ist. Unsere Auswahl soll die charakteristischen Landschaftsräume vorstellen: Flusstal, reben- und waldbedeckte Moselhänge, Kalk-, Sandstein- und Schieferfelsen, Moselhöhen am Eifel- und Hunsrückrand. Nicht alle vorgeschlagenen Wege verlaufen parallel zur Mosel, man sieht den Fluss jedoch von mindestens einer

Stelle aus. Einige bekannte Wanderziele (Zitronenkrämerkreuz bei Mehring, Graacher Schanzen) wurden nicht berücksichtigt, weil es hier Planungen für große Bauprojekte (Pumpspeicherkraftwerk, Hochmoselübergang) gibt, die das Landschaftsbild und damit auch den Wegeverlauf verändern werden.

Die meisten hier vorgestellten Wanderungen verlaufen auf gut ausgeschilderten Wegen; wo eine Wegführung nicht gut erkennbar ist oder ein Abstecher vorgeschlagen wird, enthalten die Tourbeschreibungen entsprechende Hinweise.

Praktische Hinweise

Schwierigkeitsgrad der Touren: Im Buch werden einfache bis anspruchsvolle Wanderungen vorgestellt, jedoch keine Klettertouren. Schwierigere Wegetappen, die Trittsicherheit und Schwindelfreiheit voraussetzen, sind in den Karten kenntlich gemacht. An den steilen Moselhängen kann es im Sommer sehr heiß werden – hier sollte man für unterwegs einen Trinkvorrat mitnehmen. Bei nassem Wetter und bei winterlichen Bedingungen wird der Moselschiefer rutschig, dann ist gutes Schuhwerk besonders wichtig – oder man wählt eine Tour mit nur geringen Steigungen.

Abkürzungen: Bei einigen längeren Routen werden Abkürzungen oder alternative Wegstrecken beschrieben. In den Karten sind sie gelb dargestellt.

GPS-Daten: Für den Startpunkt der Route sind die geografischen Koordinaten in Breite/Länge angegeben (hddd° mm'ss.s''), damit die Örtlichkeit mit einem PKW-Navigationsgerät angesteuert werden kann. Die Beobachtungstipps auf den Wanderungen sind mit Koordinaten im UTM-Gitter (Zone 32 U WGS 84) versehen, da die meisten Outdoor-GPS-Geräte dieses System verwenden.

Einkehrmöglichkeiten: Was wäre eine Wanderung ohne das Verkosten der regionaltypischen Speisen (und Weine)! Da wir in jedem durchwanderten Moselort Einkehrmöglichkeiten entdeckt haben, führen wir bei den Wegbeschreibungen nur die Gaststätten auf, an denen die Wanderung direkt vorbeiführt. Die Angaben entsprechen dem Stand der Jahre 2013/2014. Auch ein Übernachtungsquartier lässt sich in jedem Winzerdorf finden. Die örtlichen Touristeninformationen helfen dabei und halten darüber hinaus viele nützliche Tipps für Urlauber bereit.

Verkehrsverbindungen: Das Moseltal ist verkehrstechnisch sehr gut angebunden. Die Angaben im Buch zum ÖPNV sind auf dem Stand von 2014. Aktuelle Busfahrpläne und Fahrplanänderungen können bei Rhein-Mosel-Bus (www.rhein-mosel-bus.de), Verkehrsverbund Rhein-Mosel (www.vrminfo.de) und beim Verkehrsverbund Region Trier (www.vrt-info.de) nachgesehen werden. Außerdem gibt es im Moseltal über 30 Bahnhaltestellen und die dazu gehörigen Fahrpläne bei www.moseltalbahn.de.

Touristische Informationen: Viele Tipps und Angebote für Touristen findet man bei www.mosellandtouristik.de. Der 2014 erschienene offizielle Wanderführer zum Moselsteig mit Karten im Maßstab 1:25.000 (Poller & Todt, 2014) bietet weitere ausführliche Informationen zum Wandern im Moseltal.

Zeichenerklärungen

 Geschützte Pflanzen – Pflanzen, die nach Bundesnaturschutzgesetz geschützt sind und nicht gesammelt werden dürfen

 Giftpflanzen – Pflanzen, die in allen oder einzelnen Teilen Giftstoffe enthalten

 Heilpflanzen – Pflanzen, die früher oder auch noch aktuell zu Heilzwecken genutzt wurden/werden

 Nutzpflanzen – Pflanzen, die vor allem früher für bestimmte Zwecke, etwa zum Färben genutzt wurden

 Zierpflanzen – Pflanzen, die im Gartenhandel entweder als Zuchtformen oder auch für Wildpflanzengärten angeboten werden

 Wildgemüse/Wildobst – Pflanzen, die ganz oder in Teilen zum Verzehr geeignet sind

 1 Stiefel – leichte Wanderung auf überwiegend ausgebauten Wegen

 2 Stiefel – normale Wanderung mit leichten bis mittelschweren An- und Abstiegen

 3 Stiefel – anspruchsvolle Wanderung mit steilen Passagen, die Trittsicherheit und Schwindelfreiheit erfordern

 Blütezeit

 Fruchtzeit

Das Wandergebiet

Die Mosel entspringt in Frankreich – genauer gesagt in den Südvogesen – und mündet nach 544 km bei Koblenz in den Rhein. Drei Staaten haben Anteil an der Mosel: Frankreich, Luxemburg und Deutschland. Gemeinsam wurde der Fluss ab 1958 kanalisiert und zur Großschifffahrtsstraße mit derzeit 28 Staustufen ausgebaut. Am „Dreiländereck" bei Perl grenzen alle drei Länder an die Mosel: Hier beginnt das Wandergebiet und erstreckt sich bis Kobern-Gondorf, etwa 17 km vor der Mündung in den Rhein. Wetterkundler bezeichnen das Moseltal als eine „Wärmegasse", da es gegenüber den angrenzenden Landschaften von Eifel und Hunsrück weniger feucht und kühl ausfällt. Es gibt kaum Frosttage und der Frühling beginnt etwa zwei Wochen früher als auf den Höhen. So können hier hervorragende Weine wachsen und viele Pflanzen und Tiere aus warmen Klimazonen heimisch werden.

Das Tal ist außerordentlich vielfältig gestaltet: Im Westen fließt die Mosel durch ein weites Tal. Mit dem Eintritt in das Rheinische Schiefergebirge beginnen zahlreiche Flussschlingen, die engste liegt bei Bremm, hier zwängt sich der Fluss durch eine Haarnadelkurve. Unterhalb Cochem verschwinden die Mäander aus dem Landschaftsbild und der Fluss gewinnt wieder an Weite, flankiert von steilen, bis 200 m hoch aufragenden Felshängen. Zusätzlich zu den wechselnden Talformen ändern sich die Ausgangsbedingungen für die Pflanzen von kalkreich bis kalkfrei und von praller Südsonne zu kühlen Nordhängen.

Landschaftsgeschichte

Im Wandergebiet hat sich die Mosel ihr derzeitiges Bett erst vor rund 10.000 Jahren geschaffen und ist damit deutlich jünger als das umgebende Rheinische Schiefergebirge, das sich während des Erdaltertums (Paläozoikum) vor ca. 350 Millionen Jahren gebildet hat. Im Tertiär, vor etwa 50 bis 60 Millionen Jahren, entwickelten die Landschaftsräume der Großregion ihre Gestalt: Es begann die Bildung des Rheingrabens, der Eifelvulkane und auch des Moseltals. In Zeitepochen mit stärkerer Hebung schnitten sich die Flüsse stärker ein; in geologisch ruhigeren Zeiten sammelte sich Schotter in den Flussbetten an und es bildeten sich breitere Täler. Die vielen Moselschlingen entstanden in einer Zeitepoche, in der das Moseltal breit war. Durch den Wechsel von Hebungsphasen und Zeiten geologischer Ruhe entstanden an den Talhängen Terrassen: Infolge einer Hebung wurde der alte Talboden zur Terrasse. Die Terrassen erkennt man nicht nur anhand der Geländegestalt, sondern auch anhand des Bodens; hier gibt es reichlich Schotter und Kies, den die Mosel abgelagert hat.

Bei den Hängen und Ufern lassen sich bezüglich ihrer Gestalt zwei Typen unterscheiden: Prallhänge und Gleithänge. Botanisch interessante Exkursionsziele liegen oft an warmen, steilen Prallhängen, wo die Bedingungen für die Rebe ungünstig sind. Die schattigen Steilhänge sind oft von Wald bedeckt. An den sanft geneigten Gleithängen liegen zumeist die Ortschaften und das Kulturland.

Das Moseltal und seine Regionen

Entlang der Mosel fallen zahlreiche imposante Felsformationen unterschiedlicher Farbe auf. Zwischen Perl und Trier leuchten helle Kalkfelsen, der Norden der Trierer Talweitung wird von roten Buntsandsteinwänden begrenzt. Graue Quarzite und Schiefer bilden die steilen Felsen der Mittel- und Untermosel.

In der Kalklandschaft des **Oberen Moseltals** verlaufen die Touren 1, 2 und 3, die jeweils mit einem Anstieg aus Weindörfern im Tal beginnen. Auf den basenreichen, warmen und steinigen Böden, die für Weinbau und Landwirtschaft ungeeignet sind, können buntblühende Kalkmagerrasen mit ihrer reichen Flora bewundert werden. Auf Route 4 durchwandert man die **Trierer Talweitung** direkt entlang der Mosel, auf altem, bereits von den Kelten besiedeltem Kulturland. Die Mosel führt hier bereits deutlich mehr Wasser, hat sie doch zwei Nebenflüsse aufgenommen, die Sauer aus dem Norden und aus dem Süden die Saar. Route 5 führt vom Bitburger Gutland durch das **Untere Kylltal** zur Mosel. Die Kyll, ein von der Eifel kommender Nebenbach der Mosel, hat sich tief in den Buntsandstein eingeschnitten. Der hier anstehende Sandstein diente u.a. beim Bau der Porta Nigra in Trier und des Kölner Doms. Das Gestein enthält auch Kupfer, dieses hatten bereits die Römer entdeckt und abgebaut. Am Eingang zum **Mittleren Moseltal** verlaufen die Touren 6 und 7. Hier beginnen die Moselmäander und die

Ortsnamen klingen nach berühmten Weinetiketten. Einen guten Überblick über diesen Talabschnitt hat man von den Aussichtspunkten der Hunsrück-Randhöhen von Tour 8. Die Touren 9, 10 und 11 führen in die sonnendurchglühten Schieferfelsen oberhalb der Weinberge. Am höchsten Punkt von Tour 9 öffnet sich der Blick in die fruchtbare Wittlicher Senke, die bereits zur Eifel gehört. Vom Calmont (Tour 11), über die Senheimer Lay (Tour 13), den Valwiger Steilhang (Tour 14) zur Brauselay (Tour 15) erstreckt sich der **Cochemer Krampen**, ein landschaftlich besonders spektakulärer, windungsreicher und felsiger Moselabschnitt. Tour 12 führt aus dem

engen Tal hinauf in den **Moselhunsrück**. Die drei östlichen Touren 16, 17 und 18 verlaufen auf der Eifelseite der Mosel und liegen im **Unteren Moseltal**. Sie erschließen auf Fußpfaden kunstvoll terrassierte Weinberge, Felsformationen und enge Seitentäler der Mosel und streifen gelegentlich auch die lößbedeckten Höhen des **Maifeldes**.

Besonderheiten der moselländischen Flora

Die Rahmenbedingungen für die Flora im Moseltal sind durch das trocken-warme Klima, die oft gute Mineralstoffversorgung bei geringer Humusauflage der Böden, den kleinräumigen Wechsel von schattigen und sonnigen Lagen, von Steilhängen, Terrassen und Felsvorsprüngen gekennzeichnet. Die Nutzpflanze, die an den Moselhängen am besten gedeiht, ist die Weinrebe – seit mehr als 2000 Jahren. Von Natur aus gäbe es hier Wälder mit Eichen, Ahornen, Linden und Hainbuchen sowie Felsgebüsche mit Felsenbirne und Zwergmispel; diese Lebensräume blieben mancherorts oberhalb der Rebhänge erhalten. Auf den sich stark erwärmenden Felsen kann man die ursprüngliche Vegetation aus niedrigwüchsigen Polstern von Fetthennen, Steinkraut, Nelken und anderen spezialisierten Kräutern, Gräsern und Moosen beobachten. Viele Pflanzen der trocken-warmen Standorte an den Moselhängen haben ihre Hauptverbreitung im Mittelmeerraum. Hierzu gehören zum Beispiel Französischer Ahorn, Esskastanie, Buchsbaum, Felsenbirne, Zwergmispel und Felsenkirsche, Wald-Bergminze und Gold-Aster. An den felsigen Moselhängen sind einige in Deutschland seltene Arten zu entdecken, darunter Felsen-Goldstern, Diptam, Zierliche Fetthenne, Echte Hauswurz. Unbedingt erwähnenswert ist der

Orchideenreichtum auf den Kalkmagerrasen der Obermosel mit der unauffälligen Hohlzunge und dem stattlichen Übersehenen Knabenkraut. Auch wenn die Ufer der Mosel weitgehend befestigt und die Talauen überformt sind, lassen sich auch hier bemerkenswerte Pflanzenarten entdecken, wie zum Beispiel Gelbe Wiesenraute, Kümmelblättriger Haarstrang und aus der Gruppe der botanischen Neubürger Breitblättrige Kresse und Echter Eibisch.

![Blick vom Hammelsberg in das Moseltal und nach Frankreich]

Blick vom Hammelsberg in das Moseltal und nach Frankreich

1. Panoramaweg Perl – Wanderung am Dreiländereck und durch das Naturschutzgebiet

Die Wanderung führt von Perl aus in das Dreiländereck Frankreich – Luxemburg – Deutschland. Ab hier bildet die aus Lothringen kommende Mosel über 35 km die Grenze zwischen Luxemburg und Deutschland. Der Rundweg verläuft durch das saarländische Naturschutzgebiet Hammelsberg/ Atzbüsch und das angrenzende französische Naturschutzgebiet. Auf der Route wechseln sich Etappen durch Laubwald, entlang von Waldrändern und Wiesen und durch Magerrasen ab. Das Wandergebiet ist für seine zahlreichen Orchideen bekannt, die Mitte Mai bis Mitte Juni blühen. Auch zu anderen Jahreszeiten gibt es in der reichen Pflanzenwelt viele interessante Beobachtungen, besonders von kalk- und wärmeliebenden Kräutern, von denen hier nur eine Auswahl vorgestellt werden kann. Die Route bietet außerdem schöne Ausblicke in das weite Tal der Obermosel, nach Luxemburg und Frankreich.

Ausgangspunkt: Parkplatz „Rabüscheck" an der B407 nordöstlich von Perl (49°29'00.7" N, 6°23'59.7" E, = Start 1).

Alternativer Start (= Start 2), besonders für Bahnreisende: Waldparkplatz am Ende der Perler Ortsstraße Zum Hammelsberg (49°28' 00.5" N, 6°22'48.5" O). Die Tour beginnt dann beim Dreiländerblick.

Markierung: Traumschleife Panoramaweg Perl des Saar-Hunsrück-Steigs: stilisierte Buchstaben S und H auf violettem Grund mit Richtungspfeil.

Länge: 8,4 km lange Rundwanderung.

Öffentliche Verkehrsmittel: Mit der Regionalbahn 1228 von Trier zum Start 2. Vom Bahnhof Perl für 2 km den Markierungen des Moselsteigs folgen: am Verkehrskreisel der B419 vorbei, durch gebüschreiches Gelände, Wiesen und Weinberge zur Apacher Straße, nach rechts in die Straße Zum Hammelsberg abbiegen und bis zum Waldrand folgen.

Topographische Karte: 6405 Merzig

Wegbeschaffenheit, Höhenprofil: Mittelschwere Wanderung mit einigen kurzen steilen An- und Abstiegen; überwiegend unbefestigte Waldwege, im Naturschutzgebiet auf schmalem Pfad.

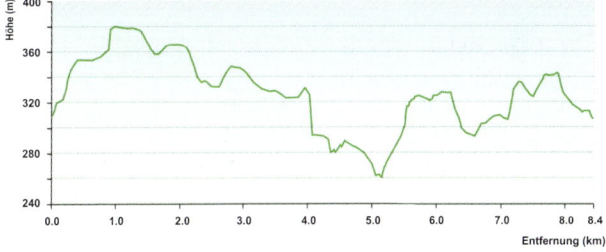

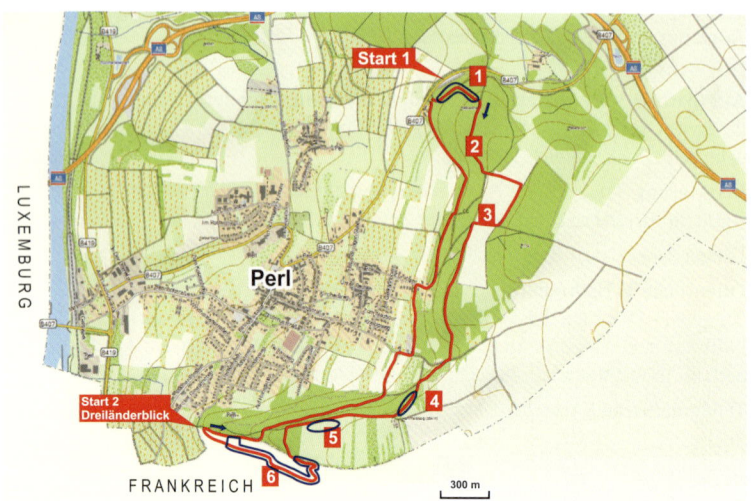

*V*om Parkplatz am Waldrand aus beginnt die Tour mit einem Anstieg durch einen alten Buchenwald mit üppiger Kraut-schicht (Beobachtungstipp 1).

Beobachtungstipp 1: Buchenwald am Rabüscheck
Von 311731 / 5484457 bis 311940 / 5484444

Feld-Ahorn *(Acer campestre)*, **A1_2**
Busch-Windröschen *(Anemone nemorosa)*, **W14**
Gefleckter Aronstab *(Arum maculatum)*, **A6**
Nesselblättrige Glockenblume *(Campanula trachelium)*, **G4**
Gewöhnliches Hexenkraut *(Circaea lutetiana)*, **H11**
Gefingerter Lerchensporn *(Corydalis solida)*, **L8**
Waldmeister *(Galium odoratum)*, **W3**
Wald-Labkraut *(Galium sylvaticum)*, **W3_2**
Wald-Bingelkraut *(Mercurialis perennis)*, **B9**
Vielblütige Weißwurz *(Polygonatum multiflorum)*, **W9_2**
Wohlriechende Weißwurz *(Polygonatum odoratum)*, **W9**
Feld-Rose *(Rosa arvensis)*, **R5**
Fuchs-Greiskraut *(Senecio ovatus)*, **G12**
Wald-Ziest *(Stachys sylvatica)*, **Z5**
Wald-Veilchen *(Viola reichenbachiana)*, **V2**

Buchenwald bei Oberperl

Auf dem ersten halben Kilometer steigt der Weg mäßig steil zur Muschelkalkstufe an, dann geht es flacher weiter. Bei der Sinnenbank auf der linken Wegseite lohnt sich eine kleine Pause, um dieses Sitzmöbel auszuprobieren und den Blick ins Moseltal flussaufwärts mit dem luxemburgischen Grenzort Schengen schweifen zu lassen. Weniger schön, aber imposant sind die Kühltürme des etwa 15 km entfernten französischen Atomkraftwerks Cattenom, die die Richtung anzeigen, aus der die Mosel heranströmt.

Die botanische Sehenswürdigkeit befindet sich auf der Waldlichtung rechts des Weges: Große Teppiche des Blauroten Steinsamens (S17) bieten im Frühsommer ein auffälliges Farbenspiel. Den ganzen Sommer über blühen weitere interessante Pflanzen (Beobachtungstipp 2).

Sinnenbank

Blauroter Steinsame auf einer Waldlichtung

Beobachtungstipp 2: Waldlichtung südlich Rabüscheck
311923 / 5484137

Pfirsichblättr. Glockenblume *(Campanula persicifolia)*, G5
Gewöhnlicher Seidelbast *(Daphne mezereum)*, S9
Breitblättrige Stendelwurz *(Epipactis helleborine)*, S18
Zypressen-Wolfsmilch *(Euphorbia cyparissias)*, W17
Dürrwurz *(Inula conyzae)*, D3
Blaur. Steinsame *(Lithospermum purpurocaeruleum)*, S17
Raukenblättriges Greiskraut *(Senecio erucifolius)*, G13
Echte Goldrute *(Solidago virgaurea)*, G9

Nach einem kurzen Wegstück außerhalb des Waldes, das über den höchsten Punkt der Wanderung (370 m NN) führt, geht die Route an einem Wiesenstreifen mit alten Obstbäumen vorbei, auf dem typische Kräuter magerer Wiesen wachsen (Beobachtungstipp 3).

Beobachtungstipp 3: Magerwiese östlich Oberstwald
311984 / 5483727

Wilde Möhre *(Daucus carota),* **M6**
Wiesen-Labkraut *(Galium album),* **L2**
Wiesen-Margerite *(Leucanthemum vulgare),* **M3**
Große Bibernelle *(Pimpinella major),* **B8**
Kleiner Klappertopf *(Rhinanthus minor),* **K4_2**
Jakobs-Greiskraut *(Senecio jacobaea),* **G13_2**
Wiesen-Klee *(Trifolium pratense),* **K6_3**

Wieder auf schmalem Pfad durch Buchenwald sind im Frühjahr die vielen zarten blauen Blüten des Zweiblättrigen Blausterns (**B10**) kaum zu übersehen. Ab dem Sommer sucht man sie vergebens, dann lassen sich im dichten Teppich des Wald-Bingelkrauts (**B9**) die bleichen Stängel der Nestwurz (**N5**), einer Orchideenart, entdecken. Vom nächsten Aussichtspunkt mit Sitzbank (311745 / 5483293) geht der Blick nach Westen ins Moseltal, auf Perl und auf die von Weinbergen umgebene Ortschaft Remerschen. Auf der luxemburgischen Seite kommt im Tal eine Seenlandschaft in Sicht, die nach Sand- und Kiesabbau entstanden ist und Wassersportler und Naturbeobachter gleichermaßen anlockt.

Nach und nach ändert sich das Waldbild: alte Buchen treten zurück zugunsten von Hainbuchen, diese teils mit Stockausschlag, dazu Vogelkirschen, Robinien und Lärchen. Moosbewachsene Steinriegel und Mauern (311766 / 5483119) lassen erkennen, dass dieser Wald sich auf altem, lange aufgegebenem Kulturland entwickelt hat. Der Weg führt nun bergab und quert ein meist trockenes Bachtal, in dem hohe Eschen stehen. Dann beginnt der Anstieg zum Hammelsberg. Am schattigen Rand des asphaltierten Weges gibt es interessante Stauden und auch Farne zu entdecken, darunter die auffällige Hirschzunge (Beobachtungstipp 4).

Hirschzunge

Beobachtungstipp 4: Wegränder nördlich Hammelsberg
Von 311508 / 5482715 bis 311439 / 5482650

Giersch *(Aegopodium podagraria)*, E4_2
Hirschzunge *(Asplenium scolopendrium)*
Wirbeldost *(Clinopodium vulgare)*, W15
Schmalblättr. Weidenröschen *(Epilobium angustifolium)*, W6
Wiesen-Bärenklau *(Heracleum sphondylium)*, B2
Gelappter Schildfarn *(Polystichum aculeatum)*, S5
Gewöhnlicher Beinwell *(Symphytum officinale)*, B5

Auf dem Hammelsberg, der aus hartem Kalkstein besteht, biegt der Weg vor der Sendeanlage nach rechts ab entlang des Waldrandes. Linkerhand erstreckt sich ein Wiesengelände mit schmalen Hecken. Eine Sitzbank lädt zur Rast und zum Kennenlernen oder Wiederentdecken vieler Wiesenblumen ein.

Beobachtungstipp 5: Magere Wiese im Naturschutzgebiet Hammelsberg
311069 / 5482636

Wiesen-Schafgarbe *(Achillea millefolium)*, S3
Gewöhnliche Flockenblume *(Centaurea jacea)*, F12
Wiesen-Storchschnabel *(Geranium pratense)*, S22
Acker-Witwenblume *(Knautia arvensis)*, W16
Moschus-Malve *(Malva moschata)*, M1
Acker-Wachtelweizen *(Melampyrum arvense)*, W1
Zottiger Klappertopf *(Rhinanthus alectorolophus)*, K4
Wiesen-Bocksbart *(Tragopogon pratensis)*, B11
Schmalblättrige Wicke *(Vicia sativa* subsp. *nigra)*, W11_2

Außerdem die in Beobachtungstipp 3 genannten Arten.

Wieder zurück im Wald führt der Weg im Bogen nach Südosten. Bei einer Infotafel über Insekten und Reptilien geht es rechts ab auf einen steinigen, schmalen Pfad in Richtung Tal – und nach Frankreich. Kurz darauf (310733 / 5482416) öffnet

Blick vom Hammelsberg in das Moseltal, auf Apach und im Hintergrund Sierck-les-Bains

sich ein Ausblick ins französische Moseltal, auf Apach und Sierck-les-Bains und in das Kalkmagerrasengebiet.

Der Weg führt in Serpentinen den durch jahrhundertelange Schafbeweidung waldfreien Berg hinunter. Für den Abstieg sollte man sich Zeit nehmen, wegen der steilen Passage, vor allem aber wegen der botanischen Raritäten (Beobachtungstipp 6). Der Respekt vor der Natur gebietet, auf dem Pfad zu bleiben; alles lässt sich vom Weg aus bestens betrachten. Eine im Wandergebiet sehr seltene Orchidee ist der bis 40 cm hohe Ohnhorn (O1), dessen grünliche Blüten rot gestreift sind.

Ohnhorn   *Schmalblättriger Lein*

Der Wanderpfad führt mitten durch die Orchideenbestände.

Manche Pflanzenarten sehen auch viele geübte Pflanzen-
beobachter nur, wenn sie blühen. Hierzu zählt der seltene,
wärme- und kalkliebende Schmalblättrige Lein, dessen Blätter nur 1–2 mm breit und kaum 2 cm lang sind. Die zarten, rad-
förmig ausgebreiteten Blüten erreichen einen Durchmesser
von immerhin 2–3 cm und setzen im Juni und Juli einen hellvioletten Farbakzent.

Im August fallen die großen, weißlichen Dolden der Hirschwurz
(H12) auf und die blauen Blüten der Berg-Aster (A7). Den
Abschluss der Blühsaison bilden im Oktober die blau blühen-
den Enziane (E5).

**Beobachtungstipp 6: Kalkmagerrasen im Naturschutz-
gebiet Hammelsberg (Frankreich und Deutschland)**
Von 310789 / 5482385 bis 310377 / 5482465

Im Frühjahr blühende Arten:
Kleines Habichtskraut *(Hieracium pilosella)*, H2
Echte Schlüsselblume *(Primula veris)*, S6
Gewöhnliche Küchenschelle *(Pulsatilla vulgaris)*, K15

Im Sommer blühende Arten:
Gewöhnlicher Wundklee *(Anthyllis vulneraria)*, W18
Gewöhnliche Akelei *(Aquilegia vulgaris)*, A2
Skabiosen-Flockenblume *(Centaurea scabiosa)*, F12_2
Karthäuser-Nelke *(Dianthus carthusianorum)*, N4
Färber-Ginster *(Genista tinctoria)*, G3_2
Gewöhnl. Sonnenröschen *(Helianthemum nummularium)*, S13
Hufeisenklee *(Hippocrepis comosa)*, H17
Schmalblättriger Lein *(Linum tenuifolium)*
Futter-Esparsette *(Onobrychis viciifolia)*, E6
Schopfige Kreuzblume *(Polygala comosa)*, K13
Gewöhnliche Kreuzblume *(Polygala vulgaris)*, K13_2
Wiesen-Salbei *(Salvia pratensis)*, S1
Kleiner Wiesenknopf *(Sanguisorba minor)*, W12
Scharfer Mauerpfeffer *(Sedum acre)*, F7_2
Aufrechter Ziest *(Stachy recta)*, Z3
Kleine Wiesenraute *(Thalictrum minus)*, W13_2
Frühblühender Thymian *(Thymus praecox)*, T3_2
Feld-Thymian *(Thymus pulegioides)*, T3
Purpur-Klee *(Trifolium rubens)*, K5_2
Feinblättrige Wicke *(Vicia tenuifolia)*, W10_2
Schwalbenwurz *(Vincetoxicum hirundinaria)*, S7

Im Spätsommer und Herbst blühende Arten:
Berg-Aster *(Aster amellus)*, A7
Sichel-Hasenohr *(Bupleurum falcatum)*, H5
Golddistel *(Carlina vulgaris)*, G7
Stängellose Kratzdistel *(Cirsium acaulon)*, K12
Feld-Mannstreu *(Eryngium campestre)*, M2
Deutscher Enzian *(Gentianella germanica)*, E5
Fransen-Enzian *(Gentianopsis ciliata)*, E5_2
Kriechende Hauhechel *(Ononis spinosa* subsp. *repens)*, H6
Echter Dost *(Origanum vulgare)*, D2

Hirschwurz *(Peucedanum cervaria)*, H12
Echter Gamander *(Teucrium chamaedrys)*, G1

Orchideen:
Hundswurz *(Anacamptis pyramidalis)*, H19
Weißes Waldvögelein *(Cephalanthera damasonium)*, W4
Mücken-Händelwurz *(Gymnadenia conopsea)*, H4
Bocks-Riemenzunge *(Himantoglossum hircinum)*, R3
Hummel-Ragwurz *(Ophrys holosericea)*, R1
Fliegen-Ragwurz *(Ophrys insectifera)*, R1_2
Ohnhorn *(Orchis anthropophora)*, O1
Helm-Knabenkraut *(Orchis militaris)*, K8
Purpur-Knabenkraut *(Orchis purpurea)*, K8_2
Berg-Kuckucksblume *(Platanthera chlorantha)*, K16

Am Fuß des Steilhangs geht es nach rechts und an einer Felswand vorbei, die nach dem Kalksteinabbau stehen blieb. Nach
der Wanderetappe durch offenes Gelände bietet das kurze
Stück durch Laubwald angenehmen Schatten. Nahe einer
Kreuzung von drei Wegen (310210 / 5482590) liegt der alternative Start 2 der Wanderung. Hier lohnt ein kurzer Abstecher
zum Dreiländerblick am Waldrand oberhalb des Weinberges.
Der Weg führt nun steil bergan zu einer Schutzhütte auf dem
deutsch-französischen Grenzpfad. Der Laubwald geht bald in
Gebüsch und offenes Gelände über, hier sind viele Arten der
Kalkmagerrasen noch einmal zu finden. Bei der Schutzhütte
(310560 / 5482519) bieten sich wiederum schöne Aussichten.
Der schmale Weg führt dann über die Nordflanke des Ham-
melsbergs durch einen schattigen Laubwald. Beidseits des
Weges fallen die grünglänzenden Wedel der Hirschzunge auf
dem kühlen, felsigen Boden auf.

Am Waldrand angekommen führt der geteerte Weg vorbei
an alten Apfelbäumen. Bei der nächsten Kreuzung geht es
nach rechts, kurz darauf nach links auf einen schmalen Weg
durch den Oberstwald, einen kraut- und lianenreichen Mischwald. Im Ortsteil Oberperl wendet sich der Weg nach rechts
und führt 100 m steil bergan, bevor er nach links in den schattigen Buchenwald abzweigt. Im Frühjahr blühen am Wegrand

zunächst der Zweiblättrige Blaustern (B10), wenige Wochen
später die Maiglöckchen (B3_2), im Sommer Nessel- sowie
Pfirsichblättrige Glockenblume (G4, G5), Christophskraut
(C1) und Vielblütige Weißwurz (W9_2). Auf dem letzten Kilometer geht es teils am Waldrand entlang, teils durch Buchenwald zurück zum Parkplatz Rabüscheck.

Wiesen und Obstbäume bei Oberperl

Nitteler Fels

2. Rund um den Nitteler Fels – Wanderung zur Mittelmeerflora im Obermoseltal

Die Wanderung führt zu der markanten über den Nitteler Weinbergen thronenden Felswand aus hartem Dolomit- und Kalkgestein: dem Nitteler Fels. Zunächst geht der Weg durch den Weinort und Weinberge. Bald danach können im Naturschutzgebiet die ersten wärme- und kalkliebenden Pflanzenarten entdeckt werden. Darunter ist die auffällige Bocks-Riemenzunge (R3), in manchen warmen Jahren ein steter Begleiter. Der Weg führt durch Kalk-Magerrasen, Laubwald und Gebüsche und bietet immer wieder Ausblicke in das hier weite Moseltal und ins gegenüberliegende Luxemburg. Beste Wanderzeit für den Wald ist das Frühjahr, für die Magerrasen und felsigen Wegsäume die Zeit von Juni bis September.

Ausgangspunkt: Bahnhaltepunkt Nittel (49°39'14.7" N, 6°26'27.4" E).

Markierung: N3 und Schriftzug „Felsenweg", weiße Schrift auf orangefarbenem Grund, die Umrundung der Felswand in entgegengesetzter Richtung als auf den Hinweistäfelchen. Teilweise Moselsteig.

Länge: 5,9 km lange Rundwanderung.

Öffentliche Verkehrsmöglichkeiten: Mit der Regionalbahn 1228 von Trier.

Topographische Karte: 6304 Wincheringen

Wegbeschaffenheit, Höhenprofil: Breite Wirtschaftswege, schmale Lehmpfade mit Treppen; steile Passagen sind durch Geländer gesichert. Trittsicherheit besonders bei feuchter Witterung erforderlich.

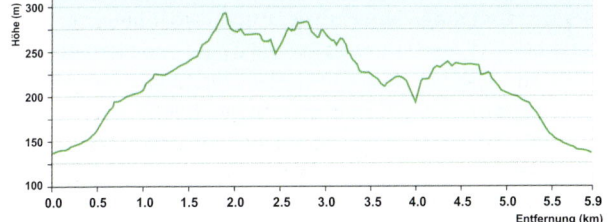

Start

Nittel

LUXEMBURG

200 m

Mosel

Vom Bahnhaltepunkt Nittel geht es durch die Bahn- und Straßenunterführung in den Weinort. Die Tour folgt der Weinstraße und biegt nach 170 m nach links in die Straße „In der Gessel" ab. Bei der nächsten Kreuzung geht es nach rechts in den Kirchenweg, dann nach links bergan in die Straße „Im Kalköff". Nach Querung der Straße „Im Stolzenwingert" kommen auf der rechten Wegseite die Weinberge in den Blick. In den Fugen der Weinbergmauer wurzeln zahlreiche Sprosse der gelb blühenden Felsen-Fetthenne (F5), die hier viel üppiger wachsen als auf den natürlichen Felsen weiter oben. Es geht weiter bergauf, zum Ortsrand und zur L 135. Von hier aus folgt die Wanderung für etwa 450 m der Markierung des Moselsteigs durch die Weinberge bergauf, vorbei an einer Steinskulptur. Am Fuß der imposanten Felswand verlässt die Route den Moselsteig und wendet sich nach rechts, der Markierung N3 folgend, allerdings in entgegengesetzter Richtung. Im Blick ist nun nicht mehr der Nitteler Fels, sondern der Weinort. Oberhalb Nittel, ungefähr 2 km Luftlinie in Richtung Köllig, liegt die von einem kleinen Friedhof und von Weinbergen umgebene Nitteler Kapelle. Die zweischiffige Wallfahrtskapelle, zu der aus Nittel ein Stationenweg führt, wurde bereits im 15. Jahrhundert urkundlich erwähnt und seither mehrmals auf- und umgebaut. In den Ritzen und am Fuß einer Trockenmauer finden sich wärmeliebende Pflanzenarten wie Natternkopf (N2) und Echter Dost (D2), und am vom Feld-Ahorn (A1_2) beschatteten Wegrand das Kleine Immergrün (I1).

Beobachtungstipp 1: Wegrand und Trockenmauer im Weinberg südwestlich der Nitteler Wand
Von 315870 / 5503838 bis 315953 / 5503744

Feld-Ahorn *(Acer campestre)*, A1_2
Wilde Möhre *(Daucus carota)*, M6
Gewöhnlicher Natternkopf *(Echium vulgare)*, N2
Wiesen-Labkraut *(Galium album)*, L2
Echter Dost *(Origanum vulgare)*, D2
Hunds-Rose *(Rosa canina)*, R5_2
Kleiner Wiesenknopf *(Sanguisorba minor)*, W12
Weiße Fetthenne *(Sedum album)*, F7
Wiesen-Klee *(Trifolium pratense)*, K6_3
Kleines Immergrün *(Vinca minor)*, I1

Der Weg durch den Weinberg führt stetig bergan und im Sommer ist der Wanderer über jeden noch so spärlich schattenwerfenden Baum am Wegrand froh. Nach einem Bogen nach links tritt man dann in schattigen Kiefernwald ein. Am Wegrand leuchten im Frühjahr die blauen Blüten des März-Veilchens (V1). Bei der nächsten Kreuzung wendet sich der Weg scharf nach links, steil den Berg aufwärts, der Markierung Felsenpfad folgend.

Zwischen den Grasbüscheln sind die ersten Magerrasen-Pflanzen zu entdecken: Feld-Mannstreu (M2), ein im Hochsommer blau blühender Doldenblütler mit derben, distelähnlichen Blättern, das ab Frühsommer gelb

Anstieg zum Felsenpfad

blühende Sichel-Hasenohr (H5) und die weiß blühende Kleine Bibernelle (B8_2). Auch blau-violette Farben sind vertreten: Skabiosen-Flockenblume (F12_2) und Echter Dost (D2). Der Markierung und dem Logo des Moselsteigs folgend, biegt die Route nach links ab. Rechts und links des Weges erstrecken sich Magerrasen mit einer großen Zahl wärme- und trockenheitsliebender Pflanzenarten. Im April beginnt die Blühsaison mit gelben Blüten des Frühlings-Fingerkrauts (F9). Im Frühsommer kommen die leuchtend blauen Blütenstände vom Großen Ehrenpreis (E1) dazu. Die Hummel-Ragwurz (R1) ist hier selten und unauffällig. Die Bocks-Riemenzunge (R3) ist dagegen eine stattliche Orchidee und durch ihre Blüten mit dem langen, spiralig gedrehten Mittellappen der Lippe unverwechselbar (Beobachtungstipp 2).

Beobachtungstipp 2: Wegrand und Magerrasen südöstlich der Nitteler Wand
Von 316352 / 5503558 bis 316241 / 5503582

Wegrand entlang des Anstiegs:
Wiesen-Schafgarbe *(Achillea millefolium)*, S3
Gemüse-Lauch *(Allium oleraceum)*, L5
Weinbergs-Lauch *(Allium vineale)*, L5_2
Gewöhnlicher Beifuß *(Artemisia vulgaris)*, B4_2
Sichel-Hasenohr *(Bupleurum falcatum)*, H5
Knäuel-Glockenblume *(Campanula glomerata)*, G4_2
Nesselblättrige Glockenblume *(Campanula trachelium)*, G4
Golddistel *(Carlina vulgaris)*, G7
Skabiosen-Flockenblume *(Centaurea scabiosa)*, F12_2
Weißes Waldvögelein *(Cephalanthera damasonium)*, W4
Feld-Mannstreu *(Eryngium campestre)*, M2
Zypressen-Wolfsmilch *(Euphorbia cyparissias)*, W17
Hufeisenklee *(Hippocrepis comosa)*, H17
Tüpfel-Johanniskraut *(Hypericum perforatum)*, J2
Acker-Witwenblume *(Knautia arvensis)*, W16
Wiesen-Margerite *(Leucanthemum vulgare)*, M3
Kriechende Hauhechel *(Ononis spinosa* subsp. *repens)*, H6

Kleine Bibernelle *(Pimpinella saxifraga)*, B8_2
Kriechendes Fingerkraut *(Potentilla reptans)*, F9_3
Raukenblättriges Greiskraut *(Senecio erucifolius)*, G13
Taubenkropf-Leimkraut *(Silene vulgaris)*, L6_2
Aufrechter Ziest *(Stachys recta)*, Z3
Feinblättrige Wicke *(Vicia tenuifolia)*, W10_2
Raues Veilchen *(Viola hirta)*, V1_2

Magerrasen auf der Kuppe und beim Aussichtspunkt:
Gewöhnlicher Wundklee *(Anthyllis vulneraria)*, W18
Stängellose Kratzdistel *(Cirsium acaulon)*, K12
Gewöhnl. Sonnenröschen *(Helianthemum nummularium)*, S13
Bocks-Riemenzunge *(Himantoglossum hircinum)*, R3
Futter-Esparsette *(Onobrychis viciifolia)*, E6
Hummel-Ragwurz *(Ophrys holosericea)*, R1
Weiße Fetthenne *(Sedum album)*, F7
Echter Gamander *(Teucrium chamaedrys)*, G1
Feld-Thymian *(Thymus pulegioides)*, T3
Großer Ehrenpreis *(Veronica teucrium)*, E1
Frühlings-Fingerkraut *(Potentilla neumanniana)*, F9

Bevor der Pfad eine scharfe Rechtsbiegung macht, lassen sich auf einer Sitzbank die artenreiche Pflanzenwelt und die Aussicht ins Moseltal genießen. Der Aussichtspunkt ruht auf einem zerklüfteten Kalkfelsen.

Aussichtspunkt auf dem Nitteler Felsen

Weiße Braunelle (Prunella laciniata)

Nach etwa 100 m wächst am rechten Wegrand die Weiße Braunelle, eine in Deutschland gefährdete Pflanzenart.
Es geht weiter durch lichten Kiefernwald und Trockengebüsche. Im Hochsommer fallen besonders die gelben Blüten der Echten Goldrute (G9) und der Dürrwurz (D3) auf (Beobachtungstipp 3).

Beobachtungstipp 3: Lichter Kiefernwald und Trockengebüsch östlich Nittel
Von 316165 / 5503695 bis 315934 / 5503915

Karthäuser-Nelke *(Dianthus carthusianorum)*, N4
Kleines Habichtskraut *(Hieracium pilosella)*, H2
Dürrwurz *(Inula conyzae)*, D3
Echte Schlüsselblume *(Primula veris)*, S6
Tauben-Skabiose *(Scabiosa columbaria)*, W16_2
Jakobs-Greiskraut *(Senecio jacobaea)*, G13_2
Echte Goldrute *(Solidago virgaurea)*, G9

Außerdem einige bereits genannte Arten.

Wundklee und Karthäuser-Nelke am Wegesrand

Der Weg verläuft nun oberhalb der Nitteler Wand, passiert einen kleinen steinernen Trog, in den ein Rinnsal sickert und kurz darauf einen Laubwald, der auch schattenliebende Pflanzen wie den Gefleckten Aronstab (A6) beherbergt. Mit etwas Glück findet man von Mitte April bis zum August blau blühende Kräuter: im Frühjahr den Blauroten Steinsamen (S17), dann den Blauen Lattich (L3), später die Pfirsichblättrige und die Nesselblättrige Glockenblume (G5, G4) (Beobachtungstipp 4).

Beobachtungstipp 4: Laubwald oberhalb der Nitteler Wand

Von 315668 / 5504164 bis 315436 / 5504288

Gefleckter Aronstab *(Arum maculatum)*, A6
Brauner Streifenfarn *(Asplenium trichomanes)*, S23
Zweihäusige Zaunrübe *(Bryonia dioica)*, Z2
Pfirsichblättr. Glockenblume *(Campanula persicifolia)*, G5
Nesselblättr. Glockenblume *(Campanula trachelium)*, G4
Wirbeldost *(Clinopodium vulgare)*, W5
Waldmeister *(Galium odoratum)*, W3
Wald-Habichtskraut *(Hieracium murorum)*, H3
Blauer Lattich *(Lactuca perennis)*, L3
Blaur. Steinsame *(Lithospermum purpurocaeruleum)*, S17
Purpur-Knabenkraut *(Orchis purpurea)*, K8_2

Im Wald gibt es knie- bis hüfthohe, moosbewachsene Steinriegel, die rechtwinklige Areale umgrenzen und vermuten lassen, dass es hier einmal kultiviertes Land gegeben hat.

Zwischen kurzen An- und Abstiegen bietet diese Etappe reichlich Aussichts- und Rastmöglichkeiten. Nachdem der Waldrand erreicht ist, führt der Weg bergab. Am linken Wegrand fallen einige ausladende Feld-Ahorne (A1_2) und Kreuzdorne (F4_2) auf, die hier den felsigen Hang gegen die Feldflur begrenzen. Nahe einer Sitzbank mit Moselblick können viele wärmeliebende Pflanzen wieder entdeckt werden (Beobachtungstipp 5).

Moosbewachsene Steinriegel im Wald

Beobachtungstipp 5: Aussichtspunkt oberhalb der Nitteler Wand
315195 / 5504376

Acker-Wachtelweizen *(Melampyrum arvense)*, W1
Wiesen-Salbei *(Salvia pratensis)*, S1

Außerdem viele bereits genannte Arten.

An der nächsten Kreuzung wendet sich die Route nach links auf einen asphaltierten Weg, vorbei an einer weiteren Steinskulptur. Die Wanderung führt bergab in einem Linksbogen wieder zurück Richtung Nitteler Felswand. In einer weiten Rechtskurve liegt oberhalb des Weges ein großes Gartengelände. Eine Trockenmauer aus Kalkstein stützt den Hang und beherbergt auch Wildpflanzen, neben bereits vorgestellten Pflanzen Kompass-Lattich (L4) und Milzfarn (M4).

Hinter einer weiteren Trockenmauer und gemäß der Markierung (315268 / 5504228) geht es noch einmal nach links bergauf durch den Weinberg in Richtung Nitteler Wand. Oben biegt die Route nach rechts auf einen Erdweg ab.

Am Fuß der Felswand sammelt sich Wasser, und im feuchten Boden wurzeln Bachbunge (**B1**) und Zottiges Weidenröschen (**W7**). Im weiteren Verlauf steigt der Weg oberhalb der Weinberge und unterhalb der Felsen nur noch leicht an. Hier und da ermöglichen Lücken im Gebüsch einen Blick auf die imposanten Dolomit- und Kalksteinformationen. Um die Pflanzenwelt der Felskronen und -absätze zu betrachten, ist allerdings ein scharfer Feldstecher erforderlich. Die silbrig glänzenden langen Ähren des Wimper-Perlgrases (**P3**) kann man im Juni bei günstigen Lichtverhältnissen vielleicht auch unbewaffneten Auges erkennen. Bevor es wieder auf asphaltiertem Weg durch die Weinberge talwärts geht, kann man im Schatten eines Walnussbaums auf einer Sitzbank rasten und am Fuß einer Weinbergmauer hinter dem nächsten Feldgehölz die üppig gedeihende Wilde Karde (**K3**) betrachten. Bei der nächsten Kreuzung geht es nach rechts bergab, vorbei an der bereits bekannten Skulptur, auf gleicher Route wie auf dem Hinweg, nach Nittel.

Blick in das weite Tal der Obermosel bei Nittel

Blick auf die Muschelkalkhöhen südwestlich Wasserliesch

3. Naturschutzgebiet Perfeist bei Wasserliesch – Kalkflora und seltene Orchideen

Im Obermoseltal oberhalb von Wasserliesch liegt das Naturschutzgebiet Perfeist, ehemals ein römisches Militärlager, dann über Jahrhunderte Weideland für Schafe und Ziegen und nun ein Orchideenparadies. Aber auch weitere botanische Besonderheiten haben sich auf dem steinig-trockenen Kalkboden erhalten. Die Wanderung führt vom Weinort Wasserliesch über einen alten Stationenweg durch Wiesenland und einen steilen bewaldeten Hang auf die Lieschemer Höhe. Das Naturschutzgebiet wird auf einem Rundweg erwandert, der im Sommer mit Hinweisschildern für die botanischen Besonderheiten ausgestattet ist. Die Tour führt anschließend durch Wiesengelände und Wald wieder bergab zurück nach Wasserliesch. Beste Wanderzeit für die Orchideen und die Wiesenpflanzen ist von Mitte Mai bis Ende Juni.

Ausgangspunkt: Parkplatz am Marktplatz in Wasserliesch (49°42'32.0" N, 6°32'12.5" E).

Markierung: Emblem mit in Wanderrichtung weisendem roten oder blauen Pfeil auf weißem Grund.

Länge: 7,0 km lange Rundwanderung.

Öffentliche Verkehrsmittel: Mit der Regionalbahn von Trier oder Perl zum Bahnhof in Wasserliesch.

Topographische Karte: 6205 Trier und 6305 Saarburg

Wegbeschaffenheit, Höhenprofil: Bis auf den langen Anstieg im ersten Drittel der Tour eine bequeme Wanderung überwiegend auf befestigten Wald- und Feldwegen.

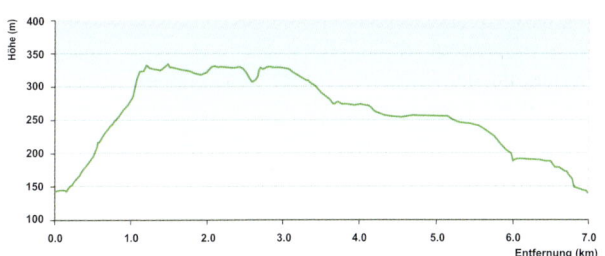

Vom Start am Marktplatz in Wasserliesch geht es durch die Bahnunterführung, dann nach links in die Bergstraße, vorbei am Bahnhaltepunkt von Wasserliesch. Die Bergstraße macht einen Knick nach rechts, hier kommt das Markierungszeichen mit blauem Pfeil in den Blick. Bei der nächsten Kreuzung geht es nach links in die Kapellenstraße und zum Start des steil bergauf verlaufenden Stationenwegs. Nach dem Überqueren der Römerstraße ist der Ortsrand erreicht. Es geht weiter bergauf, dem Stationenweg folgend, durch eine wenig genutzte Wiese mit Obstbäumen. Hier lassen sich typische Wiesen- und Wegrandpflanzen auf Kalkboden kennenlernen, die auch auf der weiteren Tour immer wieder vorkommen (Beobachtungstipp 1).

Beobachtungstipp 1: Wiese am Ortsrand von Wasserliesch
322362 / 5508799

Wiesen-Schafgarbe *(Achillea millefolium)*, S3
Gewöhnliche Flockenblume *(Centaurea jacea)*, F12
Skabiosen-Flockenblume *(Centaurea scabiosa)*, F12_2

Auf dem Stationenweg durch den Lieschemer Wald

Wilde Möhre *(Daucus carota)*, **M6**
Wiesen-Labkraut *(Galium album)*, **L2**
Acker-Witwenblume *(Knautia arvensis)*, **W16**
Kriechende Hauhechel *(Ononis spinosa* subsp. *repens)*, **H6**
Echter Dost *(Origanum vulgare)*, **D2**
Echte Schlüsselblume *(Primula veris)*, **S6**
Kleiner Wiesenknopf *(Sanguisorba minor)*, **W12**
Raukenblättriges Greiskraut *(Senecio erucifolius)*, **G13**
Wiesen-Klee *(Trifolium pratense)*, **K6_3**
Zaun-Wicke *(Vicia sepium)*, **W11**

Anschließend führt der Weg durch Heckenland mit Schle-
hen, Gebüschen und Niederwald mit Feld-Ahorn (**A1_2**). Am
Wegrand fällt der Zickzack-Klee (**K6**) auf, der seinen Namen
von den zick-zack-förmigen Biegungen des Stängels hat. Bei
der nahegelegenen Sitzbank kann man rasten, den Blick ins
Moseltal genießen und am Wegrand neben den bereits vorgestellten Wiesenpflanzen erste Vertreter der Kalkmagerra-

sen aufspüren wie die Stängellose Kratzdistel (K12) und die Tauben-Skabiose (W16_2), beide violett blühend. Am Waldrand rechts zeigen sich im Frühjahr die rosa Blüten des Seidelbasts (S9).

Der Weg führt in einen Mischwald und verläuft weiter bergauf, dem Stationenweg folgend.

Ab der nächsten Wegkreuzung folgt die Tour dem Moselsteig. Im Schatten der hohen Fichten und Buchen wurzeln typische Waldpflanzen (Beobachtungstipp 2).

Beobachtungstipp 2: Mischwald südlich Wasserliesch
Von 370141 / 5548457 bis 370050 / 5548357

Christophskraut *(Actaea spicata)*, C1
Gefleckter Aronstab *(Arum maculatum)*, A6
Gewöhnliches Hexenkraut *(Circaea lutetiana)*, H11
Waldmeister *(Galium odoratum)*, W3
Wald-Bingelkraut *(Mercurialis perennis)*, B9
Vielblütige Weißwurz *(Polygonatum multiflorum)*, W9_2
Wald-Ziest *(Stachys sylvatica)*, Z5
Wald-Veilchen *(Viola reichenbachiana)*, V2

Nach Überqueren einer Kreuzung erhält der Weg zusätzlich die Markierung G2 und führt in einer langgezogenen Rechtskurve durch einen Altbuchenbestand. Wenn auf der linken Wegseite moosüberzogene Kalkfelsen in den Blick kommen, die auch Gewöhnlichen Tüpfelfarn (T5), Braunen Streifenfarn (S23) und Wald-Habichtskraut (H3) beherbergen, ist der Anstieg bald geschafft. Links vom Weg sieht man die Feld-Rose (R5).

Von der Löschemer Kapelle aus hat man einen weiten Blick in die Trierer Talweitung.

Die Wanderung folgt dann auf einem asphaltierten Weg dem roten Pfeil nach Westen. Links des Weges erstreckt sich ein extensiv genutztes und artenreiches Wiesengelände, in dem sogar die Hundswurz vorkommt, eine kalkliebende, pinkfar-

Löschemer Kapelle

bene Orchideenart. Im Saum der Hecke rechts des Weges blühen kalkliebende Pflanzen (Beobachtungstipp 3).

**Beobachtungstipp 3: Magerwiese und Hecke bei der
Löschemer Kapelle**
Von 322155 / 5508299 bis 322069 / 5508209

Magerwiese:
Hundswurz *(Anacamptis pyramidalis)*, H19
Rapunzel-Glockenblume *(Campanula rapunculus)*, G6
Feld-Mannstreu *(Eryngium campestre)*, M2
Wiesen-Bärenklau *(Heracleum sphondylium)*, B2
Wiesen-Margerite *(Leucanthemum vulgare)*, M3
Kleiner Klappertopf *(Rhinanthus minor)*, K4_2
Wiesen-Bocksbart *(Tragopogon pratensis)*, B11
Schmalblättrige Wicke *(Vicia sativa* subsp. *nigra)*, W11_2

Kalkmagerrasen im Naturschutzgebiet Perfeist

Hecke:

Gemüse-Lauch *(Allium oleraceum),* L5
Weinbergs-Lauch *(Allium vineale),* L 5_2
Gewöhnlicher Beifuß *(Artemisia vulgaris),* B4_2
Golddistel *(Carlina vulgaris),* G7
Wirbeldost *(Clinopodium vulgare),* W15
Gewöhnliche Herbstzeitlose *(Colchicum autumnale),* H10
Zypressen-Wolfsmilch *(Euphorbia cyparissias),* W17
Weidenblättriger Alant *(Inula salicina),* A3
Wald-Platterbse *(Lathyrus sylvestris),* P7
Kriechendes Fingerkraut *(Potentilla reptans),* F9_3
Hunds-Rose *(Rosa canina),* R5_2
Weiße Lichtnelke *(Silene latifolia),* L10
Große Sternmiere *(Stellaria holostea),* S19
Rainfarn *(Tanacetum vulgare),* R2
Vogel-Wicke *(Vicia cracca),* W10

Außerdem einige in Beobachtungstipp 1 bereits genannte
Arten.

Der Weg führt zu einer Wegekreuzung mit Parkplatz, und hinter der nächsten Rechtskurve liegt der Eingang zu einem fast ebenen von zahlreichen Gräsern und Kräutern und wenigen Gehölzgruppen geprägten Gebiet, dem orchideenreichen Kalkmagerrasen im Naturschutzgebiet Perfeist bei Wasserliesch.

Ein wadenhoher Holzzaun markiert den Pfad, den man aus Respekt vor der Natur nicht verlassen soll. Zur Blütezeit der Orchideen stehen kleine Schilder mit den entsprechenden Namen im Gelände. Besonders selten ist das Brand-Knabenkraut. Im Knospenstadium sind die kleinen Blüten rot-braun, später leuchten sie weiß mit roten Punkten.

Brand-Knabenkraut

Beobachtungstipp 4: Kalkmagerrasen im Naturschutzgebiet Perfeist bei Wasserliesch
Von 321748 / 5507798 bis 321546 / 5507646

im Frühjahr blühende Arten:
Kleines Habichtskraut *(Hieracium pilosella)*, H2
Frühlings-Fingerkraut *(Potentilla neumanniana)*, F9
Gewöhnliche Küchenschelle *(Pulsatilla vulgaris)*, K15
März-Veilchen *(Viola odorata)*, V1

im Hochsommer blühende Arten:
Gewöhnlicher Wundklee *(Anthyllis vulneraria)*, W18
Gewöhnliche Akelei *(Aquilegia vulgaris)*, A2
Knäuel-Glockenblume *(Campanula glomerata)*, G4_2
Pfirsichblättr. Glockenblume *(Campanula persicifolia)*, G5
Stängellose Kratzdistel *(Cirsium acaulon)*, K12

Diptam *(Dictamnus albus)*, D1
Färber-Ginster *(Genista tinctoria)*, G3_2
Hufeisenklee *(Hippocrepis comosa)*, H17
Dürrwurz *(Inula conyzae)*, D3
Futter-Esparsette *(Onobrychis viciifolia)*, E6
Schopfige Kreuzblume *(Polygala comosa)*, K13
Wiesen-Salbei *(Salvia pratensis)*, S1
Feld-Thymian *(Thymus pulegioides)*, T3
Feinblättrige Wicke *(Vicia tenuifolia)*, W10_2

im Spätsommer und Herbst blühende Arten:
Sichel-Hasenohr *(Bupleurum falcatum)*, H5
Deutscher Enzian *(Gentianella germanica)*, E5
Fransen-Enzian *(Gentianopsis ciliata)*, E5_2
Aufrechter Ziest *(Stachy recta)*, Z3

Orchideen:
Weißes Waldvögelein *(Cephalanthera damasonium)*, W4
Hohlzunge *(Dactylorhiza viridis)*, H15
Mücken-Händelwurz *(Gymnadenia conopsea)*, H4
Bocks-Riemenzunge *(Himantoglossum hircinum)*, R3
Nestwurz *(Neottia nidus-avis)*, N5
Hummel-Ragwurz *(Ophrys holosericea)*, R1
Fliegen-Ragwurz *(Ophrys insectifera)*, R1_2
Stattliches Knabenkraut *(Orchis mascula)*, K9
Helm-Knabenkraut *(Orchis militaris)*, K8
Purpur-Knabenkraut *(Orchis purpurea)*, K8_2
Brand-Knabenkraut *(Neotinea ustulata)*, K8_3
Berg-Kuckucksblume *(Platanthera chlorantha)*, K16

Außerdem einige bei den Beobachtungstipps 1 und 3
bereits genannten Arten.

Nach dem Durchwandern des Orchideengebiets geht es auf dem
asphaltierten Weg nach rechts weiter bergab durch Wiesen und
vorbei an Obstbaumreihen. Vor dem Wald wendet sich der Weg
nach rechts und verläuft am Waldrand entlang. Im Frühjahr zeigen sich die Blüten des Busch-Windröschens (W14).

In einer feuchten Senke (321842 / 5507513) steht eine weitere Orchideenart: das Übersehene Knabenkraut (K9_2), das allerdings aufgrund der stattlichen Größe und des leuchtend pinkfarbenen Blütenstands kaum zu übersehen ist.

Nach weniger als 100 m betritt man einen Laubwald mit alten Buchen. Auf dem Waldboden sind die Pflanzenarten von Beobachtungstipp 2 wieder zu entdecken, außerdem die blauvioletten großen Blüten der Nesselblättrigen Glockenblume (G4). Die Wanderung biegt beim nächsten Abzweig nach rechts ab (321660 / 5507373) und führt auf einem asphaltierten Weg durch die Kulturlandschaft der Obermosel. In den Wegsäumen lassen sich manche Pflanzenarten aus den Wiesen und dem Kalkmagerrasen wieder entdecken, außerdem die Sigmarswurz (M1_2). Der Weg läuft ein Stück am Waldrand entlang. Im Schatten neben einem kleinen Wasserlauf lädt eine Sitzbank zur Rast ein. Das Rinnsal wird kunstvoll in einen hölzernen Trog geleitet, aus dem es auf den Boden fließt. Im durchsickerten Boden sieht man die saftig grünen Blätter der Bachbunge (B1). Nun geht es leicht absteigend an Wiesen, Weinbergen und einer Obstanlage weiter. Bei der nächsten Kreuzung biegt die Tour nach links ab in Richtung Moseltal und nach Wasserliesch. Am Ortseingang macht der Weg eine Biegung nach rechts in die Römerstraße und trifft auf einen Aussichtspunkt mit Unterstand und Parkplätzen. Von hier aus geht es bergab weiter und nach einem Abzweig nach links in den Kapellenweg ist der Stationenweg wieder erreicht, der zum Ausgangspunkt am Marktplatz führt.

Übersehenes Knabenkraut

Die Mosel vor den Toren von Trier

4. Oberkirch – nah an Trier und am Wasser und durch altes Gartenland

Diese Wanderung am Stadtrand von Trier und direkt am Moselufer führt an Schleuse, Jachthafen und altem Gartenland vorbei, also nicht durch unberührte Natur. Trotzdem kann man hier viele interessante Pflanzenarten entdecken: von der Mosel angeschwemmte Neubürger unserer Flora (Neophyten), einheimische Uferstauden und Wiesenkräuter, verwilderte Gartenpflanzen und Arten der Wegsäume. Der Blühaspekt im vorgestellten Uferstreifen kann sich schnell ändern, je nachdem, wo und wie Mähbalken, Heckenschere und Motorsäge zum Einsatz kommen. So treten unbeabsichtigt immer wieder andere Pflanzenarten in den Blick und jeder Besuch zwischen Mitte Mai und Ende Oktober bietet interessante botanische Beobachtungen.

Ausgangspunkt: Trier, linkes Moselufer, Kreuzung Diedenhofener Straße und Mosel-Rad-weg (49°50'11.1" N, 6°38'05.0" E).

Markierung: Keine durchgängige Markierung, Orientierung jedoch einfach; die letzten 1,2 km auf dem Moselsteig.

Länge: 5,8 km lange Streckenwanderung.

Einkehrmöglichkeiten: Reiterstube Hofgut Monaise. Zum Moselaner, Oberkirch 50. Pizzeria Il Gallo d'Oro, Wasserbilliger Straße 59.

Öffentliche Verkehrsmittel: Ausgangs- und Zielpunkt liegen innerhalb des Strecken-netzes der Trierer Buslinien. Der Ausgangspunkt ist über einen etwa 850 m langen Fuß-weg von der Bushaltestelle Diedenhofener Straße aus zu erreichen. Vom Zielpunkt aus kann man mit den Buslinien 3 und 40 der Stadtwerke Trier zurück zur Diedenhofener Straße fahren.

Topographische Karte: 6205 Trier

Wegbeschaffenheit, Höhenprofil: Die leichte Streckenwanderung verläuft überwie-gend auf dem asphaltierten Radweg links der Mosel und ohne erwähnenswerte An- oder Abstiege.

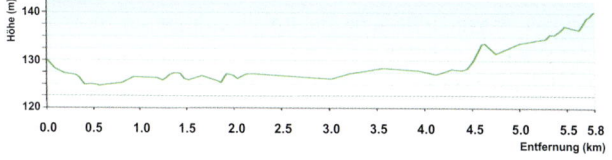

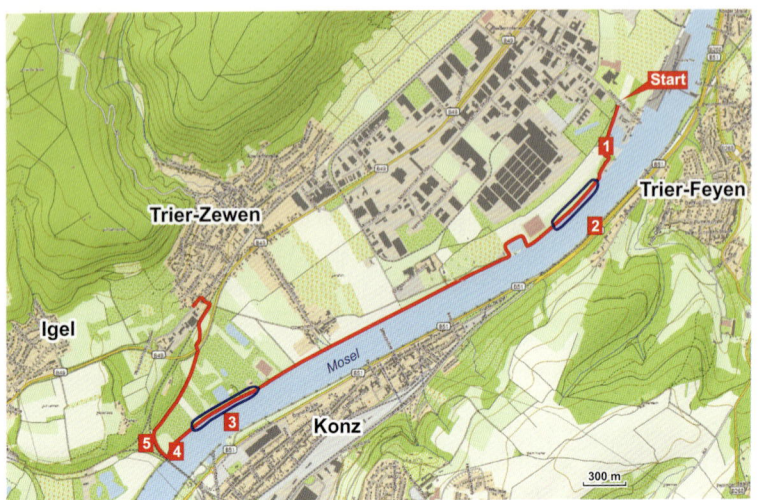

*D*ie Wanderung startet am südlichen Ende der Diedenhofener Straße, vor dem Gelände der Zweiten Trierer Schleuse. Die Diedenhofener Straße endet hier mit einem Kreisel, von hier aus geht es nach rechts – moselaufwärts – auf den asphaltierten Mosel-Radweg und vorbei an Industriegebäuden. Nach der ersten Linkskurve fallen am Wegrand typische Pflanzenarten warmer, nährstoffreicher und frisch-feuchter Standorte auf. Der Japanische Staudenknöterich (S16) und die aus Nordamerika stammende Riesen-Goldrute (G10_2) blühen im Hochsommer mit Pastinak (P1) und Wilder Karde (K3) um die Wette (Beobachtungstipp 1).

Beobachtungstipp 1: Wegrand bei der Trierer Schleuse
328147 / 5510717

Wilde Karde *(Dipsacus fullonum)*, K3
Japanischer Staudenknöterich *(Fallopia japonica)*, S16
Sigmarswurz *(Malva alcea)*, M1_2
Pastinak *(Pastinaca sativa)*, P1
Riesen-Goldrute *(Solidago gigantea)*, G10_2
Sumpf-Ziest *(Stachys palustris)*, Z5_2

Herkunft unserer Pflanzenarten

Ein großer Teil unserer Flora konnte vor ungefähr 20.000 Jahren nach dem Abschmelzen der Eispanzer einwandern; so erhielt unsere Landschaft nach und nach ein grünes Waldkleid. Die Menschen, die dann die Landschaft bevölkerten und bebauten, brachten aus ihrer Heimat – Südeuropa und Vorderasien – neue Pflanzenarten mit. So importierten die frühen Ackerbauern Getreide und unabsichtlich auch Kornblume und andere Kräuter und die Römer Weinrebe und Esskastanie (E7). Auch Wermut (B4_3), Schwarzer Senf (S11), Natternkopf (N2) und März-Veilchen (V1) wurden vor Ende des Mittelalters eingebürgert. Diese Arten bereichern seitdem unsere Pflanzenwelt und werden als Archäophyten (gr. archaios „alt" und phytón „Pflanze") bezeichnet. Seit den Entdeckungsreisen des 15. Jahrhunderts sind auch Pflanzen aus weit entfernten Weltgegenden nach Mitteleuropa gekommen. Viele Zier- und Nutzpflanzen aus der ganzen Welt wurden importiert, von denen sich manche auch ohne Hilfe in der Natur etablieren konnten. Pflanzenarten, die nach 1492 zu uns kamen, werden als Neophyten (wörtlich „Neu-Pflanzen") bezeichnet. Vertreter aus Nordamerika sind die Kanadische Goldrute (G10) und der Gewöhnliche Feinstrahl (F2). Aus Asien kamen unter anderem Beinwell (B5), Drüsiges Springkraut (S14) und der Japanische Staudenknöterich (S16). Manche Neubürger in unserer Flora sind derart wüchsig, dass sie in Konkurrenz zu den einheimischen Arten treten und diese verdrängen können.

Bald verläuft der Weg direkt neben der Mosel, wobei die Uferböschung zum Teil mit groben Steinen befestigt ist. Mitunter ist dieses Deckwerk unterbrochen, zum Beispiel bei Anglerplätzen, und man kommt nahe an die Wasserlinie. Dies nutzen auch Uferpflanzen aus wie Gewöhnliche Pestwurz (P4) und Hopfen (H16), die zusammen mit Echtem Ziest (Z4) und anderen Wiesenpflanzen und Pflanzen der Wegsäume, wie dem Kompass-Lattich (L4), einen dichten und überraschend artenreichen Staudensaum bilden (Beobachtungstipp 2).

Fluss-Ampfer

Beobachtungstipp 2: Uferböschung oberhalb Staustufe Trier
Von 328058 / 5510481 bis 327711 / 5510186

Große Klette *(Arctium lappa)*, K7
Gewöhnlicher Beifuß *(Artemisia vulgaris)*, B4_2
Schwarzer Senf *(Brassica nigra)*, S11
Behaarte Karde *(Dipsacus pilosus)*, K2
Zottiges Weidenröschen *(Epilobium hirsutum)*, W7
Breitblättrige Stendelwurz *(Epipactis helleborine)*, S18
Gewöhnlicher Feinstrahl *(Erigeron annuus)*, F2
Wasserdost *(Eupatorium cannabinum)*, W5
Wiesen-Bärenklau *(Heracleum sphondylium)*, B2
Hopfen *(Humulus lupulus)*, H16
Wasser-Schwertlilie *(Iris pseudacorus)*, S8
Kompass-Lattich *(Lactuca serriola)*, L4
Gewöhnliche Pestwurz *(Petasites hybridus)*, P4
Fluss-Ampfer *(Rumex hydrolapathum)*
Raukenblättriges Greiskraut *(Senecio erucifolius)*, G13
Bittersüßer Nachtschatten *(Solanum dulcamara)*, N1

Echter Ziest *(Stachys officinalis)*, Z4
Große Sternmiere *(Stellaria holostea)*, S19
Herbst-Aster *(Symphyotrichum* species*)*, A9
Gelbe Wiesenraute *(Thalictrum flavum)*, W13
Wiesen-Klee *(Trifolium pratense)*, K6_3
Zaun-Wicke *(Vicia sepium)*, W11
Schmalblättrige Wicke *(Vicia sativa* subsp. *nigra)*, W11_2

Der bis 2 m hohe Fluss-Ampfer besitzt große, oft senkrecht stehende Grundblätter, ähnlich denen des hier auch vorkommenden Meerrettichs. Beim Fluss-Ampfer sind die Blätter in der Mitte am breitesten und verschmälern sich deutlich in den Blattstiel, die Grundblätter des Meerrettichs verschmälern sich dagegen kaum.

Auf dem Wasser sind die Schwimmblätter der Gelben Teichrose (T2) zu sehen, allerdings nur wenige, da es hier durch den starken Wellenschlag der Schiffe und die Uferbefestigungen keine Stillwasserzonen gibt. Beim Umrunden des Bootshafens fallen im Sommer hinter dem Zaun auf dem von Gänsen abgeweideten Gelände die zitronengelben Blüten einer Pflanze mit großen Blättern auf, die aussehen, als seien sie von Mehltau befallen. Es handelt sich hier um die Flockige Königskerze (K11_2), einer seltenen und stark gefährdeten Pflanzenart trockener, humusarmer Standorte mit guter Nährstoffversorgung. Die Wanderung geht am Park von Schloss Monaise vorbei, einem kurfürstlichen Lustschlösschen.

Schloss Monaise im Frühjahr

Balkan-Windröschen

In der öffentlich zugänglichen Parkanlage sind die schönen alten Rosskastanien, Linden und Eichen sehenswert. Einige der hier im Frühjahr blühenden Zwiebelpflanzen erinnern an den ehemals prächtigen Landschaftspark: sehr zeitig die Schneeglöckchen und Krokusse, wenig später Gefingerter Lerchensporn (**L8**), Balkan-Windröschen (**W14_2**) und Bärlauch (**B3**).

Zwischen den Bäumen steht malerisch ein moosbewachsener Monopteros. Oberhalb von Schloss Monaise wachsen am Moselstrand der Gewöhnliche Beinwell (**B5**), eine in weiß und in Purpurtönen bis blau blühende Raublattpflanze und eine seltenere Kressenart: die Breitblättrige Kresse. Sie wird im Unterschied zu ihren meist kleinwüchsigen Verwandten 1 m hoch.

Breitblättrige Kresse (Lepidium latifolium)

Im weiteren Wegverlauf moselaufwärts kann man an einer Stelle die beiden nordamerikanischen Goldruten vergleichend betrachten, und zwar auf der rechten Wegseite die Kanadische Goldrute (**G10**), deren Stängel wenigstens im oberen Bereich kurz behaart ist und links die Riesen-Goldrute (**G10_2**) mit kahlem Stängel. Außerdem steht hier im Hochwasserbereich der Mosel das Drüsige Springkraut (**S14**).

Kurz vor der Mündung des begradigten Zewener Bachs in die Mosel wurzelt die Bachbunge (**B1**) am Grabenrand.

Etwa 200 m hinter der Kreuzung mit der Straße von Oberkirch kann man am linken Wegrand den weiß bis hellrosa blühenden Echten Eibisch (**E3**) bewundern. Diese unter Naturschutz ste-

St. Michaels-Kapelle in Oberkirch

hende Pflanze stammt aus den südrussischen Steppen und kommt bei uns auf sonnig-warmen, gut nährstoff- und was- serversorgten Standorten vor. Auf dem weiteren Weg ent- lang des Moselufers geht es an einem Sportplatz und dann an einer Gastwirtschaft vorbei. Im Uferstreifen kann man Schilf, Sauergräser und viele der bereits vorgestellten Kräuter und Stauden entdecken. Einige weitere kommen dazu und auch am rechten Wegrand, zwischen Wiesen und Spargelfeldern, finden sich interessante Pflanzenarten (Beobachtungstipp 3).

Beobachtungstipp 3: Moselufer oberhalb des Sportplatzes
Von 325646 / 5509238 bis 325155 / 5508994

Giersch *(Aegopodium podagraria)*, **E4_2**
Wilde Engelwurz *(Angelica sylvestris)*, **E4**
Knolliger Kälberkropf *(Chaerophyllum bulbosum)*, **K1**
Wiesen-Storchschnabel *(Geranium pratense)*, **S22**
Echter Dost *(Origanum vulgare)*, **D2**
Blut-Weiderich *(Lythrum salicaria)*, **W8**

Gänse am Moselstrand

Kleiner Klappertopf *(Rhinanthus minor)*, K4_2
Weiße Lichtnelke *(Silene latifolia)*, L10
Vogel-Wicke *(Vicia cracca)*, W10

Außerdem bereits vorgestellte Pflanzenarten.

Rechts des Weges und außerhalb der Überschwemmungs-
zone dehnen sich brachgefallene Gärten und ehemalige Wiesen aus. Am Wegrand findet man daher statt der typischen
feuchteanzeigenden Pflanzenarten Vertreter der wärme- und
nährstoffliebenden Flora (Beobachtungstipp 4).

Beobachtungstipp 4: Moselufer unterhalb der Brücke
324951 / 5508811

Gewöhnliche Flockenblume *(Centaurea jacea)*, F12
Skabiosen-Flockenblume *(Centaurea scabiosa)*, F12_2
Rainfarn *(Tanacetum vulgare)*, R2
Wiesen-Bocksbart *(Tragopogon pratensis)*, B11
Mehlige Königskerze *(Verbascum lychnitis)*, K11

Vor der Bahnbrücke, die auch mit einem Fuß- und Radweg ausgestattet ist, wendet sich die Route leicht ansteigend nach rechts, vorbei an weiteren Pflanzenarten der Wegsäume.

Beobachtungstipp 5: Schattiger Wegsaum beim Brückenaufgang
324901 / 5508847

Feld-Ahorn *(Acer campestre)*, A1_2
Wald-Platterbse *(Lathyrus sylvestris)*, P7
Kleiner Wiesenknopf *(Sanguisorba minor)*, W12
Jakobs-Greiskraut *(Senecio jacobaea)*, G13_2
Taubenkropf-Leimkraut *(Silene vulgaris)*, L6_2

Ein Abstecher auf die Brücke lohnt sich wegen des Ausblicks. Moselaufwärts sieht man die Mündung der Saar in die Mosel. Die wie die Mosel schiffbare Saar kommt von links, aus Süden, ihre Quellorte liegen in den Nord-Vogesen. Moselabwärts geht der Blick zum gerade erwanderten Ufer und bis in die Trierer Talweitung.

Die Route entfernt sich nun von der Mosel, folgt dem gut markierten Moselsteig und verlässt den Radweg. Es geht durch gebüschreiches Gelände, vorbei an Brach- und Gartenparzellen, einige davon mit Obstbäumen. Die Bundesstraße 49 wird durch eine Unterführung gequert. Eine kurze Strecke verläuft die Route neben der Bahnlinie, bevor sie die Gleise überquert. Dann geht es über ein altes Straßenpflaster in die Wasserbilliger Straße. Rechts gibt es eine Einkehrmöglichkeit und links die Bushaltestelle Kanzelstraße. Von hier aus fahren Busse zurück zum Ausgangspunkt der Wanderung.

Wasserfall im Butzer Bach

5. Von Kordel nach Trier – Durch schattige Wälder zu den Höhlen der Eremiten

Die Wanderung führt von Kordel nach Trier. Sie folgt überwiegend der letzten Etappe des Eifelsteigs und verläuft auf den westlichen Randhöhen des Kylltales. Der Boden über den Buntsandsteinfelsen ist nährstoffarm und eignet sich wenig für die Landwirtschaft, so geht der Weg durch großflächige, krautarme Buchenwälder und vorbei an der Ruine Burg Ramstein und Buntsandsteinfelsen mit zwei großen Grotten, die als Naturdenkmal ausgewiesen sind. Sie unterquert die Autobahn und steigt dann auf die Höhen über Trier-Ehrang. Von dort erfolgt der steile Abstieg ins Moseltal nach Trier-Biewer.

Ausgangspunkt: Bahnhof Kordel (49°43'38.7" N, 6°37'01.9" E).

Zielpunkt: Trier-Biewer, Bushaltestelle Donaustraße (49°46'45.9" N, 6°39'54.0" E).

Markierung: Bis zur Burg Ramstein: Kylltalradweg; im weiteren Verlauf: Eifelsteig.

Länge: 14,6 km lange Streckenwanderung.

Öffentliche Verkehrsmittel: Die Regionalbahn zwischen Trier-Ehrang und Kordel verkehrt in beiden Richtungen zweimal stündlich. Außerdem fährt einmal stündlich ein Regionalexpress von/nach Trier-Hbf. Zwischen dem Endpunkt der Tour in Trier-Biewer und dem Bahnhof Ehrang verkehrt alle 20 Minuten die Stadtbus Linie 8, an Wochenenden halbstündlich die Linie 87 (Stand 2014).

Einkehrmöglichkeiten: Gaststätte „Zum alten Bahnhof" in Kordel, Burgrestaurant Burg Ramstein.

Topographische Karten: 6105 Welschbillig, 6205 Trier, 6206 Trier-Pfalzel

Wegbeschaffenheit, Höhenprofil : Die Wanderung führt über bequeme Waldwege mit mehreren, teils steilen Auf- und Abstiegen, erfordert also etwas Kondition, bei zwei gut gesicherten Hängebrücken im Butzerbachtal auch Schwindelfreiheit.

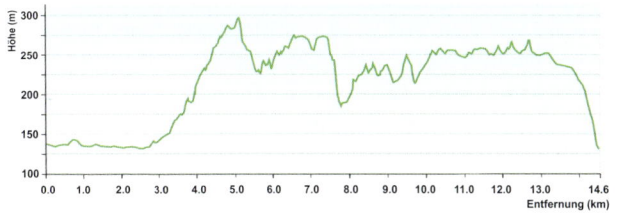

*D*er Einstieg in die Wanderung ist am Bahnhof Kordel. Zunächst geht es eine kurze Strecke nach Norden und über die Bahnlinie, dann auf dem Radweg nach Süden durch das ebene, sonnige Kylltal bis zur Burg Ramstein.

Alternativroute: Sportlich ambitionierte Wanderer wenden sich an der Ecke Kimmlingerstraße/Bahnhofstraße nach links. Hier verläuft der gut markierte Eifelsteig zunächst ca. 400 m im Ort, dann steil bergauf durch den schattigen Wald und weiter ebenfalls nach Burg Ramstein.

Nach den letzten Häusern des Ortes verläuft der Weg dicht neben der Kyll, die hier ein naturnahes Ufer mit kleinen Buchten und Kiesbänken hat.

Am Wegsaum sind die ersten interessanten Pflanzenarten zu finden (Beobachtungstipp 1).

Das zunächst schmale Ufergehölz verbreitert sich stellenweise zu einem Uferwald mit Weidenbäumen und Eschen. Der Unterwuchs wird hier von hohen Stauden des Japanischen Staudenknöterich (S16), einem sich stark ausbreitenden botanischen Neubürger, dominiert.

Pestwurz-Flur an der Kyll

Beobachtungstipp 1: Weg- und Ufersäume im Kylltal südlich Kordel
Von 330148 / 5522963 bis 330741 / 5522803

Feld-Ahorn *(Acer campestre)*, A1_2
Giersch *(Aegopodium podagraria)*, E4_2
Gewöhnlicher Beifuß *(Artemisia vulgaris)*, B4_2
Skabiosen-Flockenblume *(Centaurea scabiosa)*, F12_2
Japanischer Staudenknöterich *(Fallopia japonica)*, S16
Wiesen-Labkraut *(Galium album)*, L2
Wiesen-Storchschnabel *(Geranium pratense)*, S22
Wiesen-Bärenklau *(Heracleum sphondylium)*, B2
Hopfen *(Humulus lupulus)*, H16
Drüsiges Springkraut *(Impatiens glandulifera)*, S14
Gewöhnliche Pestwurz *(Petasites hybridus)*, P4
Kriechendes Fingerkraut *(Potentilla reptans)*, F9_3
Hunds-Rose *(Rosa canina)*, R5_2
Rote Lichtnelke *(Silene dioica)*, L10_2
Weiße Lichtnelke *(Silene latifolia)*, L10
Wald-Ziest *(Stachys sylvatica)*, Z5
Große Sternmiere *(Stellaria holostea)*, S19
Rainfarn *(Tanacetum vulgare)*, R2
Wiesen-Klee *(Trifolium pratense)*, K6_3
Zaun-Wicke *(Vicia sepium)*, W11

Burgruine Ramstein

Die ertragreichen Talwiesen an der Kyll werden intensiv bewirtschaftet, und die hier wachsenden Pflanzenarten sind häufig und allgemein bekannt. Wo die Nutzung aufgegeben wurde finden sich Behaarte Karde (K2) und Riesen-Goldrute (G10_2), am Rand auch die Acker-Witwenblume (W16).

Eine Bank mit Blick zur Burg Ramstein lädt kurz vor der Bahnunterführung zur Rast ein, dann geht es durch Äcker und an einer hohen Pappelreihe vorbei über den Butzerbach und zum Wanderparkplatz an der Burg Ramstein.

Der Weg führt weiter im engen, kühlen Kerbtal des Butzerbachs, der mit zahlreichen Wasserfällen der Kyll zufließt. Hin und her geht der Weg über den Bach, mal auf im Bachbett eingelassenen Trittsteinen, mal über Brücken. Zwei dieser Brücken sind gut gesicherte Hängebrücken.

Im schattigen Bachtal finden sich etliche feuchtigkeitsliebende Pflanzenarten – in Wassernähe die Milzkrautarten: das kleinere Gegenblättrige Milzkraut (M5) und das kräftige Wechselblättrige Milzkraut (M5_2). An den Felsen wächst häufig der Gelappte Schildfarn (S5) und gelegentlich der Braune Streifenfarn (S23).

Butzerbachtal

Beobachtungstipp 2: Butzerbachtal
Von 330650 / 5521820 bis 329551 / 5521545

Busch-Windröschen *(Anemone nemorosa)*, W14
Wilde Engelwurz *(Angelica sylvestris)*, E4
Gefleckter Aronstab *(Arum maculatum)*, A6
Brauner Streifenfarn *(Asplenium trichomanes)*, S23
Nesselblättrige Glockenblume *(Campanula trachelium)*, G4
Gewöhnliches Hexenkraut *(Circaea lutetiana)*, H11
Besenginster *(Cytisus scoparius)*, B7
Roter Fingerhut *(Digitalis purpurea)*, F8
Wasserdost *(Eupatorium cannabinum)*, W5
Waldmeister *(Galium odoratum)*, W3
Wald-Bingelkraut *(Mercurialis perennis)*, B9
Vielblütige Weißwurz *(Polygonatum multiflorum)*, W9_2
Gelappter Schildfarn *(Polystichum aculeatum)*, S5
Hain-Sternmiere *(Stellaria nemorum)*, S20
Kleines Immergrün *(Vinca minor)*, I1
Wald-Veilchen *(Viola reichenbachiana)*, V2

Römisches Kupferbergwerk „Pützlöcher"

Nach dem Ausstieg aus dem Butzerbachtal geht es auf dem Eifelsteig bis zu den „Pützlöchern", einem römischen Steinbruch und Kupferbergwerk (Beobachtungstipp 3), von dem der Stolleneingang und einige Schächte erhalten sind. Entlang des Weges dorthin sind unter anderem Hain-Veilchen (V2_2) und Echte Schlüsselblume (S6) zu entdecken. An den Felsen wachsen zahlreiche Farne.

Beobachtungstipp 3: Römisches Kupferbergwerk „Pützlöcher"
329887 / 5521690

Rundblättr. Glockenblume *(Campanula rotundifolia)*, G6_2
Gewöhnlicher Feinstrahl *(Erigeron annuus)*, F2
Wald-Labkraut *(Galium sylvaticum)*, W3_2
Echter Dost *(Origanum vulgare)*, D2
Gewöhnlicher Tüpfelfarn *(Polypodium vulgare)*, T5

Außerdem einige der bereits vorgestellten Arten.

Vom Kupferbergwerk aus führt der Weg abwärts durch den schattigen Wald bis zu einem Abzweig, auf dem man zur Burg Ramstein gelangen kann. Im Kreuzungsbereich wachsen neben schon vorgestellten Pflanzenarten auch Fuchs-Greiskraut (G12) und Großes Springkraut (S15).

Im weiteren Verlauf lohnt sich nach etwa 800 m der nach links abzweigende Abstecher durch Nadelwald, der zum Aussichtspunkt auf der „Geyersley" führt. Von hier aus öffnet sich ein schöner Blick über das Kylltal mit der Burgruine Ramstein.

Wieder zurück auf dem Eifelsteig geht es weiter bergab durch den schattigen Buchenwald in Richtung Klausenhöhle (330703 / 5520744), die vom 8. bis ins 19. Jh. von Einsiedlern bewohnt wurde und von dort aus in engen Serpentinen ins Tal des Laufbachs hinunter.

Naturverjüngung unter Schirm

Die Buche wächst während der Keimlingsphase langsam, so dass sie im vollen Sonnenlicht, wie es auf Kahlschlägen herrscht, von anderen Baum- und Straucharten überwuchert wird. Besonders gut gedeihen junge Buchen im Halbschatten, wo sie zwar genügend Licht zum Wachsen bekommen, die Konkurrenz durch andere Pflanzen aber nicht übermächtig ist. Bei der Naturverjüngung unter dem Schirm des Altbestandes nutzen die Förster diese Standortansprüche aus. In einem bestehenden Buchenwald wird das Kronendach des Altbestandes – gleichmäßig über die ganze Fläche verteilt – allmählich aufgelockert. Durch die einheitlichen Keimbedingungen kommt dann meist eine flächige Naturverjüngung auf. Wenn die Jungbuchen höher wachsen, werden die Altbuchen nach und nach entfernt.

Um einen Nadelwald in einen Laubwald umzuwandeln, findet ein sogenannter Voranbau von Buchen unter dem Schirm der Fichten statt. Dabei werden in nicht zu dichten Fichtenbeständen Gruppen von jungen Buchen gepflanzt und die Fichten dann nach und nach aus dem Bestand entfernt.

Genovevahöhle über dem Kutbachtal

Der sandige Weg zieht sich nun wieder den Berg hinauf. Linker Hand sieht man im Buchenwald mehrere Stellen, an denen nur noch wenige alte Buchen über einem dichten Teppich aus Jungbuchen stehen. Hier findet eine Naturverjüngung der Buchen unter dem Schirm der Altbuchen statt. Die Schläge haben unterschiedliches Alter, so dass verschiedene Verjüngungsstadien zu sehen sind.

Nach einer scharfen Rechtskurve ist es noch ein knapper Kilometer bis zu der Stelle, an der ein Abstecher zu den prähistorischen und frühmittelalterlichen Befestigungsanlagen auf der „Hochburg" möglich ist.

Der Eifelsteig führt geradeaus weiter zur Genovevahöhle (330662 / 5519767) über dem Kutbachtal, einer beeindruckenden, ca. 10 m hohen Höhlung im Buntsandstein, die bereits in der Altsteinzeit von Menschen genutzt wurde. Von hier aus führen Serpentinen und Stufen zunächst ins Tal hinab, dann steigt der Eifelsteig als schmaler, sandiger Pfad durch einen jungen Buchenmischwald wieder steil an. Hier wachsen gelegentlich Sämlinge der Esskastanie (E7) (Beobachtungstipp 4).

Buchenhallenwald beim Eifelkreuz

Beobachtungstipp 4: Wald südlich Genovevahöhle
Von 330754 / 5519635 bis 330740 / 5519100

Heidekraut *(Calluna vulgaris)*, H8
Esskastanie *(Castanea sativa)*, E7
Gewöhnlicher Hohlzahn *(Galeopsis tetrahit)*, H14_2
Wald-Habichtskraut *(Hieracium murorum)*, H3
Kleiner Sauer-Ampfer *(Rumex acetosella)*, A4
Salbei-Gamander *(Teucrium scorodonia)*, G2
Wald-Ehrenpreis *(Veronica officinalis)*, E2

Wieder auf einem breiten Forstweg sieht man am Rand Wirbeldost (W15) und Kanadische Goldrute (G10).
Der Weg führt weiter durch den Buchenwald vorbei am Eifelkreuz und unterquert nach etwa 600 m die Autobahn. Danach
liegt auf der linken Seite des Weges eine kleine offene Fläche mit Pflanzen der Wegränder und Wiesen (Beobachtungstipp 5).

Beobachtungstipp 5: Brachgefallene Wiese südöstlich der Autobahnunterquerung
331407 / 5518896

Wiesen-Schafgarbe *(Achillea millefolium)*, S3
Gewöhnliche Flockenblume *(Centaurea jacea)*, F12
Echtes Tausendgüldenkraut *(Centaurium erythraea)*, T1
Wilde Möhre *(Daucus carota)*, M6
Wilde Karde *(Dipsacus fullonum)*, K3
Zypressen-Wolfsmilch *(Euphorbia cyparissias)*, W17
Behaarter Ginster *(Genista pilosa)*, G3
Tüpfel-Johanniskraut *(Hypericum perforatum)*, J2
Pastinak *(Pastinaca sativa)*, P1

Außerdem einige bereits genannte Arten.

Wieder im Wald wächst entlang des breiten, schattigen Waldweges neben etlichen der schon vorgestellten Pflanzen der Wiesen-Wachtelweizen (W2). Die dicke, alte tief beastete Esskastanie (E7) am Wegrand (331979 / 5518344) ist ein Naturdenkmal, genauso wie die Gruppe von alten Eichen und Esskastanien kurz bevor der Weg den Wald verlässt und auf die offene Hochfläche führt.

Von der Höhe über Trier-Ehrang aus bietet sich ein weiter Blick über das Moseltal bis in den Hunsrück hinein. Der Weg verläuft nun über Weideland mit einzelnen Obstbäumen (Beobachtungstipp 6).

Beobachtungstipp 6: Weideland südlich Wohngebiet „Auf der Bausch"
Von 332061 / 5517780 bis 332054 / 5517457

Gemüse-Lauch *(Allium oleraceum)*, L5
Gift-Lattich *(Lactuca virosa)*, L4_2
Raukenblättriges Greiskraut *(Senecio erucifolius)*, G13
Schmalblättrige Wicke *(Vicia sativa* subsp. *nigra)*, W11_2

Außerdem bereits genannte Arten.

Weideland auf den Moselhöhen oberhalb Trier-Biewer

Der Abstieg nach Trier-Biewer erfolgt zunächst durch einen Wald mit vielen Esskastanien, dann über eine alte, steile Sandsteintreppe.

Wenige Schritte rechts vom Fuß der Treppe liegen die Bushaltestellen in Richtung Trier-Hauptbahnhof und Bahnhof Ehrang, von wo aus die Rückfahrt nach Kordel möglich ist.

Moselmäander zwischen Pölich und Mehring

Moselmäander zwischen Pölich und Mehring

6. Mehringer Schweiz und Rioler Klettersteig – Rundwanderweg am Prallhang der Mittelmosel

Die „Extra-Tour Mehringer Schweiz" verläuft auf der rechten Moselseite durch den Mehringer Wald. Hier tritt die Mosel in das Schiefergebirge ein, das Tal wird allmählich enger und gewunden. Die Wanderung erschließt den Prallhang des westlichsten Moselmäanders mit steilen Wäldern, Schieferfelsen und buntblühenden Wegsäumen. Vom höchsten Punkt der Wanderung (417 m NN) bietet ein 25 m hoher Aussichtsturm phantastische Ausblicke in das Moseltal. Die Laubwälder und Felsen bieten im Frühjahr und Frühsommer die interessantesten botanischen Beobachtungen, die Staudenfluren der Waldränder kommen erst im Hochsommer zur Blüte.

Ausgangspunkt: Parkplatz am Sportplatz in Mehring (49°47'37.5" N, 6°49'52.4" E).

Markierung: Stilisierter Kirchturm mit den Buchstaben M und S auf weißem Grund und Schriftzug Extratour Mehringer Schweiz.

Länge: 13,5 km lange Rundwanderung; mit Abkürzung: 9,7 km lange Rundwanderung.

Einkehrmöglichkeiten: Gasthof Zur Römervilla, Im Hostert 14, 54346 Mehring.

Öffentliche Verkehrsmittel: Von Trier oder Schweich mit dem Bus Linie 333 nach Mehring-Brücke, von dort sind es etwa 500 m zum Startpunkt. Die direkt am Startpunkt gelegene Haltestelle am Sportplatz wird nur selten angefahren.

Topographische Karte: 6206 Trier-Pfalzel, 6207 Beuren (Hochwald)

Wegbeschaffenheit, Höhenprofil: Befestigte und unbefestigte Wirtschaftswege durch Wald und Weinberg, dazu einige Pfade und steile, durch Seile gesicherte Kletterpassagen, die festes Schuhwerk und Trittsicherheit erfordern. Diese wandertechnisch anspruchsvolleren Passagen können umgangen werden. Die Höhendifferenz von etwa 270 m ist auch bei der Abkürzung zu bewältigen.

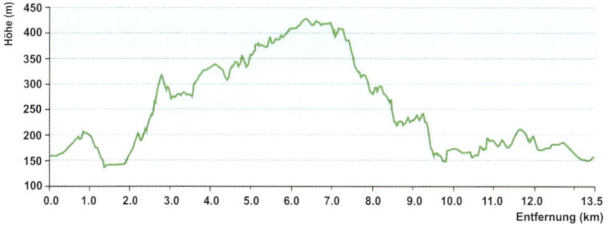

*D*ie Route startet am Sportplatz in Mehring, verläuft zunächst am Sportplatz entlang und biegt dann nach links ab auf einen langsam ansteigenden Fußpfad. Links des Weges erstreckt sich das Neubaugebiet, rechts kann man über Hecken und einen steilen, mit Gebüsch bewachsenen Hang hinweg ins Moseltal sehen und auf den links der Mosel gelegenen Ortsteil von Mehring. Auf einer Wiese mit alten Apfelbäumen am Ortsrand fallen Wilde Möhre (M6) und Gewöhnliche Flockenblume (F12) auf und Pflanzenarten, die sich gern an Wegrändern und auf brachgefallenem Kulturland ansiedeln, wie der Rainfarn (R2) (Beobachtungstipp 1).

Beobachtungstipp 1: Obstwiese am Ortsrand von Mehring
343565 / 5517758

Gewöhnliche Flockenblume *(Centaurea jacea)*, F12
Wilde Möhre *(Daucus carota)*, M6
Wiesen-Labkraut *(Galium album)*, L2
Wiesen-Bärenklau *(Heracleum sphondylium)*, B2
Geflecktes Johanniskraut *(Hypericum maculatum)*, J2_2
Rainfarn *(Tanacetum vulgare)*, R2

Nach Durchqueren des Wiesengeländes führt der Weg zunächst in einen von Haselbüschen geprägten Nieder-

Säbelwüchsige Buchen oberhalb der Mehringer Schweiz

wald und dann in einen Laubmischwald mit mehrstämmigen Buchen. Hinter einem Abzweig nach rechts geht es steil bergab und der Weg quert einen mit Schieferfelsen durchsetzten Prallhang der Mosel.

Im steilen Hang gibt es nur vereinzelt Bodenpflanzen zu sehen, wie den Salbei-Gamander (G2). Die ausgewachsenen Buchenstämme sind oft auffällig gebogen und zeigen Säbelwuchs, eine Folge des talwärts rutschenden Bodens in Steillage. Am Hangfuß – fast auf Moselniveau – und am Waldrand angekommen trifft der Weg auf den hier in einem Graben fließenden Molesbach. Nach der schütteren Krautvegetation des Waldes erfreut sich das Auge an der hier vergleichsweise üppigen Pflanzendecke (Beobachtungstipp 2).

Beobachtungstipp 2: Waldrand am Molesbach
Von 342955 / 5517666 bis 342683 / 5517574

Giersch *(Aegopodium podagraria)*, E4_2
Busch-Windröschen *(Anemone nemorosa)*, W14
Wilde Engelwurz *(Angelica sylvestris)*, E4
Große Klette *(Arctium lappa)*, K7
Gefleckter Aronstab *(Arum maculatum)*, A6

Nesselblättrige Glockenblume *(Campanula trachelium)*, G4
Gewöhnliches Hexenkraut *(Circaea lutetiana)*, H11
Roter Fingerhut *(Digitalis purpurea)*, F8
Wilde Karde *(Dipsacus fullonum)*, K3
Wasserdost *(Eupatorium cannabinum)*, W5
Wald-Labkraut *(Galium sylvaticum)*, W3_2
Großes Springkraut *(Impatiens noli-tangere)*, S15
Vielblütige Weißwurz *(Polygonatum multiflorum)*, W9_2
Riesen-Goldrute *(Solidago gigantea)*, G10_2
Wald-Ziest *(Stachys sylvatica)*, Z5
Große Sternmiere *(Stellaria holostea)*, S19
Wald-Veilchen *(Viola reichenbachiana)*, V2

Die Route folgt dem Molesbach. Auf der anderen Bachseite liegt zunächst das Freizeitgelände Triolago, bis der Weg, dem Gewässer folgend, nach links in den Wald abbiegt. Im schattig-kühlen Wald kann man vereinzelt kleine weiße Blüten entdecken: hier gedeihen Hexenkraut (H11), Wald-Labkraut (W3_2) und Große Sternmiere (S19).

Rioler Klettersteig

Nach links zweigt mit eigener Markierung der steile Rioler Klettersteig ab, der zwar keine alpinen Klettertechniken, aber dafür Freude am Kraxeln und Trittsicherheit erfordert.

Man kann den Kletterpfad umgehen, indem man dem Molesbach und weiter der Markierung des Moselsteigs steil bergauf folgt und später nach links auf einen schmalen Pfad zum Aussichtspunkt abbiegt, wo Klettersteig und

Alternativroute wieder aufeinander treffen. Der Klettersteig führt über einen steilen Hang mit Felsvorsprüngen und Klüften bergauf. In dem niedrigen, lückigen Eichen-Trockenwald und in den Felsritzen wachsen überraschend viele Kräuter und Farne (Beobachtungstipp 3).

Beobachtungstipp 3: Rioler Klettersteig
Von 342439 / 5517305 bis 342651 / 5517313

Gewöhnliche Felsenbirne *(Amelanchier ovalis)*, F3
Sand-Schaumkresse *(Arabidopsis arenosa)*, S4
Schw. Streifenfarn *(Asplenium adiantum-nigrum)*, S23_2
Pfirsichblättr. Glockenblume *(Campanula persicifolia)*, G5
Gelber Hohlzahn *(Galeopsis segetum)*, H13
Frühblühendes Habichtskraut *(Hieracium glaucinum)*, H3_2
Rote Fetthenne *(Hylotelephium telephium)*, F6
Wiesen-Wachtelweizen *(Melampyrum pratense)*, W2
Gewöhnlicher Tüpfelfarn *(Polypodium vulgare)*, T5
Kleiner Sauer-Ampfer *(Rumex acetosella)*, A4
Zierliche Fetthenne *(Sedum forsterianum)*, F5_2
Felsen-Fetthenne *(Sedum rupestre)*, F5
Nickendes Leimkraut *(Silene nutans)*, L6
Taubenkropf-Leimkraut *(Silene vulgaris)*, L6_2
Salbei-Gamander *(Teucrium scorodonia)*, G2
Wald-Ehrenpreis *(Veronica officinalis)*, E2
Gewöhnliche Pechnelke *(Viscaria vulgaris)*, P2

Beim Gipfelkreuz auf dem Kammer-Knüppchen angekommen wird man mit einem weiten Blick ins Moseltal und auf die Weinlandschaft von Riol und Mehring belohnt. Der Abstieg erfolgt über Schieferschutt und steile Serpentinen durch Laubwald, dann verläuft der Waldweg etwa hangparallel. Auch hier gibt es eine ausgeschilderte, weniger spektakuläre Alternativroute. Nach Querung eines Forstweges und einer Passage des Mountainbike-Trailpark Mehring zweigt der Wanderweg nach rechts ab und es geht mit mehreren Auf- und Abstiegen, leichten Kurven und markierten Abzweigungen kontinuierlich bergauf durch Mischwald. Einige Biegungen weiter ragen im Schatten dicker Buchen blaue Veilchenblüten aus dem Laub hervor, dazu die unauffälligen Blüten der Breitblättrigen Stendelwurz (S18) und vom Wald-Bingelkraut (B9) (Beobachtungstipp 4).

Beobachtungstipp 4: Laubwald westlich Mehringer Höhe
345037 / 5516514 bis 345150 / 5516531

Breitblättrige Stendelwurz *(Epipactis helleborine)*, S18
Waldmeister *(Galium odoratum)*, W3
Wald-Bingelkraut *(Mercurialis perennis)*, B9
Fuchs-Greiskraut *(Senecio ovatus)*, G12
März-Veilchen *(Viola odorata)*, V1

Außerdem einige der in Beobachtungstipp 2 genannten Arten.

Dann überquert die Wanderung die Kreisstraße 85 und verläuft ein Stück am Waldrand entlang. Ohne den Lichtentzug durch die Bäume und in der Nähe landwirtschaftlich gedüngter Flächen wird die Flora üppiger, hier gedeihen nährstoffliebende Pflanzenarten, zu denen sich auch Wiesenpflanzen wie das Tüpfel-Johanniskraut gesellen (J2) (Beobachtungstipp 5).

Beobachtungstipp 5: Waldrand auf der Mehringer Höhe
345257 / 5516582

Gewöhnlicher Beifuß *(Artemisia vulgaris)*, B4_2
Wirbeldost *(Clinopodium vulgare)*, W15
Gewöhnlicher Feinstrahl *(Erigeron annuus)*, F2
Tüpfel-Johanniskraut *(Hypericum perforatum)*, J2
Zickzack-Klee *(Trifolium medium)*, K6

Nach einem Abzweig nach rechts verläuft der Weg wieder im schattigen Eichen-Buchenwald und von kurzen Anstiegen unterbrochen bergab. Nach einigen Abzweigungen erreicht die Wanderung einen 25 m hohen, hölzernen Aussichtsturm

(345829 / 5517040). Von oben hat man einen weiten Blick in die Mosellandschaft von Riol bis Klüsserath. Nach dem Aussichtsturm geht es der Markierung folgend weiter bergab durch ein steil abfallendes Bachtal. Bei der nächsten Wegekreuzung führt eine Abkürzung – Markierung Halbtagesvariante – nach Südwesten zum Ausgangspunkt zurück.

Die Tour Mehringer Schweiz verläuft nach Norden auf einem Hangweg quer durch den steil abfallenden Eichen-Trockenwald der Pölicher Helt. Die Humusschicht dieses Waldbodens ist kaum ausgeprägt und unter der dünnen Laubschicht liegt meist direkt der Schieferschutt. Daher gedeihen auf dem felsigen Boden neben schütteren Gräsern kaum Kräuter. Nach Überquerung eines Waldbachs macht der Wald auf der talwärtigen Seite des Weges einem halboffenen Gelände Platz. Bei der Sitzbank mit Blick auf den gegenüber liegenden Weinort Pölich und die Staustufe der Mosel bei Detzem lässt sich wieder eine bunte Pflanzenwelt bestaunen, in der die leuchtend rosafarbenen kleinen Blüten der Rauen Nelke (N4_2) besonders auffallen (Beobachtungstipp 6).

Beobachtungstipp 6: Waldrand an der Pölicher Helt
345756 / 5517754

Echtes Tausendgüldenkraut *(Centaurium erythraea)*, T1
Raue Nelke *(Dianthus armeria)*, N4_2
Zypressen-Wolfsmilch *(Euphorbia cyparissias)*, W17
Behaartes Johanniskraut *(Hypericum hirsutum)*, J1
Raukenblättriges Greiskraut *(Senecio erucifolius)*, G13

Außerdem einige, in vorigen Beobachtungstipps bereits genannte Arten.

Der weitere Weg führt beständig bergab über Schieferschutt, einige Rinnsale und Treppenstufen und vorbei an Schieferfelsen.

Nach einer Linkskurve geht es zum Waldrand, dann verläuft die Wanderung oberhalb der Weinberge moselaufwärts wei-

Trockener Eichenwald auf Felsen

ter. Auf Felsschutt am linken Wegrand, in der Nähe eines alten Schiefersteinbruchs, leuchten im Spätsommer die goldgelben Blütenköpfe der Gold-Aster (A8), vor ihrer Blütezeit ist sie an ihren rechtwinklig abstehenden Blättern zu erkennen, die nicht breiter sind als eine Fichtennadel. Im Saum des Schutthaufens und an der alten Weinbergmauer hat sich eine Staudenflur mit wärmeliebenden Saum- und Weinbergpflanzen angesiedelt (Beobachtungstipp 7).

Beobachtungstipp 7: Staudenflur unterhalb der Pölicher Helt
Von 345754 / 5518654 bis 345712 / 5518239

Wiesen-Schafgarbe *(Achillea millefolium)*, S3
Gewöhnlicher Natternkopf *(Echium vulgare)*, N2
Gold-Aster *(Galatella linosyris)*, A8
Schmalblättriger Hohlzahn *(Galeopsis angustifolia)*, H14
Dürrwurz *(Inula conyzae)*, D3
Gift-Lattich *(Lactuca virosa)*, L4_2
Wald-Platterbse *(Lathyrus sylvestris)*, P7
Sigmarswurz *(Malva alcea)*, M1_2
Echter Dost *(Origanum vulgare)*, D2
Pastinak *(Pastinaca sativa)*, P1

Moseltal unterhalb Mehring

Die Wanderung verläuft auf dem Weinbergweg sanft bergab bis sie am Waldrand auf eine Wegekreuzung trifft: geradeaus weiter geht es über einige Treppenstufen auf einen schmalen Pfad in den Wald und dann – mit einem Stahlseil gesichert – auf eine Schieferhalde. Wer sich diese Passage nicht zumuten möchte, biegt nach rechts auf den Moselradweg ab, auf dem man bequem nach Mehring zurückwandern kann. Auf der Blockhalde eines stillgelegten Schiefersteinbruchs können bereits vorgestellte Blütenpflanzen entdeckt werden, wie das Raukenblättrige Greiskraut (G13), außerdem weitere Felsbewohner, wie die Weiße Fetthenne (F7) (Beobachtungstipp 8).

Beobachtungstipp 8: Schiefer-Blockschutthalde unterhalb der Pölicher Helt
345481 / 5517581

Brauner Streifenfarn *(Asplenium trichomanes)*, S23
Weiße Fetthenne *(Sedum album)*, F7

Zurück im Laubwald finden sich vereinzelt Maiglöckchen (B3_2) und die bereits vorgestellte Waldflora. Der Weg führt schließlich rund 1,2 km durch Weinberge.

Hier gibt es schöne Ausblicke in das Moseltal. Bald trifft der Weg auf die Abkürzungsroute, erreicht Mehring, die römische „Villa Rustica" und den Parkplatz am Sportplatz.

Die römische „Villa Rustica" im Mehringer Neubaugebiet

![Nussbaum-Allee zwischen Mülheim und Veldenz]

Nussbaum-Allee zwischen Mülheim und Veldenz

7. Mülheim – Panoramaweg durch Weinberge, blütenreiche Wiesen und Wald

Die 10,3 km lange und aussichtsreiche Rundwanderung führt durch die Kulturlandschaft der Mittelmosel bei Mülheim westlich von Bernkastel-Kues mit vergleichsweise sanft geneigten Weinbergen, alten Buchenwäldern, blütenreichen Wiesen und Wegrändern, Bachuferfluren und einem Sumpfwald. Die unterschiedlichen Lebensräume beherbergen zahlreiche Pflanzenarten und bieten interessante botanische Aspekte. Ein Besuch lohnt sich besonders im Mai und Juni, wenn die Wiesen ihre ganze Blütenpracht entfalten.

Ausgangspunkt: Parkplatz am Feuerwehrhaus in der Marktstraße von Mülheim (49°54'36.7" N, 7°00'37.5" E).

Markierung: Rebenherz auf weißem Grund und Schriftzug Panoramaweg, teilweise auch Moselsteig.

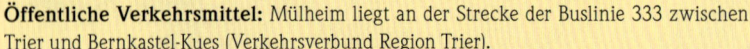

Länge: 10,3 km lange Rundwanderung.

Öffentliche Verkehrsmittel: Mülheim liegt an der Strecke der Buslinie 333 zwischen Trier und Bernkastel-Kues (Verkehrsverbund Region Trier).

Topographische Karte: 6008 Bernkastel-Kues, 6108 Morbach

Wegbeschaffenheit, Höhenprofil: Leichte Wanderung über vorwiegend befestigte Wege, kurze Passage über einen Erdweg, etwa ein Drittel der Strecke über asphaltierte Weinbergwege, der höchste Geländepunkt wird etwa in der Mitte der Tour im Wald erreicht.

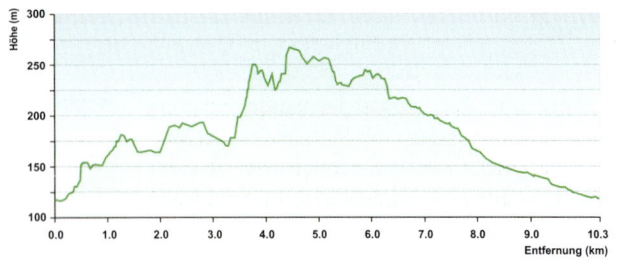

*D*ie Tour startet am Feuerwehrhaus. Man folgt der Markierung zum Ortsrand von Mülheim und erreicht nach Unter-
querung der Landesstraße die Weinberge. Unterwegs trifft
der Moselsteig auf die Route. In Serpentinen geht es den
Johannisberg hoch und die steigende Höhe wird mit einem
weiten Panoramablick zurück ins Moseltal belohnt. Von weitem ist oberhalb der Rebflur ein kleines Gebäude mit imposant
geformtem Schieferdach zu sehen. Eine artenreiche Wiese bei
diesem Weinbergspavillon aus dem 20. Jahrhundert, der auf
den deutlich älteren Fundamenten des Helenenklosters steht,
ist das erste Ziel der Wanderung. Dazu muss bei einer Kreuzung (357528 / 5530458) der Markierung Moselsteig anstelle
des Panoramawegs gefolgt werden. Auf der Wiese unterhalb
des Pavillons sind typische Wiesenkräuter zu entdecken,
außerdem nährstoffliebende Pflanzenarten, die sich gerne an
Wegsäumen ansiedeln (Beobachtungstipp 1).

Wiesengelände zwischen Mülheim und Andel

Beobachtungstipp 1: Wiese unterhalb Weinbergspavillon
357608 / 5530534

Wiesen-Schafgarbe *(Achillea millefolium)*, S3
Gewöhnlicher Beifuß *(Artemisia vulgaris)*, B4_2
Gewöhnliche Flockenblume *(Centaurea jacea)*, F12
Wilde Möhre *(Daucus carota)*, M6
Wiesen-Labkraut *(Galium album)*, L2
Tüpfel-Johanniskraut *(Hypericum perforatum)*, J2
Wiesen-Margerite *(Leucanthemum vulgare)*, M3
Raukenblättriges Greiskraut *(Senecio erucifolius)*, G13
Rainfarn *(Tanacetum vulgare)*, R2
Wiesen-Bocksbart *(Tragopogon pratensis)*, B11
Wiesen-Klee *(Trifolium pratense)*, K6_3
Zaun-Wicke *(Vicia sepium)*, W11

In Ritzen der Stützmauer des Pavillons wurzelt Zimbelkraut (Z6) und am Mauerfuß neben reichlich Brennnesseln auch Jakobs-Greiskraut (G13_2). Vorbei an einer Sitzgruppe führt die Route entgegen der Markierung des Moselsteigs geradeaus weiter dem Wegweiser in Richtung Veldenz folgend. Es geht auf fast ebener Strecke in ein Hecken- und Waldgelände.

Am Wegrand blühen im Frühling Echte Schlüsselblume (S6) und Große Sternmiere (S19).

Nach Verlassen des Waldes kommt links das zwischen Müheim und Andel liegende Gewerbegebiet in den Blick. Für botanisch interessierte Wanderer sind die Wiesen beidseits des Weges erheblich interessanter.

Im Frühjahr fallen die zahlreichen blaublühenden Kreuzblumen (K13_2) auf (Beobachtungstipp 2). Eine Besonderheit der Wiesen an der Mosel ist der seltene Kümmelblättrige Haarstrang (H1), der in Deutschland sonst fast nur noch entlang der Saar, am Niederrhein und in den Auen der Donau vorkommt.

Kümmelblättriger Haarstrang

Beobachtungstipp 2: Magerwiesen zwischen Mülheim und Andel
Von 358132 / 5530392 bis 358455 / 5530204

Rundblättr. Glockenblume *(Campanula rotundifolia)*, G6_2
Skabiosen-Flockenblume *(Centaurea scabiosa)*, F12_2
Gewöhnliche Herbstzeitlose *(Colchicum autumnale)*, H10
Wiesen-Storchschnabel *(Geranium pratense)*, S22
Geflecktes Johanniskraut *(Hypericum maculatum)*, J2_2
Acker-Witwenblume *(Knautia arvensis)*, W16
Kriechende Hauhechel *(Ononis spinosa* subsp. *repens)*, H6
Stattliches Knabenkraut *(Orchis mascula)*, K9
Kümmelblättriger Haarstrang *(Peucedanum carvifolia)*, H1
Kleine Bibernelle *(Pimpinella saxifraga)*, B8_2
Gewöhnliche Kreuzblume *(Polygala vulgaris)*, K13_2
Zottiger Klappertopf *(Rhinanthus alectorolophus)*, K4
Kleiner Klappertopf *(Rhinanthus minor)*, K4_2
Kleiner Wiesenknopf *(Sanguisorba minor)*, W12
Tauben-Skabiose *(Scabiosa columbaria)*, W16_2

Blühende Magerwiese mit Kreuzblume und Kleinem Wiesenknopf

Kleine Wiesenraute *(Thalictrum minus)*, W13_2
Feld-Thymian *(Thymus pulegioides)*, T3

Außerdem mehrere der in Beobachtungstipp 1 genannten Arten.

Bei der nächsten Kreuzung (358455 / 5530204) geht es rechts den Hang hinauf bis zum Waldrand, wo der Weg wieder auf die Markierungen von Moselsteig und Panoramaweg trifft. Nach einer kurzen Strecke lädt eine Sitzbank zum Verweilen ein und zum Ausblick in das Moseltal von Lieser bis Bernkastel-Kues mit Burg Landshut auf einer Anhöhe. Die Wanderung führt weiter entlang des Waldrandes, vorbei an Weinbergs-Lauch (L5_2), Geflecktem Aronstab (A6) und einer Brachfläche, in der die weißen Blütendolden der Wilden Engelwurz (E4) auffallen. Hinter einer Allee überquert der Weg in einer Linkskurve einen schmalen Bach. Rechts am Waldrand wachsen neben Besenginster (B7) auffällige Kräuter (Beobachtungstipp 3).

Beobachtungstipp 3: Waldrand südlich Andel
359319 / 5529718

Besenginster *(Cytisus scoparius)*, B7
Wald-Habichtskraut *(Hieracium murorum)*, H3
Berg-Platterbse *(Lathyrus linifolius)*, P6_2
Wald-Ziest *(Stachys sylvatica)*, Z5
Wald-Veilchen *(Viola reichenbachiana)*, V2
Hain-Veilchen *(Viola riviniana)*, V2_2

Der Panoramaweg führt auf einen asphaltierten Feldweg und entlang des Goldbachtals bergauf, danach führt er nach rechts in einen Wald hinein. Es geht an alten Buchen vorbei, später treten Eichen hinzu. In dem Waldboden wurzeln recht viele überwiegend schattenliebende Kräuter (Beobachtungstipp 4).

Beobachtungstipp 4: Buchenwald südlich Andel
Von 359520 / 5529413 bis 359256 / 5529434

Busch-Windröschen *(Anemone nemorosa)*, W14
Zwiebel-Zahnwurz *(Cardamine bulbifera)*, Z1
Gewöhnliches Hexenkraut *(Circaea lutetiana)*, H11
Gefingerter Lerchensporn *(Corydalis solida)*, L8
Roter Fingerhut *(Digitalis purpurea)*, F8
Gewöhnlicher Hohlzahn *(Galeopsis tetrahit)*, H14_2
Waldmeister *(Galium odoratum)*, W3
Wald-Labkraut *(Galium sylvaticum)*, W3_2
Großes Springkraut *(Impatiens noli-tangere)*, S15
Salbei-Gamander *(Teucrium scorodonia)*, G2

Bei der nächsten Kreuzung geht es geradeaus weiter und für etwa 500 m steigt der Weg leicht an, dann geht es bergab und nach einem Kilometer ist der Waldrand erreicht. Kurz vorher ist links ein großer Bestand von Vielblütiger Weißwurz (W9_2) nicht zu übersehen. Am Waldrand angekommen wird die verkehrsreiche Landesstraße 158 überquert (358198 / 5529976) und es geht 60 m in der Bankette bergauf. Dann biegt der Weg

Gebüschsaum oberhalb der Weinberge

nach rechts in den Weinberg ab und es bietet sich ein weiter Ausblick in die Mosellandschaft.

Die Wanderung verläuft nun oberhalb der Weinberge mit Blick auf Veldenz entlang eines Gehölzstreifens mit üppig blühendem Saum aus wärmeliebenden Kräutern (Beobachtungstipp 5).

Beobachtungstipp 5: Wegränder oberhalb der Mülheimer Weinberge
Von 358156 / 5529835 bis 358165 / 5529431

Feld-Ahorn *(Acer campestre)*, A1_2
Gemüse-Lauch *(Allium oleraceum)*, L5
Schwarzer Senf *(Brassica nigra)*, S11
Wirbeldost *(Clinopodium vulgare)*, W15
Zypressen-Wolfsmilch *(Euphorbia cyparissias)*, W17
Gift-Lattich *(Lactuca virosa)*, L4_2
Echter Dost *(Origanum vulgare)*, D2
Kriechendes Fingerkraut *(Potentilla reptans)*, F9_3
Feld-Rose *(Rosa arvensis)*, R5

Blick nach Mülheim, zur Moselbrücke und zum Brauneberg

Hunds-Rose *(Rosa canina)*, **R5_2**
Echte Goldrute *(Solidago virgaurea)*, **G9**
Mehlige Königskerze *(Verbascum lychnitis)*, **K11**
Kleinblütige Königskerze *(Verbascum thapsus)*, **K10**
Schmalblättrige Wicke *(Vicia sativa* subsp. *nigra)*, **W11_2**
März-Veilchen *(Viola odorata)*, **V1**

Außerdem einige der bereits vorgestellten Arten.

Aus den Spalten eines dunkelgrauen Schieferfelsens leuchten die blauen Blüten der Rundblättrigen Glockenblume (**G6_2**). Beim nächsten Abzweig geht es nach rechts in die Weinberge.

Der Weg verläuft in Serpentinen bergab durch den Weinberg in das Tal des Veldenzer Baches. Der Weinberg ist aus botanischer Sicht weniger interessant, neben Silber-Fingerkraut (**F11**), Gewöhnlichem Natternkopf (**N2**), Gewöhnlichem Feinstrahl (**F2**) und Kompass-Lattich (**L4**) gedeihen kaum wildwachsende Kräuter. Unterhalb der Rebhänge geht es durch ein Wiesengelände, dann trifft der Weg auf eine Walnuss-Allee (357590 / 5528779). An dieser Stelle empfiehlt es sich, den markierten Panoramaweg vorübergehend zu verlassen und nach rechts durch bunt blühende Wiesen Richtung Mühlheim zu gehen (Beobachtungstipp 6).

Beobachtungstipp 6: Wiese im mittleren Veldenzer Bachtal
357575 / 5528804

Sumpf-Schafgarbe *(Achillea ptarmica)*, S3_2
Rapunzel-Glockenblume *(Campanula rapunculus)*, G6
Wiesen-Bärenklau *(Heracleum sphondylium)*, B2
Weiße Lichtnelke *(Silene latifolia)*, L10

Außerdem viele der in Beobachtungstipp 2 genannten Arten.

Bei der nächsten Wegekreuzung biegt die Route nach links ab zum Veldenzer Bach, der von mächtigen Weiden und anderen Bäumen gesäumt wird und trifft wieder auf den Panoramaweg. Am Ufer fallen die asymmetrischen Blätter und zarten Blütendolden des Gierschs (E4_2) auf, der hier neben weiteren Uferstauden üppig gedeiht (Beobachtungstipp 7).

Beobachtungstipp 7: Uferstauden am Veldenzer Bach
357414 / 5529025

Giersch *(Aegopodium podagraria)*, E4_2
Bärlauch *(Allium ursinum)*, B3
Große Klette *(Arctium lappa)*, K7
Hopfen *(Humulus lupulus)*, H16
Gewöhnliche Pestwurz *(Petasites hybridus)*, P4
Rote Lichtnelke *(Silene dioica)*, L10_2
Gewöhnlicher Beinwell *(Symphytum officinale)*, B5

Vor der ersten Holzbrücke über den Veldenzer Bach lohnt sich ein kurzer Abstecher nach rechts durch den Erlenwald zu einer 300 Jahre alten Eiche. Bei der nächsten Brücke über den Vel-

denzer Bach lädt eine Sitzgruppe zur Rast und zum Kennenlernen der Flora im Kiesgeröll des Ufers ein; gelegentlich sieht
man hier Spuren vom letzten Hochwasser (Beobachtungstipp 8).

Beobachtungstipp 8: Ufer des Veldenzer Bachs
357202 / 5529708

Blut-Weiderich *(Lythrum salicaria),* W8
Bachbunge *(Veronica beccabunga),* B1

Nach der Bachüberquerung führt der Weg durch Talwiesen, in
denen viele Wiesenpflanzen wiederzufinden sind, die schon
vorgestellt wurden, außerdem einige neue Arten (Beobachtungstipp 9).

**Beobachtungstipp 9: Wiese im unteren
Veldenzer Bachtal**
Von 357223 / 5529771 bis 357196 / 5530032

Echtes Labkraut *(Galium verum),* L1
Kuckucks-Lichtnelke *(Lychnis flos-cuculi),* L9
Moschus-Malve *(Malva moschata),* M1
Blutwurz *(Potentilla erecta),* F9_2
Echter Ziest *(Stachys officinalis),* Z4
Vogel-Wicke *(Vicia cracca),* W10

Außerdem einige der bereits genannten Arten.

Die Wanderroute kreuzt einen wassergefüllten Graben. Etwas
später wird der Weg von ausladenden Bäumen, die zum Teil im
Wasser stehen, beschattet.

In dem sumpfigen Gelände lassen sich die großen gelben
Blüten der Wasser-Schwertlilie ausmachen (Beobachtungstipp 10).

Sumpfwald längs des Veldenzer Bachs

Beobachtungstipp 10: Sumpfwand südlich Mülheim
357210 / 5530301

Wasser-Schwertlilie *(Iris pseudacorus)*, S8
Gewöhnliches Seifenkraut *(Saponaria officinalis)*, S10
Hain-Sternmiere *(Stellaria nemorum)*, S20

Außerdem einige der bereits genannten Arten.

Der Weg führt zurück nach Mülheim, biegt nach links in den Talweg ein und überquert ein letztes Mal den Veldenzer Bach. Nach wenigen Schritten kommt rechter Hand der Festplatz von Mülheim und der angrenzende Parkplatz in Sicht.

Schlossruine Veldenz: hoch aufragend zwischen stillen Waldtälern

8. Wanderweg Grafschaft Veldenz – Wälder und Felsen in einem geschichtsträchtigen Seitental der Mosel

Die 12,3 km lange Rundwanderung führt in ein Seitental rechts der Mosel und umrundet das auf einem bewaldeten Bergsporn gelegene Schloss Veldenz. Im tief eingeschnittenen Kalmbachtal beginnend, verläuft der Weg über mehrere An- und Abstiege durch Laubwälder und vorbei an markanten Schiefer- und Quarzitfelsen und imposanten Aussichtspunkten bis ins Moseltal. Auf der Hochfläche des Hunsrücks angekommen geht es durch botanisch interessante Wiesen. Die Wälder bieten besonders von April bis Mitte Mai und im August/September blühende Kräuter, für die Wiesen ist von Mitte Mai bis Mitte August die beste Wanderzeit. Die Tour verläuft überwiegend im Wald und eignet sich daher trotz der Auf- und Abstiege auch für heiße Sommertage.

Ausgangspunkt: Parkplatz am Ortseingang von Thalveldenz (49°53'04.6" N, 7°02'06.1" E).

Markierung: Zunächst „Schwarzer Peter" auf weißem Grund, **dann:** Logo der Grafschaft Veldenz, beim Abstieg im Wald: dunkle Holzpfosten mit abgesetzter Spitze.

Länge: 12,3 km lange Rundwanderung.

Einkehrmöglichkeiten: Thielenmühle im Wellersbachtal.

Topographische Karte: 6108 Morbach

Wegbeschaffenheit und Höhenprofil: Befestigte und unbefestigte Waldwege, auch schmale Waldpfade, in Höhenlagen zwischen 250 und 450 m über NN mit mehreren An- und Abstiegen.

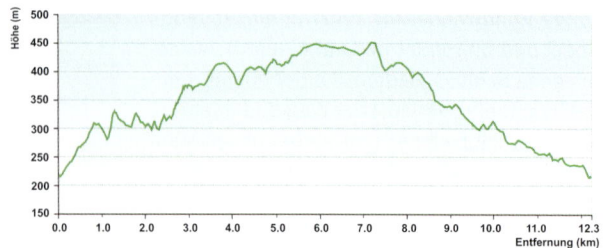

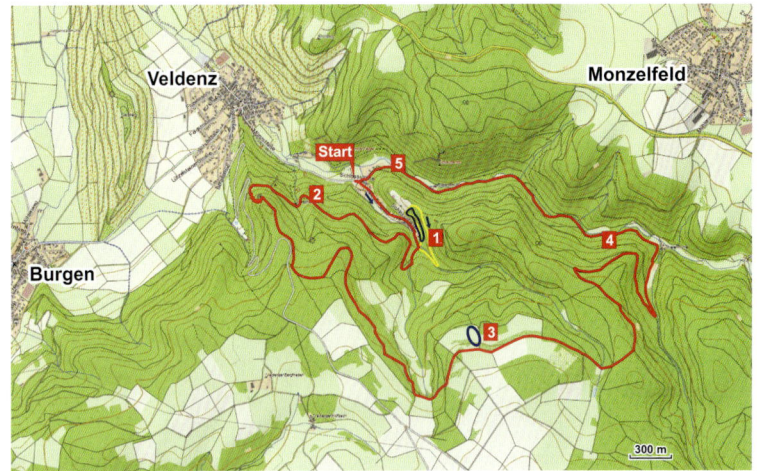

*D*ie erste Etappe der Tour führt durch die Ortschaft Thalveldenz, die unterhalb von Schloss Veldenz im schmalen
Tal des Kalmbachs liegt. Hinter den letzten Häusern fallen an
Felsen und Mauerresten am rechten Wegrand Farne auf, darunter der Gelappte Schildfarn (**S5**), eine wintergrüne Art. Der
zunächst noch asphaltierte Weg führt zu einer Kapelle und
einer Wegekreuzung.

Von hier aus, bei einer Sitzbank unter alten Douglasien, lohnt
ein Abstecher nach links in Richtung Burgruine Schloss Veldenz, um die in beschatteten Felsritzen wurzelnden Pflanzen
und die Waldbodenvegetation zu betrachten (Beobachtungstipp 1).

**Beobachtungstipp 1: Laubwald mit Felsen bei
Schlossruine Veldenz**
Von 359335 / 5527240 bis 359220 / 5527429

Busch-Windröschen *(Anemone nemorosa)*, **W15**
Gefleckter Aronstab *(Arum maculatum)*, **A6**

Laubwald mit Felsen oberhalb Thalveldenz

Schw. Streifenfarn *(Asplenium adiantum-nigrum)*, S23_2
Mauerraute *(Asplenium ruta-muraria)*, S24_2
Brauner Streifenfarn *(Asplenium trichomanes)*, S23
Rundblättr. Glockenblume *(Campanula rotundifolia)*, G6_2
Nesselblättr. Glockenblume *(Campanula trachelium)*, G4
Zwiebel-Zahnwurz *(Cardamine bulbifera)*, Z1
Maiglöckchen *(Convallaria majalis)*, B3_2
Behaarter Ginster *(Genista pilosa)*, G3
Frühblühendes Habichtskraut *(Hieracium glaucinum)*, H3_2
Wald-Habichtskraut *(Hieracium murorum)*, H3
Wiesen-Wachtelweizen *(Melampyrum pratense)*, W2
Vielblütige Weißwurz *(Polygonatum multiflorum)*, W9_2
Gewöhnlicher Tüpfelfarn *(Polypodium vulgare)*, T5
Große Sternmiere *(Stellaria holostea)*, S19
Salbei-Gamander *(Teucrium scorodonia)*, G2
Wald-Ehrenpreis *(Veronica officinalis)*, E2
Hain-Veilchen *(Viola riviniana)*, V2_2

Steiler Pfad beim Burgtor:
Stinkende Nieswurz *(Helleborus foetidus)*, N6
Kleines Habichtskraut *(Hieracium pilosella)*, H2
Gift-Lattich *(Lactuca virosa)*, L4_2
Echte Schlüsselblume *(Primula veris)*, S6
Nickendes Leimkraut *(Silene nutans)*, L6
Schwalbenwurz *(Vincetoxicum hirundinaria)*, S7
März-Veilchen *(Viola odorata)*, V1
Gewöhnliche Pechnelke *(Viscaria vulgaris)*, P2

Der Weg führt zu einem meist geschlossenen Eisentor. Vor dem Tor führt ein schmaler Pfad rechts den Berg hoch zum Eingangsbereich der Burganlage, von wo aus man bis ins Moseltal schauen kann. Der steile Pfad erfordert Trittsicherheit und sollte nur bei trockenem Wetter begangen werden. Hinter das Burgtor kann man nur bei Burgführungen schauen (Termine s. Infotafel oder www.schlossveldenz.com). Der Abstieg zum Ausgangspunkt des Abstechers und dann zur Wegkapelle verläuft über die befestigte Burgauffahrt und einen Abzweig nach rechts.

Unteres Burgtor von Schloss Veldenz

Felsformation „Rittersturz"

Von Schloss Veldenz kommend folgt die Wanderung hinter der Kapelle nach links der Markierung Schwarzer Peter in Richtung Josephinenhöhe. Der befestigte Forstweg quert einen schmalen Waldbach, und es geht bergauf durch Eichen-Buchenwald mit schönen Altbäumen und an Felsen vorbei. Der Weg führt über eine Lichtung, und während er sich am schattigen Nordhang entlang schlängelt, wird er merklich schmäler.

Beim (unproblematischen) Erklimmen der Felsformation „Rittersturz" fallen Heidekraut (H8), die niedrigen Sträucher der

Vom Aussichtspunkt „Josephinenhöhe" kann man auf die andere Moselseite schauen.

Felsenbirne (F3) und Gesteinsflechten auf (Beobachtungs-tipp 2). Oben angekommen wird man mit einem weiten Panorama belohnt: vom Bergsporn mit Schloss Veldenz und links davon zur hoch über dem Hinterbachtal aufragenden Felsformation „Scheunentor". Weiter links kommen der Weinort Veldenz und im Hintergrund die Moselbrücke zwischen Mülheim und Lieser in den Blick. Auch der kurze Abstecher zum Gipfelkreuz lohnt sich.

> **Beobachtungstipp 2: Aussichtspunkt „Rittersturz"**
> 358503 / 5527560
>
> Gewöhnliche Felsenbirne *(Amelanchier ovalis)*, F3
> Heidekraut *(Calluna vulgaris)*, H8
> Kleiner Sauer-Ampfer *(Rumex acetosella)*, A4
>
> Außerdem einige der in Beobachtungstipp 1 genannten Arten.

Der Weg verläuft dann über einen schmalen Waldpfad vorbei an Esskastanien (E7) und kleineren Felsen zu einer weiteren imposanten Felsrippe: dem Pionierfelsen (358213 / 5527637).

Der nächste Anstieg führt in Serpentinen durch Eichenwald zum Aussichtspunkt „Josephinenhöhe" (358141 / 5527577).

Wiesenland auf der Hunsrückhöhe

Hier gibt es einen grandiosen Panoramablick und eine Infotafel über die Entwicklung des Mosellaufs in der Grafschaft Veldenz in geologischen Zeiträumen. Bei den Sitzbänken wachsen reichlich Heidekraut (H8), Felsenbirne (F3), Behaarter
Ginster (G3) und Besenginster (B7). Auf der weiteren Etappe
durch den Wald wendet sich der Weg vom Moseltal und von
den imposanten Felsen und Aussichtspunkten ab. Nach
Umrundung des Römersbachtals führt der Weg an den Waldrand in ein leicht abschüssiges Wiesengelände und auf die
Hunsrückhochfläche.

Hier endet die Markierung vom Schwarzen Peter, und für eine
kurze Strecke folgt die Wanderung dem Logo Grafschaft Veldenz. Bei einem Quarzitbrocken am rechten Wegrand lohnt
ein Abstecher nach links auf eine blütenreiche Wiese (Beobachtungstipp 3). In dieser Wiese blühen von Mitte Juni bis Juli
zwei nahe verwandte Orchideen: Die Zweiblättrige Kuckucksblume (K16_2) und die Berg-Kuckucksblume (K16).

Beobachtungstipp 3: Wiese südöstlich Thalveldenz
359747 / 5526500

Wiesen-Schafgarbe *(Achillea millefolium)*, S3
Rapunzel-Glockenblume *(Campanula rapunculus)*, G6

Gewöhnliche Flockenblume *(Centaurea jacea)*, F12
Skabiosen-Flockenblume *(Centaurea scabiosa)*, F12_2
Wiesen-Labkraut *(Galium album)*, L2
Wiesen-Bärenklau *(Heracleum sphondylium)*, B2
Tüpfel-Johanniskraut *(Hypericum perforatum)*, J2
Acker-Witwenblume *(Knautia arvensis)*, W16
Wiesen-Margerite *(Leucanthemum vulgare)*, M3
Zweiblättrige Kuckucksblume *(Platanthera bifolia)*, K16_2
Berg-Kuckucksblume *(Platanthera chlorantha)*, K16
Gewöhnliche Kreuzblume *(Polygala vulgaris)*, K13_2
Kleiner Klappertopf *(Rhinanthus minor)*, K4_2
Kleiner Wiesenknopf *(Sanguisorba minor)*, W12
Tauben-Skabiose *(Scabiosa columbaria)*, W16_2
Jakobs-Greiskraut *(Senecio jacobaea)*, G13_2
Echte Goldrute *(Solidago virgaurea)*, G9
Feld-Thymian *(Thymus pulegioides)*, T3
Wiesen-Bocksbart *(Tragopogon pratensis)*, B11
Vogel-Wicke *(Vicia cracca)*, W10

Wegmarkierung im Buchenwald

Auch auf der folgenden Etappe durch das Wiesengelände in Richtung Wald lassen sich am Wegrand bunte Wiesenblumen betrachten. Die Wegmarkierung fehlt bis zur nächsten größeren Kreuzung – diese ist jedoch als Rettungspunkt deutlich gekennzeichnet.

Ab hier gibt es am Wegrand die Markierung durch übermannshohe dunkle Holzpfosten mit abgesetzter Spitze. Die Wanderung verläuft auf einem ausgebauten Forstweg geradeaus durch ein flaches Tal und überquert in einer leichten Linkskurve den Kalm-

bach. Am nächsten Hinweisschild geht es Richtung Monzel-
feld und in einen schönen Hainsimsen-Buchenwald mit vielen
Altbäumen. Buchenwälder auf Schiefer und anderen basenar-
men Böden sind oft arm an Kräutern, mit mehr als einer Hand-
voll Arten ist nicht zu rechnen. Gelegentlich fallen die großen
Blätter des Gefleckten Aronstabes (A6) auf. Der Weg führt stetig bergab und biegt nach Erreichen des Wellersbachtals nach
links in Richtung Thielenmühle ab. An der Mündung des Wel-
lersbachs in den Hinterbach steht die Gastwirtschaft Thielenmühle (361135 / 5527129). Die Wanderung verläuft auf der
linken Bachseite weiter talwärts. Am Wegrand gibt es schattige Felsen mit üppigen Moospolstern, Farnen und blühenden
Kräutern (Beobachtungstipp 4).

**Beobachtungstipp 4: Hinterbachtal unterhalb
Thielemühle**
360761 / 5527223

Roter Fingerhut *(Digitalis purpurea)*, F8
Wald-Labkraut *(Galium sylvaticum)*, L3_2
Rote Lichtnelke *(Silene dioica)*, L10_2
Wald-Veilchen *(Viola reichenbachiana)*, V2

Außerdem einige der in Beobachtungstipp 1 genannten
Arten.

Die Wanderung passiert einen Rastplatz mit Schutzhütte,
kurz darauf sprießen im Frühjahr die zarten Blätter und weißen Blütenstände des Bärlauchs (B3) im Bachtal. Am gegenüberliegenden Bachufer sind einzeln stehende Gehöfte zu
erkennen; die teilweise noch erhaltenen Mühlgräben zeigen, dass es sich um alte Wassermühlen handelt. Hinter der
Röpertsmühle kommt am gegenüberliegenden Talhang ein
imposanter schroffer Schieferfelsen in den Blick, das „Scheunentor". Auch ohne Fernglas kann man dort Felsenbirne (F3)
und Heidekraut (H8) erkennen. Zwischen Weg und Bach können feuchte- und schattenliebende Pflanzenarten beobachtet
werden (Beobachtungstipp 5).

Beobachtungstipp 5: Hinterbachtal unterhalb der Röpertsmühle
359208 / 5527715

Gewöhnliches Hexenkraut *(Circaea lutetiana)*, H11
Gefingerter Lerchensporn *(Corydalis solida)*, L8
Schmalblättr. Weidenröschen *(Epilobium angustifolium)*, W6
Hain-Sternmiere *(Stellaria nemorum)*, S20

Außerdem einige der in Beobachtungstipp 1 genannten Arten.

Dann wendet sich der Weg nach links, vorbei an einem weiteren Felsen und ausladenden Altbäumen und erreicht Thalveldenz und kurz darauf den Ausgangspunkt der Wanderung.

Frühjahrsblüte in den Felsen der Weinlage Erdener Prälat

9. Erdener Prälat und Erdener Treppchen – Durch weltberühmte steile Weinlagen der Mittelmosel

Die 4,2 km lange Rundwanderung führt auf schmalem Pfad durch Weinberge, vorbei an Felsen und durch Laubwald. Bei der Wanderung im Steilhang und über zahlreiche Treppen und Leitern kann man die über Jahrhunderte gepflegte Kunst und harte Arbeit der Terrassenanlage und Weinbergbewirtschaftung ohne Motortechnik erahnen. Der sich im Sommer stark erwärmende, humusarme und felsdurchsetzte Schieferboden lässt qualitätsvolle Weine reifen – und stellt für die Pflanzenwelt eine besondere Herausforderung dar. Sonnenhungrige Fels- und Rohbodenpflanzen sind hier zu Hause. Mit dem letzten Anstieg zum Borberg bietet auch die Etappe durch den Wald interessante Pflanzenbeobachtungen. Die zweite Hälfte der Tour durch den östlichen Teil der Weinlage Erdener Treppchen ist botanisch gesehen weniger spektakulär, bietet jedoch viele weite Ausblicke in die Mosellandschaft zwischen Zeltingen-Rachtig und Kröv.

Ausgangspunkt: Parkplatz an der Römischen Kelteranlage längs der B 53 gegenüber Erden (49°58'52.8" N, 7°01'40.6" E).

Markierung: Erdener Kletterweg, Signet mit rotem Punkt; die Varianten mit grünem bzw. gelbem Punkt stellen Abkürzungen dar.

Länge: 4,2 km lange Rundwanderung.

Öffentliche Verkehrsmittel: Die Buslinie 333 verbindet Erden mit Bernkastel-Kues und Trarbach (linke Moselseite!). An Wochenenden fahren nur wenige Busse (Verkehrsverbund Region Trier).

Einkehrmöglichkeiten: Getränke im Infozentrum am Parkplatz; eingeschränkte Öffnungszeiten!

Topographische Karte: 6008 Bernkastel-Kues

Wegbeschaffenheit und Höhenprofil: Schmale und oft steile Pfade, zum Teil über Schieferschutt. Im ersten Drittel der Tour gibt es mehrere stabile Metallleitern, das letzte Drittel verläuft auf einem ausgebauten Weinbergweg. Klettertechniken sind nicht erforderlich, wohl aber Trittsicherheit.

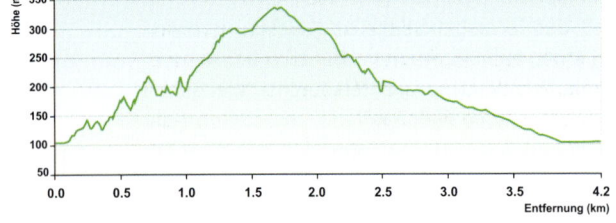

Erden

Lösnich

150 m

Mosel

Start

*D*ie Tour startet auf dem Parkplatz der restaurierten Römer-kelter an der B 53. In dem Gebäude auf historischem Untergrund ist auch das „Bürger-Informationszentrum B 50" untergebracht, das den nicht unumstrittenen Hochmoselüber-gang erläutert. Hinter der Kelteranlage führt ein schmaler, schiefriger Weg in Serpentinen bergan. Der Blick fällt auf die Weiße Fetthenne (F7), die hier in dichten, kräftigen Polstern wächst, und weitere Pflanzenarten, die auf den trocken-hei-ßen, humusarmen Standorten (über)leben können: der blau blühende Gewöhnliche Natternkopf (N2) und Wermut (B4_3), der mit stark zerteilten, seidig behaarten Laubblättern und aromatischem Geruch auffällt. Sobald sich etwas Lehm ange-sammelt hat, kommen Wiesen- und Wegsaumpflanzen, wie Wiesen-Labkraut (L2) und Echter Dost (D2) hinzu (Beobach-tungstipp 1).

Beobachtungstipp 1: Weinberg oberhalb der römischen Kelter
Von 358548 / 5538468 bis 358464 / 5538518

Gemüse-Lauch *(Allium oleraceum)*, L5
Wermut *(Artemisia absinthium)*, B4_3

Metallleitern …   *… und Seile erleichtern den Anstieg.*

Feld-Beifuß *(Artemisia campestris)*, **B4**
Gewöhnlicher Beifuß *(Artemisia vulgaris)*, **B4_2**
Schwarzer Senf *(Brassica nigra)*, **S11**
Zweihäusige Zaunrübe *(Bryonia dioica)*, **Z2**
Wilde Möhre *(Daucus carota)*, **M6**
Gewöhnlicher Natternkopf *(Echium vulgare)*, **N2**
Goldlack *(Erysimum cheiri)*, **G8**
Zypressen-Wolfsmilch *(Euphorbia cyparissias)*, **W17**
Schmalblättriger Hohlzahn *(Galeopsis angustifolia)*, **H14**
Wiesen-Labkraut *(Galium album)*, **L2**
Dürrwurz *(Inula conyzae)*, **D3**
Kompass-Lattich *(Lactuca serriola)*, **L4**
Gift-Lattich *(Lactuca virosa)*, **L4_2**
Sigmarswurz *(Malva alcea)*, **M1_2**
Echter Dost *(Origanum vulgare)*, **D2**
Gewöhnlicher Tüpfelfarn *(Polypodium vulgare)*, **T5**
Hunds-Rose *(Rosa canina)*, **R5_2**
Weiße Fetthenne *(Sedum album)*, **F7**
Raukenblättriges Greiskraut *(Senecio erucifolius)*, **G13**
Gewöhnl. Straußmargerite *(Tanacetum corymbosum)*, **M7_2**
Rainfarn *(Tanacetum vulgare)*, **R2**
Salbei-Gamander *(Teucrium scorodonia)*, **G2**
Mehlige Königskerze *(Verbascum lychnitis)*, **K11**
Zaun-Wicke *(Vicia sepium)*, **W11**

Eine Metallleiter mit beidseitigem Geländer führt zur Wendeplatte eines Wirtschaftswegs, von der aus es nach links zu einem markanten Schieferfelsen weitergeht. Im Frühjahr leuchten hier die gelben und orangefarbenen Blüten des Goldlacks (G8), der in Felsritzen wurzelt. Auch auf Brachland und Schieferschutt sind anspruchslose und sonnenverträgliche Pflanzen zu entdecken, etwa der rosa blühende Schmalblättrige Hohlzahn (H14). Der Wanderweg kreuzt die hier nur kniehohe Schiene einer Monorackbahn (358455 / 5538515), dann geht es auf schmalem Pfad zwischen den Rebzeilen auf Schieferboden über eine Treppe und eine kurze Leiter weiter bergauf. Kurz darauf ist ein Rast- und Aussichtsplatz mit Bänken und Tischen erreicht. Von hier aus hat man einen schönen Blick auf Erden – und auf die neue B 50, die Eifel und Hunsrück verbinden soll. Die Tour geht über eine weitere Leiter und zwei steile Betontreppen zum nächst höher gelegenen Weinberg und umrundet den Herzlei-Felsen. Eine Sitzbank lädt zum Blick nach Westen auf den moselaufwärts gelegenen Weinort Ürzig ein. Wo es für Reben zu steil ist, gedeihen Schlehen- und Rosenbüsche (Beobachtungstipp 2).

Beobachtungstipp 2: Hinter dem Herzlei-Felsen oberhalb der Weinberge
Von 358346 / 5538555 bis 358157 / 5538596

Feld-Ahorn *(Acer campestre)*, A1_2
Französischer Ahorn *(Acer monspessulanum)*, A1
Milzfarn *(Asplenium ceterach)*, M4
Brauner Streifenfarn *(Asplenium trichomanes)*, S23
Sichel-Hasenohr *(Bupleurum falcatum)*, H5
Pfirsichblättr. Glockenblume *(Campanula persicifolia)*, G5
Nesselblättr. Glockenblume *(Campanula trachelium)*, G4
Besenginster *(Cytisus scoparius)*, B7
Gelber Hohlzahn *(Galeopsis segetum)*, H13
Behaarter Ginster *(Genista pilosa)*, G3
Frühblühendes Habichtskraut *(Hieracium glaucinum)*, H3_2
Tüpfel-Johanniskraut *(Hypericum perforatum)*, J2
Blauer Lattich *(Lactuca perennis)*, L3

Wimper-Perlgras *(Melica ciliata)*, **P3**
Labkraut-Sommerwurz *(Orobanche caryophyllacea)*, **S12**
Wohlriechende Weißwurz *(Polygonatum odoratum)*, **W9**
Felsenkirsche *(Prunus mahaleb)*, **F4**
Felsen-Fetthenne *(Sedum rupestre)*, **F5**
Aufrechter Ziest *(Stachys recta)*, **Z3**
Mutterkraut *(Tanacetum parthenium)*, **M7**

Aus kleinen Felsspalten leuchten im Frühjahr die zitronengelben Blüten des aus Südeuropa stammenden und an der Mosel nur hier vorkommenden Berg-Steinkrauts *(Alyssum montanum* subsp. *montanum).*

Berg-Steinkraut (Alyssum montanum subsp. montanum)

Die Symphonie in Gelb wird fortgesetzt mit dem etwas später blühenden Goldlack (**G8**) und dem Behaarten Ginster (**G3**). Der gelblich-weiße Farbton im Juni stammt vom Aufrechten Ziest (**Z3**). Es geht weiter über eine in einer Trockenmauer angelegten Treppe, vorbei an Milzfarn (**M4**). Nach etwa 100 m spendet ein Feldgehölz etwas Schatten, zu dem auch der Französische Ahorn (**A1**) beiträgt. Bei der nächsten Kreuzung teilt sich der Weg und die Tour wendet sich nach links. Nach rechts geht es über eine Abkürzung (Markierung: grüner Punkt) zurück durch die Weinberge zum Parkplatz. Beim Umrunden einer weiteren Felsnase gibt es auf teils beschattetem Boden

Nelken-Leimkraut

Wohlriechende Weißwurz (**W9**) und Nesselblättrige Glockenblume (**G4**) zu entdecken, außerdem eine im Mai dunkelrosa
blühende, seltene Pflanzenart der Felsfluren: das Nelken-
Leimkraut (**P2_2**).

Der weitere Weg verläuft oberhalb der Rebstöcke und am Fuß
der Felsen, es geht in Serpentinen zunächst bergab, dann wieder bergauf. Bevor man in den Laubwald eintritt, wächst in
der Nähe eines Eisentores rechts in etwa 2 m Höhe die Echte
Hauswurz (**H7**).

Bei der nächsten Wegkreuzung im Wald geht es nach rechts
und wieder steil bergan. Hier gibt es am Wegrand Pflanzenarten warmer, trockener Laubwälder und beschatteter Felsen
zu entdecken: Im Frühjahr blühen März-Veilchen (**V1**), Sand-
Schaumkresse (**S4**) und Echte Schlüsselblume (**S6**), etwas
später im Jahr Schwarzwerdende Platterbse (**P6**) und Zwiebel-
Zahnwurz (**Z1**), im Sommer dann Behaartes Johanniskraut (**J1**)
und Glockenblumen (**G3, G5**) (Beobachtungstipp 3).

Felsgebüsch

Beobachtungstipp 3: Laubwald unterhalb Borberg
Von 358053 / 5538613 bis 358060 / 5538703

Astlose Graslilie *(Anthericum liliago)*, G11
Sand-Schaumkresse *(Arabidopsis arenosa)*, S4
Gefleckter Aronstab *(Arum maculatum)*, A6
Schw. Streifenfarn *(Asplenium adiantum-nigrum)*, S23_2
Zwiebel-Zahnwurz *(Cardamine bulbifera)*, Z1
Wald-Bergminze *(Clinopodium menthifolium)*, W15_2
Maiglöckchen *(Convallaria majalis)*, B3_2
Gewöhnlicher Seidelbast *(Daphne mezereum)*, S9
Behaartes Johanniskraut *(Hypericum hirsutum)*, J1
Schwarzwerdende Platterbse *(Lathyrus niger)*, P6
Echte Schlüsselblume *(Primula veris)*, S6
Feld-Rose *(Rosa arvensis)*, R5
Große Sternmiere *(Stellaria holostea)*, S19
März-Veilchen *(Viola odorata)*, V1

Außerdem bereits genannte Pflanzenarten.

Ein mit Reben umrankter Unterstand mit Bank lädt zur Rast und zum Ausblick auf Ürzig ein. Der Weg biegt nach rechts ab und es geht weniger steil durch Wald. Bei der nächsten Wegkreuzung lohnt sich ein ausgeschilderter Abstecher nach links zum Borberg, auf dem die Kelten einst eine Wallanlage errichteten. Der Aussichtspunkt liegt etwa 250 m oberhalb der Mosel und bietet einen weiten Blick in die von Fluss und Weinkultur modellierte Landschaft. Unterwegs

Aussichtspunkt unter Französischem Ahorn

zum Borberg kann man im Mai das Schwertblättrige Waldvögelein (**W4_2**), eine Orchideenart, und andere Waldbodenbewohner bewundern (Beobachtungstipp 4).

Beobachtungstipp 4: Wald am Borberg
58132 / 5538773

Busch-Windröschen *(Anemone nemorosa)*, **W14**
Schwertblättr. Waldvögelein *(Cephalanthera longifolia)*, **W4_2**
Wald-Veilchen *(Viola reichenbachiana)*, **V2**

Zurück auf dem markierten Weg geht es durch Eichenwald. Hier können der locker verzweigte Blütenstand des Wald-Labkrauts (**W3_2**) und der rot blühende Fingerhut (**F8**) neu und manche bereits vorgestellte Pflanzenarten wieder entdeckt werden (Beobachtungstipp 5).

Beobachtungstipp 5: Eichenwald östlich Borberg
Von 358309 / 5538744 bis 358539 / 5538695

Roter Fingerhut *(Digitalis purpurea)*, **F8**
Wald-Labkraut *(Galium sylvaticum)*, **W3_2**
Vielblütige Weißwurz *(Polygonatum multiflorum)*, **W9_2**
Raues Veilchen *(Viola hirta)*, **V1_2**

Durch Eichenwald zum Borberg

Die Route führt in ein enges, bewaldetes Kerbtal und überquert einen schmalen Bach. Dann geht es ein letztes Mal über
eine Treppe – diesmal bergab und aus Beton – auf einen ausgebauten Weinbergweg. Unterwegs durch den flurbereinig-
ten Weinberg zum Ausgangspunkt gibt es reichlich Ausblicke und auch einige botanische Beobachtungstipps: links des
Weges die großblütige und überaus stachlige Bibernell-Rose
(R4) und auf der rechten Wegseite zwischen den Rebzeilen ein
Weinbergspfirsich-Garten (P5). Weiter hangabwärts geht es
vorbei an zwei Wegekreuzen und einer Sitzgruppe mit ausführlichen Infotafeln. Die letzte, rund 300 m lange Etappe verläuft über den Radweg längs der B 53 zurück zur Römischen
Kelteranlage.

Blick über die Ruine Grevenburg in das Moseltal bei Traben-Trarbach

10. Auf traditionsreichem Pilger- und Handelsweg von Trarbach nach Enkirch

Die 8 km lange Streckenwanderung führt über geschichtsträchtige Wege durch Wald, Felsgebüsche und Wiesen entlang des rechten Moselhangs. Auch die Grevenburg, Sitz eines im Mittelalter bedeutenden Grafengeschlechts, liegt entlang der Tour. Enkirch und besonders Traben-Trarbach sind traditionsreiche Weinorte an der Mittelmosel und Knotenpunkte überregionaler Wander- und alter Handelswege. Der Naturraum bietet einen steilen, felsigen Schieferhang, der überwiegend nach Westen geneigt ist und sich daher für Weinbau eignet. Der Felskamm des Geißbergs trennt die Weinbaulandschaft des Moseltals von den Moselhöhen. Die Wanderung auf diesem von Felsgebüschen geprägten Abschnitt ist landschaftlich besonders reizvoll. Aber nicht nur von hier aus bieten sich weite Ausblicke in das tief unten liegende Moseltal. Die Wanderung ist während der ganzen Vegetationszeit botanisch attraktiv: im Frühjahr besonders bei der Waldbodenflora und den blühenden Sträuchern, später im Jahr bei den Stauden auf felsigem Boden.

Ausgangspunkt: Abzweig von der Brückenstraße in Trarbach (49°56'52.8" N, 7°06'59.5" E) in den Wald.

Markierung: Sponheimer Weg (weißes „S" auf grünem Grund), teilweise Moselsteig und Mosel-Camino (gelbe Muschel auf blauem Grund).

Länge: 8 km lange Streckenwanderung.

Einkehrmöglichkeiten: Burgschänke auf der Grevenburg, Restaurant Schöne Aussicht in Starkenburg.

Öffentliche Verkehrsmittel: Auf der linken Moselseite gibt es gegenüber des Start- und des Zielpunkts Bahnhöfe: Vom Bahnhof in Traben folgt man der Markierung des Mosel-steigs durch die Poststraße und über die Brücke zum Ausgangspunkt in Trarbach. Am Ziel-punkt kann man mit einer Personenfähre über die Mosel nach Kövenig übersetzen, die Bahnstation liegt etwa 200 m moselaufwärts. Die Fähre verkehrt im Sommer bis 18:30 Uhr, ab Oktober bis 17:30 Uhr.

Topographische Karte: 6008 Bernkastel-Kues

Wegbeschaffenheit, Höhenprofil: Überwiegend unbefestigte Wege und Pfade, jedoch ohne klettertechnische Ansprüche. Der Anstieg zu Beginn verläuft etwa zur Hälfte im Wald.

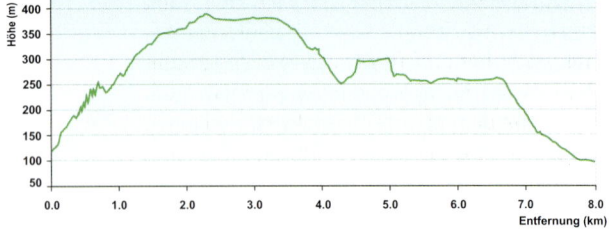

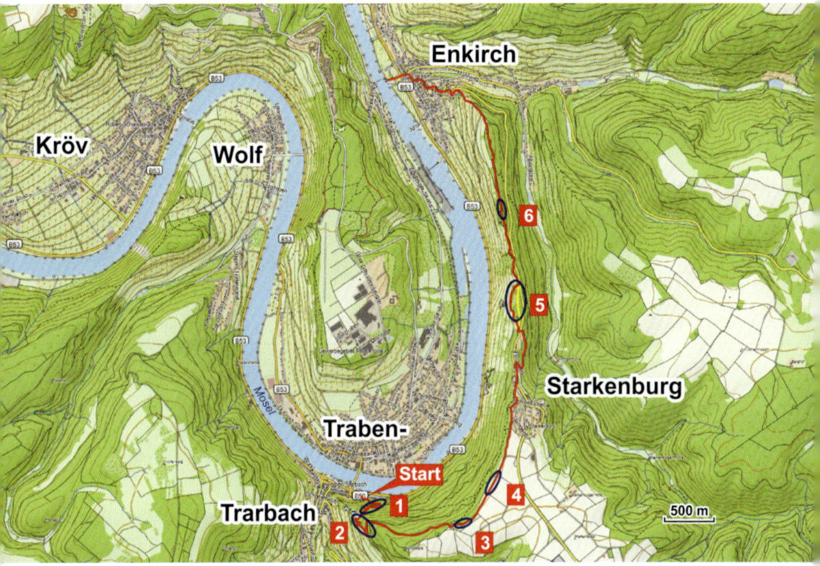

Enkirch

Kröv   Wolf

6

5

Starkenburg

Traben-

Start

Trarbach   1   4   500 m

2

3

*F*ür Wanderer, die mit dem Auto angereist sind, geht es vom (kostenfreien) Parkplatz unter der Moselbrücke im Ortsteil Trarbach moselabwärts nach links in die Enkircher Straße, der Markierung S – Sponheimer Weg – folgend. Nach etwa 100 m und der Überquerung der Bundesstraße ist der Ausgangspunkt der Tour, ein Abzweig von der Brückenstraße in den Wald, erreicht. Bahnreisende erreichen den Startpunkt nach einem Spaziergang von etwa 800 m über die Brücke. Beim Abzweig auf einen bergauf führenden Waldweg steht eine Infotafel, hier gibt es Hinweise zur Ruine Grevenburg. In Serpentinen geht es aus dem geschäftigen Weinort in einen schattigen Laubwald mit Ahornen, Ulmen, Esskastanien und Linden.

Der steile Anstieg auf Schieferschutt, über alte, steinerne Treppenstufen und vorbei an imposanten Felsen wird mit Ausblicken ins Moseltal und auf Traben belohnt. Auch an heißen Sommertagen ist der nach Norden weisende Wald angenehm kühl. Vom Frühjahr bis in den Herbst ist der Waldboden mit grünem Blattwerk bedeckt, auffällig sind die vielen Farne. Im Frühjahr kommen mit den hell rosafarbenen Blüten der Sand-

Unterwegs zur Grevenburg

Schaumkresse (**S4**) und den weißen Blüten von Zwiebel-Zahnwurz (**Z1**) und Stinkender Nieswurz (**N6**) weitere Farben dazu.
Im Frühsommer sind die Wegränder gelb von den leuchtenden
Blüten des Wald-Habichtskrauts (**H3**). Später im Jahr gibt es
auch blaue Farbtupfer: das sind die Blüten der Pfirsichblättri-
gen Glockenblume (**G5**) (Beobachtungstipp 1).

**Beobachtungstipp 1: Mischwald unterhalb der
Ruine Grevenburg**
Von 365001 / 5534478 bis 364890 / 5534379

Christophskraut *(Actaea spicata)*, **C1**
Sand-Schaumkresse *(Arabidopsis arenosa)*, **S4**
Brauner Streifenfarn *(Asplenium trichomanes)*, **S23**
Pfirsichblättr. Glockenblume *(Campanula persicifolia)*, **G5**
Zwiebel-Zahnwurz *(Cardamine bulbifera)*, **Z1**
Gewöhnliches Hexenkraut *(Circaea lutetiana)*, **H11**
Breitblättrige Stendelwurz *(Epipactis helleborine)*, **S18**
Wald-Labkraut *(Galium sylvaticum)*, **W3_2**
Stinkende Nieswurz *(Helleborus foetidus)*, **N6**
Frühbl. Habichtskraut *(Hieracium glaucinum)*, **H3_2**

Fels- und Mauervegetation an der Ruine Grevenburg

Wald-Habichtskraut *(Hieracium murorum)*, H3
Gewöhnlicher Tüpfelfarn *(Polypodium vulgare)*, T5
Wald-Ziest *(Stachys sylvatica)*, Z5
Große Sternmiere *(Stellaria holostea)*, S19
Zaun-Wicke *(Vicia sepium)*, W11
Schwalbenwurz *(Vincetoxicum hirundinaria)*, S7

Oben angekommen steht man auf dem Gelände der Ruine Grevenburg, einer weitläufigen Burganlage, deren Geschichte zu den Grafen von Sponheim führt und bis in das Jahr 1350 reicht. Rechts geht es zur Burgschänke, links zu einem Schieferfelsen und altem Mauerwerk. In den Felsspalten und Mauerritzen blühen licht- und wärmeliebende Pflanzenarten: im Frühjahr der Goldlack (G8) und im Sommer Schild-Ampfer (A5), Nickendes Leimkraut (P6) und verschiedene Fetthennen (F5, F5_2, F7). Die folgende Wegstrecke geht an mehreren Felsbiotopen vorbei (Beobachtungstipp 2).

Zunächst umrundet der Weg eine nach Südwesten geneigte Felsrippe, an deren Wegböschung weitere sonnenhungrige und genügsame Pflanzenarten gedeihen. Auf einem geteerten Wirtschaftsweg geht es weiter bergauf, rechts sieht man die Rebhänge im Schottbachtal und links nach einer Spitzkehre eine Felswand. Auf dem Schieferschutt gedeiht im Sommer eine unscheinbare Pflanze mit kleinen rosafarbenen Blüten, der Schmalblättrige Hohlzahn (**H14**). Viel auffälliger ist die Felsenkirsche (**F4**) am Fuß der Felswand, die hier fast Baumhöhe erreicht. Bald darauf biegt der Weg scharf nach links auf einen schmalen Pfad ab, der zum Aussichtspunkt „Himmelspforte" führt. Zunächst geht es durch einen Wald, dann über eine felsige Lichtung. Hier steht am Wegrand der gelb blühende und bis 60 cm hohe Lacksenf (**S11_2**). Er kommt an trockenen und humusarmen Standorten und in Deutschland fast nur im Rheintal und den Nebentälern vor. Eine Sitzbank lädt zur Rast und zum Ausblick ein, auf die Ruine Grevenburg, auf Traben-Trarbach und natürlich ins Moseltal.

Beobachtungstipp 2: Felsbiotope nahe der Ruine Grevenburg
Von 364881 / 5534369 bis 364980 / 5534301

Felsen am Parkplatz der Ruine Grevenburg:
Mauerraute *(Asplenium ruta-muraria)*, **S24_2**
Sichel-Hasenohr *(Bupleurum falcatum)*, **H5**
Rundblättr. Glockenblume *(Campanula rotundifolia)*, **G6_2**
Goldlack *(Erysimum cheiri)*, **G8**
Tüpfel-Johanniskraut *(Hypericum perforatum)*, **J2**
Wald-Platterbse *(Lathyrus sylvestris)*, **P7**
Große Bibernelle *(Pimpinella major)*, **B8**
Kleine Bibernelle *(Pimpinella saxifraga)*, **B8_2**
Schild-Ampfer *(Rumex scutatus)*, **A5**
Tauben-Skabiose *(Scabiosa columbaria)*, **W16_2**
Weiße Fetthenne *(Sedum album)*, **F7**
Zierliche Fetthenne *(Sedum forsterianum)*, **F5_2**
Felsen-Fetthenne *(Sedum rupestre)*, **F5**
Nickendes Leimkraut *(Silene nutans)*, **L6**
Echte Goldrute *(Solidago virgaurea)*, **G9**

Felsige Wegböschung oberhalb der Ruine Grevenburg:
Wiesen-Schafgarbe *(Achillea millefolium)*, **S3**
Wilde Möhre *(Daucus carota)*, **M6**

Zypressen-Wolfsmilch *(Euphorbia cyparissias)*, W17
Wiesen-Labkraut *(Galium album)*, L2
Kleines Habichtskraut *(Hieracium pilosella)*, H2
Gift-Lattich *(Lactuca virosa)*, L4_2
Echter Dost *(Origanum vulgare)*, D2
Frühlings-Fingerkraut *(Potentilla neumanniana)*, F9
Kleiner Wiesenknopf *(Sanguisorba minor)*, W12
Salbei-Gamander *(Teucrium scorodonia)*, G2

Schieferschuttflur vor Felswand:
Besenginster *(Cytisus scoparius)*, B7
Schmalblättriger Hohlzahn *(Galeopsis angustifolia)*, H14
Felsenkirsche *(Prunus mahaleb)*, F4

Mischwald zum Aussichtspunkt „Himmelspforte":
Feld-Ahorn *(Acer campestre)*, A1_2
Gewöhnliche Akelei *(Aquilegia vulgaris)*, A2
Schw. Streifenfarn *(Asplenium adiantum-nigrum)*, S23_2
Lacksenf *(Coincya cheiranthos)*, L11_2
Maiglöckchen *(Convallaria majalis)*, B3_2
Roter Fingerhut *(Digitalis purpurea)*, F8
Gewöhnlicher Natternkopf *(Echium vulgare)*, N2
Behaarter Ginster *(Genista pilosa)*, G3
Kompass-Lattich *(Lactuca serriola)*, L4
Wiesen-Wachtelweizen *(Melampyrum pratense)*, W2
Wohlriechende Weißwurz *(Polygonatum odoratum)*, W9
Hunds-Rose *(Rosa canina)*, R5_2
Kleiner Sauer-Ampfer *(Rumex acetosella)*, A4
Raukenblättriges Greiskraut *(Senecio erucifolius)*, G13
Mutterkraut *(Tanacetum parthenium)*, M7

Der Weg führt weiter über eine Schiefertreppe in einen Wald, bald darauf wird ein Forstweg überquert und es geht leicht bergan durch einen Douglasienforst. Kurz vor Erreichen des Waldrandes säumen hohe Esskastanien (E7) den Weg. Der Moselsteig biegt bei der nächsten Kreuzung nach links ab – die Tour hingegen geht zunächst weiter geradeaus. Am Waldrand wendet sich die Route gemäß der Markierung nach

Südlich Starkenburg

links über eine kurze, sonnige Strecke und taucht dann wieder in einen Laubwald ein. Hier oben ist der Boden kalkreicher, und es kommen Echte Schlüsselblume (S6) und weitere anspruchsvollere Pflanzenarten vor (Beobachtungstipp 3).

Beobachtungstipp 3: Laubwald südlich Starkenburg
Von 365937 / 5534266 bis 366061 / 5534357

Gewöhnliche Flockenblume *(Centaurea jacea)*, F12
Skabiosen-Flockenblume *(Centaurea scabiosa)*, F12_2
Echte Schlüsselblume *(Primula veris)*, S6
Hain-Veilchen *(Viola riviniana)*, V2_2

Der Weg führt an der Bismarck-Hütte, einem Aussichtspunkt mit Sitzbank und Blick auf Traben vorbei. Bald tritt der Wald beidseits des Weges zurück und macht Wiesen und Feldern Platz. Hier ist der höchste Punkt der Tour erreicht und man kann am Wegrand Wiesenblumen kennen lernen (Beobachtungstipp 4).

Beobachtungstipp 4: Wiesen und Weiden südlich Starkenburg
Von 366172 / 5534542 bis 366265 / 5534697

Wiesen-Bärenklau *(Heracleum sphondylium)*, **B2**
Acker-Witwenblume *(Knautia arvensis)*, **W16**
Wiesen-Margerite *(Leucanthemum vulgare)*, **M3**
Zottiger Klappertopf *(Rhinanthus alectorolophus)*, **K4**
Kleiner Klappertopf *(Rhinanthus minor)*, **K4_2**
Rainfarn *(Tanacetum vulgare)*, **R2**
Wiesen-Klee *(Trifolium pratense)*, **K6_3**

Außerdem bereits vorgestellte Pflanzenarten.

Nach einem kurzen geteerten Stück verläuft der Weg unbefestigt entlang des Waldrandes und vorbei an Wirbeldost (**W15**) und Zaunrübe (**Z2**) in Richtung Starkenburg. Am Rand dieses kleinen Orts hoch oberhalb der Mosel steht eine Schutzhütte, und von hier aus kann man ein weites Panorama mit Blick auf Weinort und Schleuse Enkirch, auf Traben und Trarbach und zum Mont Royal mit dem Flugplatz genießen. Eine Infotafel mit Karte hilft beim Erkennen der Lokalitäten.

Der Weg verläuft weiter bergab am Waldrand entlang, in Starkenburg zunächst hinter den Hausgärten, dann über in Schieferfelsen gehauene Stufen und Treppen zur Lorettastraße und zur Schlossstraße. Von hier aus folgt die Route der Markierung des Moselsteigs. Vom Parkplatz eines Restaurants hat man einen weiten Blick ins Tal, ebenso vom Gelände der Ruine Starkenburg, zu der ein kurzer ausgeschilderter Abstecher führt. Bei der letzten Kreuzung im Ort wendet sich der Weg nach rechts steil bergab in die Straße Im Haag. Nach Verlassen des Ortes geht es ein kurzes Stück durch Wald. Hier wächst am linken Wegrand, bevor der Weg wieder ansteigt, der Gelappte Schildfarn (**S5**). Nach Überqueren der Landesstraße geht es wieder Richtung Mosel und bergauf durch einen niedrigen Eichenwald, in dem im Frühjahr die weißen Blüten der Großen Sternmiere (**S19**) auffallen.

Weinbergmauer mit Wermut

An der nächsten Wegkreuzung stehen für eine Strecke von etwa 500 m zwei Varianten zur Auswahl: scharf nach rechts geht es mit der S-Markierung auf einer überwiegend schattigen Route weiter. Die sonnige Variante auf dem Moselsteig führt bergab auf einen alten Weinbergweg oberhalb der hier brach gefallenen Rebflur und bietet Ausblicke in Richtung Enkirch.

Beide Alternativen ermöglichen neue Pflanzenbeobachtungen (Beobachtungstipp 5).

Beobachtungstipp 5: Gebüsche, Wegsäume und Felsbiotope am Geisberg
Von 366512 / 5536057 bis 366533 / 5536541

Entlang beider Varianten:
Wermut *(Artemisia absinthium)*, B4_3
Raue Nelke *(Dianthus armeria)*, N4_2
Gelber Hohlzahn *(Galeopsis segetum)*, H13
Schwarzwerdende Platterbse *(Lathyrus niger)*, P6
Pastinak *(Pastinaca sativa)*, P1

Nickendes Leimkraut und Pechnelke am Geißberg

Nur auf dem Weinbergweg:
Französischer Ahorn *(Acer monspessulanum)*, A1
Gewöhnlicher Beifuß *(Artemisia vulgaris)*, B4_2
Milzfarn *(Asplenium ceterach)*, M4
Gewöhnlicher Feinstrahl *(Erigeron annuus)*, F4
Färberwaid *(Isatis tinctoria)*, F1
Feld-Rose *(Rosa arvensis)*, R5
Taubenkropf-Leimkraut *(Silene vulgaris)*, L6_2
Kanadische Goldrute *(Solidago canadensis)*, G10
Riesen-Goldrute *(Solidago gigantea)*, G10_2
Feld-Thymian *(Thymus pulegioides)*, T3
Zickzack-Klee *(Trifolium medium)*, K6
Wald-Ehrenpreis *(Veronica officinalis)*, E2
Gewöhnliche Pechnelke *(Viscaria vulgaris)*, P2

Nur auf dem Waldweg:
Nesselblättrige Glockenblume *(Campanula trachelium)*, G4
Flügelginster *(Chamaespartium sagittale)*, F13
Rote Fetthenne *(Hylotelephium telephium)*, F6
Vielblütige Weißwurz *(Polygonatum multiflorum)*, W9_2
März-Veilchen *(Viola odorata)*, V1

Außerdem bereits vorgestellte Pflanzenarten.

An der nächsten Wegkreuzung treffen die beiden Varianten wieder aufeinander. Im zeitigen Frühjahr ist das Laub blau gesprenkelt von vielen Blüten des Zweiblättrigen Blausterns (B10). Der Weg verläuft weiter auf dem Grat des Geißbergs nach Norden.

Immer wieder gibt es Rastmöglichkeiten und weite Ausblicke.

Der Pfad führt durch Felsgebüsche und niedrige Eichenwälder; hier wachsen Felsenbirne (F3), Zwergmispel (Z7), Bibernell-Rose (R4) und weitere Spezialisten der trocken-warmen Standorte (Beobachtungstipp 6).

Beobachtungstipp 6: Felsgebüsch am Geißberg
Von 366393 / 5537166 bis 366370 / 5537264

Gemüse-Lauch *(Allium oleraceum)*, L5
Gewöhnliche Felsenbirne *(Amelanchier ovalis)*, F3
Nördlicher Streifenfarn *(Asplenium septentrionale)*, S24
Gewöhnliche Zwergmispel *(Cotoneaster integerrimus)*, Z7
Silber-Fingerkraut *(Potentilla argentea)*, F11
Bibernell-Rose *(Rosa spinosissima)*, R4
Hasen-Klee *(Trifolium arvense)*, K5

Außerdem bereits vorgestellte Pflanzenarten.

Vor Erreichen der Schutzhütte „Rottenblick" überquert die Tour einen Wirtschaftsweg, anschließend geht es auf einem steilen Pfad, teilweise über Treppenstufen, bergab in Richtung Enkirch. In einer Kurve leuchten im Herbst links des Weges die purpurroten Früchte eines Berberitzenstrauchs (B6).

In Enkirch führt der Weg auf die Sponheimer Straße. Nach etwa 50 m zweigt nach rechts ein Fußweg auf die Thonesstraße ab. Dann geht es durch schmale Winzergassen bergab, an Kreuzungen hält man sich rechts. Die Straße Zum Herrenberg führt über den Großbach zum Brunnenplatz. Nach Unterqueren der Bundesstraße 53 erreicht man das Moseltal und die Personenfähre nach Kövenig.

Blick auf den Moselsteilhang gegenüber Traben

Moselfähren und Moselbrücken

Bei der Mosel – wie bei jedem Fluss – lockt immer auch das andere Ufer. Allein zur Bewirtschaftung der Weinberge, Wiesen und Äcker auf der anderen Seite ist die mehr oder weniger regelmäßige Moselüberquerung schon seit Jahrhunderten erforderlich. Früher gab es hierzu in fast jedem Moseldorf eine Fähre, mittlerweile überqueren zwischen dem Dreiländereck und Koblenz nur noch 10 Fähren die Mosel. Dafür wächst die Zahl der Moselbrücken noch immer, wie der nicht unumstrittene, im Bau befindliche „Hochmoselübergang" bei Ürzig zeigt. Der „Europäische Schiffahrts- und Hafenkalender" nennt rund 130 Moselbrücken, darunter Fußgängerstege, Eisen- und Autobahnbrücken, die Hängebrücke in Wehlen und die Doppelstockbrücke Alf-Bullay. Die älteste, noch bestehende Moselbrücke ist die Römerbrücke in Trier aus dem Jahr 17 vor Christus. Viele Moselbrücken wurden in Kriegen zerstört und anschließend wieder neu errichtet.

Mit der Personenfähre in Enkirch über die Mosel

Südhang des Calmont

11. Auf dem Weinberg der Rekorde – Abenteuerliche Rundwanderung über den Calmont zwischen Eller und Bremm

Für das Moselland ist der Calmont so etwas wie der Eiffelturm für Paris. In kaum einem Mosel-Reiseführer fehlt eine Ansicht von diesem berühmten Felshang mit dem steilsten Weinberg Europas an der spektakulären Moselschleife zwischen Eller und Bremm. Mitglieder des Alpenvereins statteten 2001 den Calmont-Klettersteig auf halber Hanghöhe mit Leitern und Seilen aus, so wurden die schwindelerregenden Passagen ungefährlich. Viele Gruppen und Einzelwanderer machen sich auf die abenteuerliche Tour durch die Felsen. Der Weg bietet atemberaubende Aussichten, einen Eindruck von der mühevollen Arbeit der Steillagen-Winzer und intensiven Kontakt mit der Pflanzenvielfalt der Moselhänge.

Die Tour führt von Eller zunächst über den Calmont-Klettersteig, biegt vor Bremm zum Gipfelkreuz ab und von dort wieder zurück. Für Pflanzenliebhaber ist der Frühling die schönste Wanderzeit. Während des Sommers und bis in den Oktober hinein blüht auch Vieles, dann kann es aber auf dem Klettersteig unbeschreiblich heiß werden – schattige Plätze sind rar.

Ausgangs- und Endpunkt: Moselpromenade am Bahnhof Eller (50°06'08.3" N, 7°08'21.0" E).

Markierung: Calmont-Klettersteig, teilweise (2. Hälfte) Moselsteig.

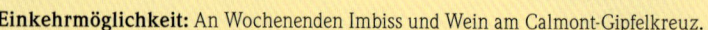

Länge: 5,7 km lange Rundwanderung.

Einkehrmöglichkeit: An Wochenenden Imbiss und Wein am Calmont-Gipfelkreuz.

Öffentliche Verkehrsmittel: Mit dem Zug von Koblenz oder Trier über Cochem; Busse fahren stündlich von Bullay oder Cochem, Linie 771.

Topographische Karte: 5808 Cochem

Wegbeschaffenheit, Höhenprofil: Der Calmont-Klettersteig in der ersten Hälfte führt über schmale, aber gut mit Halteseilen und Tritthilfen gesicherte Felspfade und Leitern in abschüssigem Gelände. Trittsicherheit und Schwindelfreiheit sind erforderlich. Die zweite Hälfte verläuft weitgehend über bequeme Waldpfade mit steilen An- und Abstiegen durch felsiges Gelände am Beginn und am Ende.

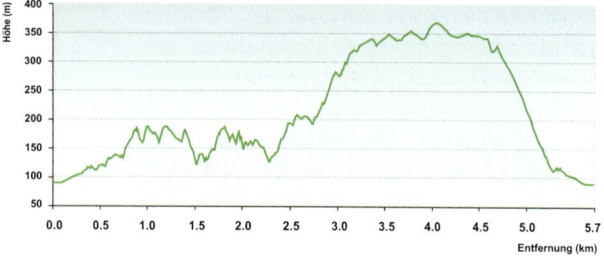

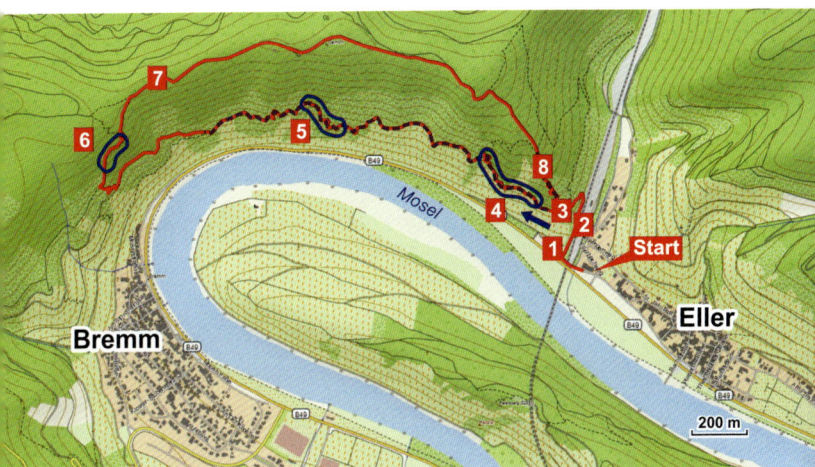

Bremm

Mosel

Eller

Start

200 m

*D*ie Tour beginnt bei der Bushaltestelle am Bahnhof Eller; hier halten die örtlichen Busse und an der Moseluferstraße gibt es kostenlose Parkplätze. Die ersten Schilder weisen den Weg ortsauswärts zum Calmont. Ein Fußweg längs der Moseluferstraße führt unter der Bahnbrücke hindurch. Direkt hinter der Unterführung schlägt man den längs der hohen Bahnböschung verlaufenden Fußweg ein. Obwohl ein künstlicher Trockenstandort, bietet die Böschung vielen typischen Pflanzen natürlicher Felsen Lebensräume. Im Frühling fallen die gelben Blüten der Zypressen-Wolfsmilch (**W17**) besonders auf.

Beobachtungstipp 1: Bahnböschung am Bahnhof Eller
366880 / 5551740

Gewöhnlicher Beifuß *(Artemisia vulgaris)*, **B4_2**
Wilde Möhre *(Daucus carota)*, **M6**
Gewöhnlicher Natternkopf *(Echium vulgare)*, **N2**
Gewöhnlicher Feinstrahl *(Erigeron annuus)*, **F2**
Zypressen-Wolfsmilch *(Euphorbia cyparissias)*, **W17**
Schmalblättriger Hohlzahn *(Galeopsis angustifolia)*, **H14**
Wiesen-Labkraut *(Galium album)*, **L2**
Kleines Habichtskraut *(Hieracium pilosella)*, **H2**

Tüpfel-Johanniskraut *(Hypericum perforatum)*, J2
Dürrwurz *(Inula conyzae)*, D3
Silber-Fingerkraut *(Potentilla argentea)*, F11
Frühlings-Fingerkraut *(Potentilla neumanniana)*, F9
Felsenkirsche *(Prunus mahaleb)*, F4
Schild-Ampfer *(Rumex scutatus)*, A5
Kleiner Wiesenknopf *(Sanguisorba minor)*, W12
Gewöhnliches Seifenkraut *(Saponaria officinalis)*, S10
Weiße Fetthenne *(Sedum album)*, F7
Scharfer Mauerpfeffer *(Sedum acre)*, F7_2
Felsen-Fetthenne *(Sedum rupestre)*, F5
Bunte Kronwicke *(Securigera varia)*, K14
Heilwurz *(Seseli libanotis)*, H9
Rainfarn *(Tanacetum vulgare)*, R2
Frühblühender Thymian *(Thymus praecox)*, T3_2
Kleinblütige Königskerze *(Verbascum thapsus)*, K10

Der Weg führt stetig bergan. Aufmerksame Beobachter können mit etwas Glück Ende Juni, Anfang Juli den seltenen Mosel-Apollofalter beobachten. Links des Weges ragt ein schwarzbrauner Felsen auf, der Gelegenheit zu weiteren Pflanzenbeobachtungen bietet. Seine Ritzen und kleinen Simse bieten Lebensraum für Gewöhnlichen Tüpfelfarn (T5), Braunen Streifenfarn (S23) und Mauerraute (S24_2). Im Frühling fällt der Färberwaid (F1) besonders ins Auge, im Herbst die Gold-Aster (A8). Es lohnt sich, hier etwas zu verweilen und in Ruhe, bevor der Klettersteig volle Aufmerksamkeit erfordert, die vielen Kräuter und kleinen Sträucher zu studieren, die auch den weiteren Weg begleiten werden.

Bahnböschung bei Eller im Frühling

Beobachtungstipp 2: Felshang am Aufstieg zur Galgenlay
366920 / 5551850

Feld-Beifuß *(Artemisia campestris)*, B4
Mauerraute *(Asplenium ruta-muraria)*, S24_2
Brauner Streifenfarn *(Asplenium trichomanes)*, S23
Skabiosen-Flockenblume *(Centaurea scabiosa)*, F12_2
Karthäuser-Nelke *(Dianthus carthusianorum)*, N4
Gold-Aster *(Galatella linosyris)*, A8
Färber-Ginster *(Genista tinctoria)*, G3_2
Färberwaid *(Isatis tinctoria)*, F1
Gift-Lattich *(Lactuca virosa)*, L4_2
Gewöhnliches Leinkraut *(Linaria vulgaris)*, L7
Wimper-Perlgras *(Melica ciliata)*, P3
Gewöhnlicher Tüpfelfarn *(Polypodium vulgare)*, T5
Kleiner Wiesenknopf *(Sanguisorba minor)*, W12
Raukenblättriges Greiskraut *(Senecio erucifolius)*, G13
Taubenkropf-Leimkraut *(Silene vulgaris)*, L6_2
Aufrechter Ziest *(Stachys recta)*, Z3
Salbei-Gamander *(Teucrium scorodonia)* ,G2
Zaun-Wicke *(Vicia sepium)*, W 11

In kleinen Serpentinen geht es auf schmalem Pfad nun schärfer bergan, einen längst aufgegebenen, mit Brombeer- und Waldreben-Ranken überzogenen Weinberg hinauf, an Pfirsichbäumchen (P5) vorbei zur Galgenlay-Hütte. Hinter der Hütte wachsen einige prächtige Rosetten der Hauswurz (H7). Von hier aus führt ein kurzer Pfad zu einem Felskopf mit Ausblick auf die Mosel. Hier wachsen typische Trockengebüsche der Moselfelsen mit Gewöhnlicher Felsenbirne (F3) und Bibernell-Rose (R4) (Beobachtungstipp 3).

Felshang mit Färberwaid

Beobachtungstipp 3: Felsen um die Galgenlay-Hütte
(366870 / 5551840)

Französischer Ahorn *(Acer monspessulanum)*, A1
Wiesen-Schafgarbe *(Achillea millefolium)*, S3
Gewöhnliche Felsenbirne *(Amelanchier ovalis)*, F3
Berberitze *(Berberis vulgaris)*, B6
Flügelginster *(Chamaespartium sagittale)*, F13
Gewöhnliche Zwergmispel *(Cotoneaster integerrimus)*, Z7
Besenginster *(Cytisus scoparius)*, B7
Feld-Mannstreu *(Eryngium campestre)*, M2
Behaarter Ginster *(Genista pilosa)*, G3
Blutroter Storchschnabel *(Geranium sanguineum)*, S21
Frühbl. Habichtskraut *(Hieracium glaucinum)*, H3_2
Wohlriechende Weißwurz *(Poygonatum odoratum)*, W9
Bibernell-Rose *(Rosa spinosissima)*, R4
Echte Hauswurz *(Sempervivum tectorum)*, H7

Von der Galgenlay-Hütte geht es geradeaus auf gleicher Höhe weiter, vorbei an einem kleinen Altar mit Holzkreuz. Es beginnt ein sehr steiler Hang. Zwischen den in Mulden gelegenen Weinbergen ragen immer wieder fast senkrecht abfallende Felsgrate auf. Hohe Terrassenmauern werden hier wie auch auf dem weiteren Weg über Leitern erklommen.

Leiter auf dem Calmont-Klettersteig

Überlebensstrategien von Pflanzen gegen Sommerhitze
Wie halten es die Pflanzen an den trocken-heißen Felsen aus? Einige Arten haben ihre Blühphase ins Frühjahr vorverlegt und bilden ihre Samen bereits mehrere Wochen vor Eintritt der Sommerhitze aus, hierzu zählt der seltene Felsen-Goldstern. Andere, wie die Gold-Aster (A8) versuchen, mit einem langen und verzweigten Wurzelwerk die Wasserversorgung zu verbessern. Die Ausbildung von Haaren als Verdunstungsschutz gibt es bei verschiedenen Pflanzengruppen: bei Lippenblütlern (z.B. Wald-Bergminze, W15_2), Kreuzblütlern (z.B. Berg-Steinkraut), Hahnenfußgewächsen (z.B. Küchenschelle, K15), Schmetterlingsblütlern (Behaarter Ginster, G3) und einigen Gräsern wie dem Wimper-Perlgras (P3). Wieder andere Arten sind mit einer Wachsschicht auf den Blättern vor allzu hoher Verdunstung geschützt, wie Blauer Lattich (L3), Feld-Mannstreu (M2) und Schild-Ampfer (A5). Die Straucharten Gewöhnliche Felsenbirne (F3) und Gewöhnliche Zwergmispel (Z7) besitzen kleine Blätter, durch die nur wenig Feuchtigkeit verdunstet. Sukkulente Pflanzenarten, z.B. die Fetthennen (F5 bis F7) und die Echte Hauswurz (H7) speichern Wasser in ihren Blättern.

Rechts des Weges ragen Felsen auf, deren dunkle Farbe mit dem Hellgrau des Feld-Beifußes (B4), den weißen Blüten und rötlichen, dickfleischigen Blättern der Weißen Fetthenne (F7) kontrastiert. Seltener, aber zu ihrer Blütezeit im April und Mai leicht zu finden, sind zwei Felspflanzen: der Blaue Lattich (L3) und die Pechnelke (P2). Beim Blick über die Felsgrate fallen die dunkelgrünen Büsche des Buchsbaumes (B12) auf, der an den trockenwarmen Hängen der Untermosel seine nördlichsten natürlichen Vorkommen hat.

Beobachtungstipp 4: Felsige Hänge längs des Klettersteigs
Von 366780 / 5551890 bis 366570 / 5552060

Gemüse-Lauch *(Allium oleraceum)*, L5
Buchsbaum *(Buxus sempervirens)*, B12

Weinberg am Calmont mit Monorackbahn

Hufeisenklee *(Hippocrepis comosa)*, H17
Blauer Lattich *(Lactuca perennis)*, L3
Sigmarswurz *(Malva alcea)*, M1_2
Labkraut-Sommerwurz *(Orobanche caryophyllacea)*, S12
Gewöhnl. Straußmargerite *(Tanacetum corymbosum)*, M7_2
Mehlige Königskerze *(Verbascum lychnitis)*, K11
Gewöhnliche Pechnelke *(Viscaria vulgaris)*, P2

Bald hören die Weinberge auf und der Pfad führt durch Felsen und schuttreiche Steilhänge mit viel Schild-Ampfer (A5) und Schmalblättrigem Hohlzahn (H14). Schließlich ist ein Rastplatz in Form eines kleinen Amphitheaters erreicht (366867 / 5551835). Gleich oberhalb am Gebüschrand blüht im Frühling eine Orchidee, das Schwertblättrige Waldvögelein (W4_2).

Der nun folgende größere Weinberg ist zum Schutz vor Wildschweinen eingezäunt, man betritt ihn durch ein Tor. Dieser Weinberg lag lange brach und wurde erst 2002 wieder mit Reben bestockt. Bei der schweren Arbeit in dem Weinberg helfen Monorackbahnen, mit denen Menschen, Material und geerntete Trauben über den steilen Hang transportiert werden.

Natürliche Felsgebüsche am Steilhang

Anschließend geht es ein kleines Stück durch aufgegebene, längst mit Gestrüpp überwucherte Weinberge. Dann beginnt wieder eine felsige Kletterpartie, die volle Aufmerksamkeit erfordert. Der fast senkrecht zur Mosel abfallende Steilhang ist locker mit Buschwald aus Französischem Ahorn (A1), Trauben-Eiche, Buchsbaum (B12), Berberitze (B6) und Brombeer-Ranken bewachsen. Am Wegrand gedeiht viel Heilwurz (H9), in Mauer- und Felsritzen neben dem Weg kommen verschiedene Farne vor, darunter der wärmeliebende Milzfarn (M4), der seine Wedel in regenarmen Zeiten einrollt (Beobachtungstipp 5).

Beobachtungstipp 5: Felspassage auf dem Klettersteig
Von 366085 / 5552185 bis 365920 / 5552260

Sand-Schaumkresse *(Arabidopsis arenosa)*, S4
Milzfarn *(Asplenium ceterach)*, M4
Schw. Streifenfarn *(Asplenium adiantum-nigrum)*, S23_2
Nördlicher Streifenfarn *(Asplenium septentrionale)*, S24
Schwalbenwurz *(Vincetoxicum hirundinaria)*, S7

Kurz hinter einer Informationstafel gabelt sich der Felspfad (365586 / 5552177). Hier verlässt die Route den Calmont-Klettersteig, der weiter nach Bremm führt. Dem Schild „Gipfelkreuz" folgend, beginnt nun der Anstieg auf den Kamm des Calmont, bei dem etwa 170 Höhenmeter zu überwinden sind. Der Aufstieg ist etwas anstrengend, aber nicht schwierig und mit vielen Rastbänken ausgestattet, die zum Verschnaufen und Genießen der großartigen Ausblicke einladen.

Zunächst führt der Pfad schräg hangaufwärts weiter durch Felsgebüsch, dann folgt eine schuttreiche Hangpartie, die in Serpentinen überwunden wird. Aufmerksame Beobachter können am Wegrand das Behaarte Johanniskraut (J1) finden. Kurz hinter einem Abzweig nach Bremm erreicht der Pfad eine kleine Weinbergspfirsich-Pflanzung (P5). Im April erstrahlt ein zartrosa Blütenmeer, im Sommer blühen Pastinak (P1), Wilde Möhre (M6) und Dürrwurz (D3), und im September reifen die saftig-aromatischen, rotfleischigen Pfirsiche (P5). Eine Schautafel informiert über Anbau und Verwendung dieser besonderen Obstsorte.

Hinter der Obstwiese tritt der Weg in einen niedrigen Laubmischwald ein. Am Boden gedeihen typische Arten trockener Wälder (Beobachtungstipp 6). Nach einigen 100 m ist eine Felskante erreicht, auf der eine Schutzhütte steht. Für alle, die sich mit dem Ausblick von dort nicht zufrieden geben und noch weiter über die berühmte Moselschleife blicken möchten, lohnt sich jetzt ein Abstecher zum Gipfelkreuz, das nach etwa 150 m Anstieg durch niedrigen Buschwald zu erreichen ist.

Beobachtungstipp 6: Eichen-Hainbuchen-Niederwald
Von 365205 / 5552095 bis 365260 / 5552180

Heidekraut *(Calluna vulgaris)*, H8
Pfirsichblättr. Glockenblume *(Campanula persicifolia)*, G5
Nesselblättrige Glockenblume *(Campanula trachelium)*, G4
Wald-Labkraut *(Galium sylvaticum)*, W3_2
Rote Fetthenne *(Hylotelephium telephium)*, F6
Berg-Platterbse *(Lathyrus linifolius)*, P6_2

Panorama der Moselschleife am Calmont-Gipfelkreuz

Vielblütige Weißwurz *(Polygonatum multiflorum)*, W9_2
Feld-Rose *(Rosa arvensis)*, R5
Zierliche Fetthenne *(Sedum forsterianum)*, F5_2
Große Sternmiere *(Stellaria holostea)*, S19

Jetzt ist der Anstieg zum Bergkamm des Calmont fast geschafft. Der Weg stößt auf den Moselsteig, auf dem es auf einem bequemen Waldweg ostwärts weitergeht. Längs des Kammweges wechseln eichenreiche Laubwälder mit Douglasien-Aufforstungen und eher anspruchslosen Pflanzenarten am Boden (Beobachtungstipp 7).

Beobachtungstipp 7: Douglasien-Forst auf dem Calmont
365400 / 5552371

Roter Fingerhut *(Digitalis purpurea)*, F8
Schmalblättr. Weidenröschen *(Epilobium angustifolium)*, W6
Wasserdost *(Eupatorium cannabinum)*, W5
Gewöhnlicher Hohlzahn *(Galeopsis tetrahit)*, H14_2
Fuchs-Greiskraut *(Senecio ovatus)*, G12
Wald-Ehrenpreis *(Veronica officinalis)*, E2

Die weitere Wegstrecke führt ohne botanische Höhepunkte über den Höhenrücken des Calmont. Hin und wieder zweigen nach rechts Stichwege ab, die zu Aussichtspunkten führen. Einer von ihnen endet bei der Ausgrabungsstätte eines Bergheiligtums aus römischer Zeit.

Nach etwa 1500 m durch schattigen Wald nähert sich der Weg wieder dem hoch über Eller aufragenden Galgenlay-Felsen. An den folgenden Weggabelungen geben die Wegzeichen des Moselsteiges Orientierungshilfe. Nun beginnt der Abstieg zur Galgenlay-Hütte. Im Zickzack führt der Pfad durch das felsige Gelände. Neben den bereits aufgezählten Pflanzen (Beobachtungstipp 3) lassen sich beim Abstieg einige neue Arten entdecken, darunter der seltene Ährige Ehrenpreis (E1_2), dessen blaue Blütenähren ab August erscheinen.

Beobachtungstipp 8: Galgenlay
366800 / 5552010

Berg-Sandglöckchen *(Jasione montana)*, S2
Wiesen-Wachtelweizen *(Melampyrum pratense)*, W2
Schwarzwerdende Platterbse *(Lathyrus niger)*, P6
Kleiner Sauer-Ampfer *(Rumex acetosella)*, A4
Hügel-Klee *(Trifolium alpestre)*, K6_2
Hasen-Klee *(Trifolium arvense)*, K5
Ähriger Ehrenpreis *(Veronica spicata)*, E1_2
Raues Veilchen *(Viola hirta)*, V1_2

Sowie die Arten des Beobachtungstipps 3.

Auf halber Hanghöhe erreicht der Pfad wieder die Galgenlay-Hütte. Von hier geht es auf dem gleichen Weg zurück nach Eller wie beim Aufstieg.

Auenwald auf der Moselinsel Taubengrün

12. Senheim – Von der Insel am Moselufer auf die Moselberge

Die Wanderung führt auf dem Mosel-Radweg am südlichen Moselufer entlang zu einer der wenigen naturnahen Auen an der Mittelmosel, die nach ihrem Ausbau für die Flussschifffahrt noch verblieben sind. Am Moselufer und in aufgelassenem Kulturland lassen sich im Sommer viele bunt blühende Wildstauden beobachten, darunter auch einige Neubürger, die in Asien und Amerika beheimatet sind und sich mehr und mehr in Mitteleuropa etablieren. Der Rückweg verläuft auf halbem Hang über bequeme Wege durch schattige Niederwälder. Die Tour eignet sich besonders für heiße Sommertage.

Ausgangspunkt: Bushaltestelle Senheim Gestade und Parkplatz (50°05'06.4'' N, 7°12'39.4'' E).

Markierung: Die Tour ist uneinheitlich markiert. Am Ortsrand gibt es Hinweisschilder zum „Naturschutzgebiet Taubengrün", im Wald markieren die auf Baumrinde aufgemalten Ziffern 2 und später 5 den Wegeverlauf.

Länge: 8,6 km lange Rundwanderung.

Öffentliche Verkehrsmöglichkeiten: Senheim kann von Bullay und Cochem aus per Bus erreicht werden (Buslinien 716 und 711).

Topographische Karte: 5908 Alf und 5909 Zell (Mosel)

Wegbeschaffenheit, Höhenprofil: Befestigte und unbefestigte Wege. Die ersten 3,5 km auf einem fast ebenen Radweg. Je ein längerer An- und Abstieg.

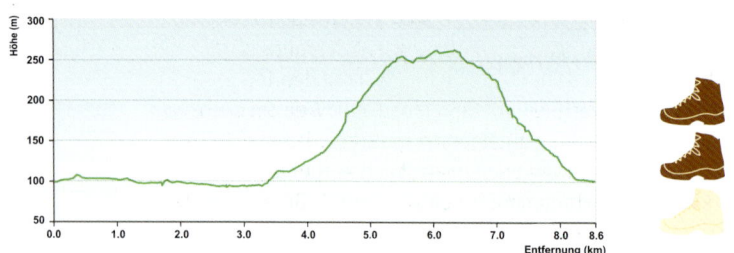

D ie Route beginnt an der Bushaltestelle in der Senheimer
Ortsstraße Am Gestade nahe der Moselbrücke und einem
Parkplatz. Von hier geht es südwärts die Zeller Straße entlang und an einer Straßenkreuzung wieder nach rechts, der
Markierung Naturschutzgebiet Taubengrün folgend, auf der
Straße Im Kalmet zum Ortsausgang. Hinter den letzten Häusern führt der Weg durch Kulturland mit Weinstöcken und
Obstbäumen, das nur noch wenig genutzt wird und teils mit
dichten Brombeer-Ranken überwuchert ist. Auf dem ehemaligen Reb- und Gartenland können sich jetzt Kräuter und Stauden ausbreiten (Beobachtungstipp 1).

**Beobachtungstipp 1: Brachgefallenes Reb- und
Gartenland am Ortsrand von Senheim**
Von 371610 / 5549013 bis 371259 / 5548875

Wilde Engelwurz *(Angelica sylvestris)*, E4
Wilde Möhre *(Daucus carota)*, M6
Schmalblättr. Weidenröschen *(Epilobium angustifolium)*, W6
Zottiges Weidenröschen *(Epilobium hirsutum)*, W7

Gewöhnlicher Feinstrahl *(Erigeron annuus)*, F2
Wasserdost *(Eupatorium cannabinum)*, W5
Gewöhnlicher Hohlzahn *(Galeopsis tetrahit)*, H14_2
Pastinak *(Pastinaca sativa)*, P1
Riesen-Goldrute *(Solidago gigantea)*, G10_2
Hain-Sternmiere *(Stellaria nemorum)*, S20
Gewöhnlicher Beinwell *(Symphytum officinale)*, B5
Zaun-Wicke *(Vicia sepium)*, W11

Beim Queren eines Wirtschaftsweges kommt die Wegmarkierung in den Blick und nach einer kurzen Strecke im lichten Schatten von großen Weidenbäumen üppig wachsende Stauden, darunter das im Sommer mehr als schulterhohe Drüsige Springkraut (S14) (Beobachtungstipp 2).

Beobachtungstipp 2: Moselaue westlich von Senheim
370851 / 5548918

Große Klette *(Arctium lappa)*, K7
Filzige Klette *(Arctium tomentosum)*, K7_2
Schwarzer Senf *(Brassica nigra)*, S11
Zweihäusige Zaunrübe *(Bryonia dioica)*, Z2
Knolliger Kälberkropf *(Chaerophyllum bulbosum)*, K1
Wiesen-Storchschnabel *(Geranium pratense)*, S22
Drüsiges Springkraut *(Impatiens glandulifera)*, S14
Rainfarn *(Tanacetum vulgare)*, R2

Bevor die Route nach links abzweigt, lohnt sich ein kurzer Abstecher nach rechts zum hier weitgehend naturbelassenen Moselufer, wo die Wellen auf Kies auslaufen und bei Hochwasser an die sandige Uferböschung schlagen. Gedüngt von den Nährstoffen, die die Mosel mit sich führt und ablagert, und weitgehend ungestört kann sich ein üppiges Pflanzenwachstum entfalten. Hier sind nährstoff- und feuchtigkeitsliebende Arten anzutreffen, denen der Wellenschlag nicht zu sehr schadet (Beobachtungstipp 3).

Beobachtungstipp 3: Uferstauden
370783 / 5548937

Sumpf-Schafgarbe *(Achillea ptarmica)*, S3_2
Topinambur *(Helianthus tuberosus)*, T4
Blut-Weiderich *(Lythrum salicaria)*, W8
Gewöhnliches Seifenkraut *(Saponaria officinalis)*, S10
Weiße Lichtnelke *(Silene latifolia)*, L10
Sumpf-Ziest *(Stachys palustris)*, Z5_2
Herbst-Aster *(Symphyotrichum* species*)*, A9

Außerdem einige bereits genannte Arten.

Zurück auf dem Weg geht es nach ca. 50 m nach rechts hangparallel auf einem befestigten Feldweg zum Naturschutzgebiet.

In der Staudenflur am Wegrand können die Wilde Karde (K3) und weitere bereits vorgestellte Pflanzenarten entdeckt werden. Die Wanderung geht durch alte Obstwiesen, und auf der rechten Wegseite deuten alte Zaunpfähle und Drähte auf ehemalige Viehweiden hin. Links erstreckt sich ein recht steiler Hang, der nach Norden ausgerichtet ist, daher stehen hier keine Weinstöcke, sondern Laubwald mit Eichen und Haselbüschen, und am Boden sind Gefleckter Aronstab (A6) und weitere Waldpflanzen zu entdecken.

Stillwasserbereiche im Naturschutzgebiet Taubengrün mit Gelber Teichrose

Beobachtungstipp 4: Laubwald im Naturschutzgebiet Taubengrün

370492 / 5548984

Feld-Ahorn *(Acer campestre)*, A1_2
Giersch *(Aegopodium podagraria)*, E4_2
Gefleckter Aronstab *(Arum maculatum)*, A6
Zwiebel-Zahnwurz *(Cardamine bulbifera)*, Z1
Gewöhnliches Hexenkraut *(Circaea lutetiana)*, H11
Feld-Rose *(Rosa arvensis)*, R5

Auf flachen Geländepartien hat sich Wiesenland mit interessanten Kräutern erhalten, es ist aber leider längst nicht mehr so artenreich wie die früher von Botanikern beschriebenen Talwiesen längs der Mosel.

Beobachtungstipp 5: Wiese im Naturschutzgebiet Taubengrün

370098 / 5549234

Wiesen-Schafgarbe *(Achillea millefolium)*, S3
Wiesen-Labkraut *(Galium album)*, L2
Wiesen-Bärenklau *(Heracleum sphondylium)*, B2
Acker-Witwenblume *(Knautia arvensis)*, W16
Kümmelblättriger Haarstrang *(Peucedanum carvifolia)*, H1
Kleine Wiesenraute *(Thalictrum minus)*, W13_2

Außerdem einige bereits genannte Arten.

Der Weg führt in einen lichten Auwald mit mächtigen Pappeln und ausladenden Baumweiden, und eine Sitzgruppe lädt zum Verweilen ein. Am Wegrand stehen regelrechte Dickichte aus Japanischem Staudenknöterich (S16), ein Neubürger aus Ostasien, der an der Mosel öfters Wuchsorte von Schilf einnimmt. Rechts sieht man durch den Wald auf die Insel Taubengrün – eigentlich eine Halbinsel, da sie über eine schmale Landbrücke aus Röhricht mit dem Moselufer verbunden ist. Im

Zentrum der Insel stehen hohe Bäume, die von einem Saum aus Weidengebüschen, Schilf und Sauergräsern umgeben sind, der bis an die Uferlinie reicht. Vom Weg aus sind im Stillwasser zwischen Moselufer und Insel große Schwimmblätter und einige gelbe Blüten zu erkennen. Sie gehören zur Großen Teichrose (T2), eine der wenigen auffälligen Wasserpflanzen in der Mosel.

Allmählich steigt der Weg an und führt in den Wald. Am Wegrand sieht man im Frühjahr Wald-Veilchen (V2) und Busch-Windröschen (W14). Bei der nächsten Wegkreuzung biegt die Route scharf nach links ab auf einen Waldweg, folgt der Markierung 2 und verlässt damit den Radweg längs der Mosel. Der schmaler werdende Weg führt leicht bergan durch einen strauchreichen Laubmischwald. Im Mai ist die Zwiebel-Zahnwurz (Z1) nicht zu übersehen. Im Sommer ist diese Waldpflanze bereits vergangen und wird abgelöst vom Kleinblütigen Springkraut (S15_2), einem Neophyten aus Zentral- und Ostasien, der sich entlang von Waldwegen ausgebreitet hat. Die Wanderung quert den steiler werdenden und mit Schieferfelsen durchsetzten Moselhang, vorbei an dicken Buchen und Eichen sowie mehrstämmigen Hainbuchen und sogar Linden. Mitunter sieht man die Mosel zwischen den Bäumen hindurch schimmern. In einer Rechtskurve umrundet der Weg einen Bergsporn, wendet sich vom Tal ab und verläuft ohne nennenswerten Richtungswechsel leicht ansteigend nach Südwesten. Unterwegs sieht man vereinzelt Wald-Labkraut (W3_2) und im Frühling Maiglöckchen (B3_2) und Echte Schlüsselblume (S6). Vor einer Waldlichtung fällt auf dem Waldboden der dichte dunkelgrüne Blattteppich aus Kleinem Immergrün (I1) auf. Aus dem Wald kommend tritt man in ein Wiesengelände, das nach links, in Richtung Moseltal, leicht abfällt. Auf der Wiese fallen die gelben Blüten des Echten Labkrauts (L1) auf, die weißen Blüten der Wilden Möhre (M6) und die blass-rosafarbenen schlanken Blütenblätter der Gewöhnlichen Herbstzeitlose (H10) – neben den blauen und violetten Farbtönen von Gewöhnlicher Flockenblume (F12), Wirbeldost (W15) und Vogel-Wicke (W10) (Beobachtungstipp 6).

Wegkreuzung nach Senheim, Neef und Grenderich

Beobachtungstipp 6: Wiese südwestlich von Senheim
Von 370141 / 5548457 bis 370050 / 5548357

Rundblättr. Glockenblume *(Campanula rotundifolia)*, G6_2
Gewöhnliche Flockenblume *(Centaurea jacea)*, F12
Wirbeldost *(Clinopodium vulgare)*, W15
Gewöhnliche Herbstzeitlose *(Colchicum autumnale)*, H10
Zypressen-Wolfsmilch *(Euphorbia cyparissias)*, W17
Echtes Labkraut *(Galium verum)*, L1
Echter Dost *(Origanum vulgare)*, D2
Große Bibernelle *(Pimpinella major)*, B8
Kleiner Wiesenknopf *(Sanguisorba minor)*, W12
Wiesen-Klee *(Trifolium pratense)*, K6_3
Vogel-Wicke *(Vicia cracca)*, W10

Außerdem mehrere in Beobachtungstipp 2 genannte Arten.

Der Weg durchquert die Wiese und tritt dann wieder in den Wald ein. Im Halbschatten am Waldrand sieht man Fuchs-Greiskraut (G12) und Nesselblättrige Glockenblume (G4). In einem weiten Bogen nach rechts geht es ohne merkliche Höhenunterschiede und vorbei an Schieferfelsen mit Gewöhnlichem Tüpfelfarn (T5) und Wiesen-Wachtelweizen (W2) zur nächsten Waldlichtung und Kreuzung.

Blütenreiche trockenwarme Wegsäume südwestlich Senheim

Hier sieht man die rosa Blüten der Bunten Kronwicke (K14) und kann über einen Abstecher scharf nach rechts, in Richtung Neef, Pflanzenarten der selten gewordenen Silikatmagerrasen kennenlernen.

Diesen Biotoptyp kann man an sonnigen und steinigen Orten mit einer nur dünnen Bodenkrume finden, die außerdem kaum Kalk und andere Nährstoffe aufweisen. Die hier wachsenden Pflanzenarten sind meist niedrigwüchsig und viele sind als Verdunstungsschutz zumindest teilweise haarig. Der felsige, trocken-warme Schieferboden am Wegrand bietet mit Flügelginster (F13) und Heide- (N3) und Karthäuser-Nelke (N4) eine bunt blühende Galerie (Beobachtungstipp 7).

Beobachtungstipp 7: Silikatmagerrasen südwestlich von Senheim
Von 370350 / 5548356 bis 370249 / 5548291

Flügelginster *(Chamaespartium sagittale)*, F13
Karthäuser-Nelke *(Dianthus carthusianorum)*, N4
Heide-Nelke *(Dianthus deltoides)*, N3
Gewöhnl. Sonnenröschen *(Helianthemum nummularium)*, S13
Kleines Habichtskraut *(Hieracium pilosella)*, H2
Berg-Platterbse *(Lathyrus linifolius)*, P6_2

Durch den Laubwald bergab nach Senheim

Silber-Fingerkraut *(Potentilla argentea)*, **F11**
Frühlings-Fingerkraut *(Potentilla neumanniana)*, **F9**
Kleiner Sauer-Ampfer *(Rumex acetosella)*, **A4**
Zierliche Fetthenne *(Sedum forsterianum)*, **F5_2**
Nickendes Leimkraut *(Silene nutans)*, **L6**
Salbei-Gamander *(Teucrium scorodonia)*, **G2**
Feld-Thymian *(Thymus pulegioides)*, **T3**
Hasen-Klee *(Trifolium arvense)*, **K5**
Mehlige Königskerze *(Verbascum lychnitis)*, **K11**

Zurück am Ausgangspunkt des Abstechers biegt die Route
nach rechts ab und an der nächsten Kreuzung bei einer Sitzgruppe unter einer Rosskastanie nach links. Von hier aus führt
der befestigte Weg bergab in Richtung Senheim. Zunächst
wird der mehrere Meter tief eingeschnittene und nur zeit-
weise Wasser führende Löscherbach überquert, dann geht es
in einen nordexponierten Laubwald. Wald-Labkraut (**W3_2**)
und Wald-Ziest (**Z5**), die am Wegrand blühen, zeigen an, dass
der Boden hier gut mit Nährstoffen und Wasser versorgt ist. In
Felsritzen wurzelt der Braune Streifenfarn (**S23**).

Beim nächsten Abzweig biegt der Weg nach links auf einen
bergab führenden schmalen Waldpfad ab, der mit der Markierung 5 gekennzeichnet ist.

Der Pfad gelangt zu einer Grillhütte mit weitem Blick ins
Moseltal. Von hier aus wandert man auf einem befestigten
Weg zum Waldrand, dann mit Blick auf den markanten Kirch-
turm und die Kulturlandschaft von Senheim durch Weinberge
und gelangt zur Straße Im Rosenberg. Diese führt über die
Zeller Straße zurück zum Gestade und zum Ausgangspunkt.

Blick moselaufwärts bis zum Calmont

Felspfad an der Senheimer Lay

13. Senheimer Lay – Durch Weinberge, Felsen und Wald zur Dreifaltigkeitskapelle

Die kurze, aber abwechslungsreiche Rundwanderung führt durch Weinberge und über Felspfade auf die Senheimer Lay, anschließend zu der einsam im Wald gelegenen Dreifaltigkeitskapelle. Für den Abstieg wird ein alter Prozessionsweg genutzt. Anfänglich verläuft die Tour auf dem Moselsteig, der jedoch den reizvollen Aufstieg auf die Lay auslässt. Fernwanderer können die Route als Abstecher auf der Etappe von Senheim nach Beilstein nutzen. Im Frühling wartet die Tour mit einer vielfältigen Felsflora auf, im Sommer mit bunt blühenden Staudenfluren und erholsamen Passagen durch schattigen Laubwald. Die Tour verläuft teils auf bequemen Weinberg- und Waldwegen, der aussichtsreiche Anstieg über die Senheimer Lay auf einem Felspfad, der etwas Trittsicherheit und Kondition verlangt. Da der Weg nicht einheitlich ausgeschildert ist, erfordert die Orientierung mehr Aufmerksamkeit als bei den meisten anderen Wanderungen.

Ausgangspunkt: Senheim, Moselpromenade vor der Touristen-Information im alten Schulhaus (50°05'09.6" N, 7°12'37.3" E).

Markierung: Nicht durchgängig vorhanden; auf dem 1. Kilometer Moselsteig-Logo und Schilder „Mesenich, Senheimer Lay", später „Goldlaysteig"; „Fernsehturm", „Erdfallhäuschen", „Mesenich".

Länge: 6,2 km lange Rundwanderung.

Einkehrmöglichkeiten: Nur in Senheim.

Öffentliche Verkehrsmittel: Der Bus Linie 716 fährt mehrmals täglich von und nach Cochem, von dort Zuganbindung in Richtung Koblenz oder Trier.

Topographische Karte: 5909 Zell

Wegbeschaffenheit, Höhenprofil: Kurze Rundwanderung über Wirtschaftswege und teils steile Fels- und Waldpfade, die Trittsicherheit erfordern.

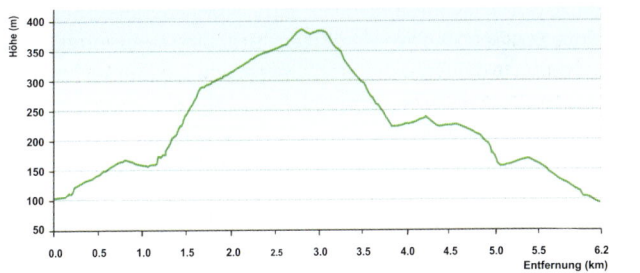

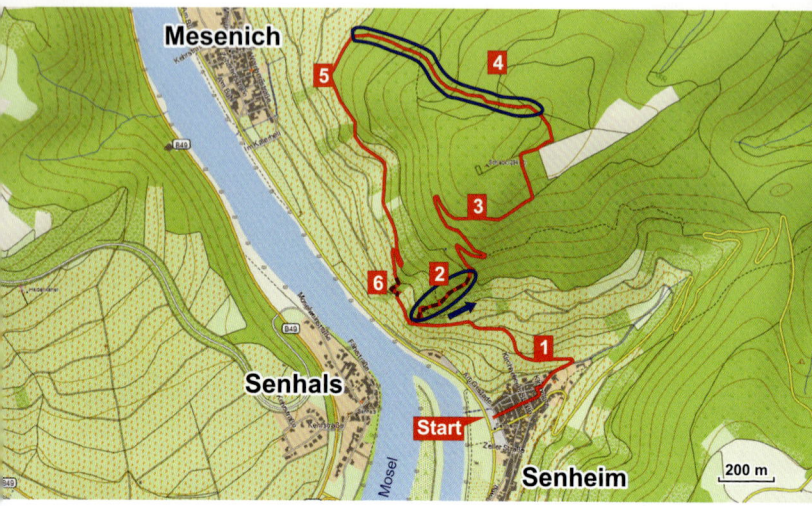

Die Tour beginnt an der Moselpromenade „Am Gestade" von Senheim, wo sich Parkplätze und die Bushaltestelle befinden. Von hier aus geht es über die Marktstraße in den alten Ortskern hinein und auf die Pfarrkirche Sankt Remigius zu. Im Jahr 1839, nach einem verheerenden Brand, der das ganze Dorf in Schutt und Asche legte, wurde Senheim mit breiteren Straßen und regelmäßigem Grundriss neu aufgebaut. Daher wirkt der Ortskern großzügiger und „moderner" als die meisten Winzerdörfer an der Mosel. Eine hohe Mauer umgibt die sehenswerte Kirche mit Turm aus dem 11. Jahrhundert und barockem, gelbrot angestrichenem Saalbau (372153 / 5549795). Die Ritzen bieten Wurzelraum für anspruchslose Mauerpflanzen: den Gewöhnlichen Tüpfelfarn (T5), die Mauerraute (S24_2) sowie das Zimbelkraut (Z6).

An der Nordseite der Kirche, bei einem Brunnen, weist ein Schild mit der Aufschrift „Senheimer Lay/Mesenich" den Weg. Eine kleine Straße führt an der Friedhofsmauer entlang zum Ortsrand. Auf einem nach links, Richtung Westen, abzweigenden Asphaltweg geht es an Gärten mit Pfirsich-Bäumchen (P5) und Weinbergen vorbei leicht ansteigend weiter. Hier und bei den folgenden Kreuzungen helfen die Zeichen des Moselsteiges, den richtigen Weg einzuschlagen. Rechts des Weges schützt eine hohe Stützmauer den steilen Hang vor Erdabtrag. In Ritzen und am Mauerfuß blühen als Frühlingsboten Färberwaid (F1) und Zypressen-Wolfsmilch (W17), später kommen viele andere Kräuter hinzu.

Beobachtungstipp 1: Mauer und Böschung in den Weinbergen

371391 / 5550891

Sichel-Hasenohr *(Bupleurum falcatum)*, H5
Wilde Möhre *(Daucus carota)*, M6
Karthäuser-Nelke *(Dianthus carthusianorum)*, N4
Gewöhnlicher Natternkopf *(Echium vulgare)*, N2
Gewöhnlicher Feinstrahl *(Erigeron annuus)*, F2
Zypressen-Wolfsmilch *(Euphorbia cyparissias)*, W17
Gewöhnlicher Hohlzahn *(Galeopsis tetrahit)*, H14_2
Wiesen-Labkraut *(Galium album)*, L2
Tüpfel-Johanniskraut *(Hypericum perforatum)*, J2
Färberwaid *(Isatis tinctoria)*, F1
Kompass-Lattich *(Lactuca serriola)*, L4
Gewöhnliches Leinkraut *(Linaria vulgaris)*, L7
Labkraut-Sommerwurz *(Orobanche caryophyllacea)*, S12
Schild-Ampfer *(Rumex scutatus)*, A5
Weiße Fetthenne *(Sedum album)*, F7
Raukenblättriges Greiskraut *(Senecio erucifolius)*, G13
Heilwurz *(Seseli libanotis)*, H9
Mehlige Königskerze *(Verbascum lychnitis)*, K11

Moselschiefer
Von oben betrachtet sehen die Siedlungen des Moseltals grauschwarz aus. Der dunkle, bei schrägem Sonneneinfall silbrig schimmernde Farbton kommt von den Schiefern, mit denen die Häuser in den Winzerorten seit jeher gedeckt werden. Schiefer ist einer der ältesten Baustoffe in Europa. Bereits die Römer, wahrscheinlich auch die Kelten, verwendeten das Gestein mit der besonderen Eigenschaft,

Ausblick vom Hangweg auf Senheim und die Pfarrkirche

dass es sich in dünne Platten zerlegen lässt. Lagerstätten des Schiefers ziehen sich als breites Band durch Mitteleuropa. Das Rheinische Schiefergebirge verdankt ihm seinen Namen.

Die Entstehung der Schiefers vollzog sich in langen geologischen Zeiträumen. Im Zeitalter des Devon, vor etwa 350 Millionen Jahren, lagerten sich am Rand eines großen Ozeans feine Tonschlämme ab. Am Meeresboden wurden diese Schlämme durch Auflagerungsdruck zu Tonstein verfestigt. Während späterer Hebungs- und Faltungsprozesse wurde der Tonstein seitlich gepresst und unter druckbedingter Hitze änderte sich die mineralische Zusammensetzung – so entstand der Glimmer, der dem Schiefer seinen Glanz verleiht.

Der Schiefer, der an der Mosel für Dachplatten und Hausverkleidungen verwendet wird, stammt aus Steinbrüchen im Hunsrück und der Eifel. Früher wurde das Gestein über die Mosel in entfernte Bestimmungsgebiete verschifft, so nach Holland und Belgien. Mosel-Schiefer ist seit etwa 100 Jahren eine Handelsmarke, die nur die in der Eifel gewonnen Produkte tragen dürfen.

Der Weg führt, begleitet von Aussichten auf Senheim, seine Weinberge und den Yachthafen an der Mosel durch ausgedehnte Weinberge auf das Moseltal zu und gewinnt allmählich an Höhe, bis nach etwa 1 km rechts des Weges ein Felsen aufragt. Dort markieren eine Stahltreppe und ein Schild mit der Aufschrift „Goldlaysteig" den Beginn des Felspfades, der auf die Senheimer Lay führt.

Der schmale, teils mit Holzbohlen befestigte Pfad schlängelt sich den steilen Hang hinauf und führt an Trockenrasen, niedrigem Gebüsch, knorrig gewachsenen Eichen und nackten Felsen vorbei. Der Blühaspekt

Felspfad zur Senheimer Lay

verändert sich stetig mit dem Lauf der Jahreszeiten. Zeitig im Frühling erscheinen Sonnenröschen (S13), Frühlings-Fingerkraut (F9), Behaarter Ginster (G3) und Hufeisenklee (H17), im Mai fallen die Blüten der Weißen Fetthenne (F7) besonders auf und im Frühsommer erscheinen Feld-Thymian (T3) und Echter Dost (D3). Der Juni ist die Blütezeit der Rosen, darunter die kleine, sehr stachelige Bibernell-Rose (R4).

Beobachtungstipp 2: Felshang um die Senheimer Lay
Von 371670 / 5550048 bis 371866 / 5550180

Französischer Ahorn *(Acer monspessulanum)*, A1
Gefleckter Aronstab *(Arum maculatum)*, A6
Milzfarn *(Asplenium ceterach)*, M4
Brauner Streifenfarn *(Asplenium trichomanes)*, S23
Pfirsichblättr. Glockenblume *(Campanula persicifolia)*, G5
Nesselblättrige Glockenblume *(Campanula trachelium)*, G4
Gewöhnliche Flockenblume *(Centaurea jacea)*, F12
Wirbeldost *(Clinopodium vulgare)*, W15
Gefingerter Lerchensporn *(Corydalis solida)*, S19
Gewöhnliche Zwergmispel *(Cotoneaster integerrimus)*, Z7

Besenginster *(Cytisus scoparius)*, **B7**
Gold-Aster *(Galatella linosyris)*, **A8**
Behaarter Ginster *(Genista pilosa)*, **G3**
Blutroter Storchschnabel *(Geranium sanguineum)*, **S21**
Gewöhnl. Sonnenröschen *(Helianthemum nummularium)*, **S13**
Frühblühendes Habichtskraut *(Hieracium glaucinum)*, **H3_2**
Kleines Habichtskraut *(Hieracium pilosella)*, **H2**
Hufeisenklee *(Hippocrepis comosa)*, **H17**
Blauer Lattich *(Lactuca perennis)*, **L3**
Blaur. Steinsame *(Lithospermum purpurocaeruleum)*, **S17**
Wimper-Perlgras *(Melica ciliata)*, **P3**
Echter Dost *(Origanum vulgare)*, **D2**
Wohlriechende Weißwurz *(Polygonatum odoratum)*, **W9**
Silber-Fingerkraut *(Potentilla argentea)*, **F11**
Frühlings-Fingerkraut *(Potentilla neumanniana)*, **F9**
Echte Schlüsselblume *(Primula veris)*, **S6**
Felsenkirsche *(Prunus mahaleb)*, **F4**
Echter Kreuzdorn *(Rhamnus cathartica)*, **F4_2**
Feld-Rose *(Rosa arvensis)*, **R5**
Hunds-Rose *(Rosa canina)*, **R5_2**
Bibernell-Rose *(Rosa spinosissima)*, **R4**
Scharfer Mauerpfeffer *(Sedum acre)*, **F7_2**
Zierliche Fetthenne *(Sedum forsterianum)*, **F5_2**
Echte Goldrute *(Solidago virgaurea)*, **G9**
Aufrechter Ziest *(Stachys recta)*, **Z3**
Große Sternmiere *(Stellaria holostea)*, **S19**
Gewöhnl. Straußmargerite *(Tanacetum corymbosum)*, **M7_2**
Salbei-Gamander *(Teucrium scorodonia)*, **G2**
Kleine Wiesenraute *(Thalictrum minus)*, **W13_2**
Feld-Thymian *(Thymus pulegioides)*, **T3**

Bald ist eine erste Holzbank erreicht, auf der sich verschnaufen lässt. Zu Füßen der Bank fallen im Frühling die rosa und blauen Blüten von Blutrotem Storchschnabel (**S21**) und Blaurotem Steinsamen (**S17**) auf. Bei näherem Hinschauen lässt sich die Zierliche Fetthenne (**F5**) entdecken. Oberhalb der Bank geht es links hangaufwärts weiter. Bei der nächsten Ruhebank wächst die Kleine Wiesenraute (**W13_2**) mit auffäl-

ligen dreiteiligen Blättern. Bald darauf gabelt sich der Fußpfad
erneut; links geht es zu einem Aussichtspunkt mit Holzkreuz,
rechts weiter in Serpentinen durch niedrigen Buschwald. Die
halbschattigen Standorte behagen Pfirsichblättriger (G5) und
Nesselblättriger Glockenblume (G4), die reichlich am Wegrand zu finden sind, auch der Gefleckte Aronstab (A6) fühlt
sich hier wohl.

Bei einem hohen Strommast, hier blüht im Frühling die Sand-
Schaumkresse (S4), ist die felsige Hangpartie überwunden.
Der Fußpfad stößt auf einen breiteren Weg, auf dem es links,
dem Schild „Fernsehturm" folgend, weiter bergauf geht. Der
Weg verläuft nun durch hohen Laubwald aus Eichen, Buchen
und Hainbuchen, der den Bergrücken namens Schlack
bedeckt. In der nächsten Kehre folgt man dem breiteren rechten Weg. Nun ist der Anstieg fast geschafft. An der rechten
Wegseite wächst ein mit Maschendraht ummanteltes Exemp-
lar des Seidelbastes (S9), dessen schöne rosa Blüten bereits
vor dem Laubaustrieb im März erscheinen, und ringsherum
lassen sich weitere Frühlingspflanzen finden (Beobachtungstipp 3).

Beobachtungstipp 3: Schlack
371931 / 5550405

Busch-Windröschen *(Anemone nemorosa)*, W14
Zwiebel-Zahnwurz *(Cardamine bulbifera)*, Z1
Maiglöckchen *(Convallaria majalis)*, B3_2
Gewöhnlicher Seidelbast *(Daphne mezereum)*, S9

Kurz darauf öffnet sich eine große Waldlichtung mit Äckern
und jungen Aufforstungen, die oben auf dem Schlack liegt.
Ein Schild „Fernsehturm" weist den Weg links am Waldrand
entlang. An der Weggabelung wachsen einige Exemplare des
Gelben Hohlzahns (H13), dessen große, gelbweiße Blüten im
Sommer auffallen. Bei der nächsten Kreuzung, 200 m weiter,
stößt der Weg auf eine breite Forstpiste; auf dieser geht es
rechts weiter, bis nach etwa 100 m ein mit „Kapelle" beschil-

Mesenicher Dreifaltigkeitskapelle

derter Weg links in den hohen Wald aus alten Eichen und Buchen hineinführt. Kurz vor dem Abzweig wächst die zierliche Raue Nelke (**N4_2**) am Waldrand.

Bald ist die auf einer Waldlichtung gelegene Dreifaltigkeitskapelle erreicht. In jedem Jahr wird an diesem idyllischen Platz eine Bergmesse gefeiert. Rings um die Kapelle laden schattige Ruhebänke zu einer Wanderpause ein.

Beim Abstieg folgt man den Schildern „Mesenich" und „Alter Pilgerpfad". Der Pfad führt nordwärts durch schönen alten Buchenwald. Mehrfach kreuzen breite Forstwege den Pfad. Zwischen Farnen und Brombeeren sind einige neue Waldkräuter zu entdecken (Beobachtungstipp 4).

Beobachtungstipp 4: Buchen-Wald am Mesenicher Pilgerpfad
Von 372148 / 5550771 bis 371473 / 5551061

Gewöhnliches Hexenkraut *(Circaea lutetiana)*, **H11**
Kleinblütiges Springkraut *(Impatiens parviflora)*, **S15_2**
Fuchs-Greiskraut *(Senecio ovatus)*, **G12**
Hain-Veilchen *(Viola riviniana)*, **V2_2**

Am Ende des steilen Abstieges stößt der Pfad am Waldrand auf einen Fahrweg. Der Blick wird frei auf die Mosel, das Winzerdorf Mesenich und die bewaldeten Hänge auf der gegenüberliegenden Talseite. Der Fahrweg führt links am Waldrand entlang zurück Richtung Senheim. Unterhalb des Weges erstrecken sich ausgedehnte, seit der Flurbereinigung zu großen Schlägen zusammengelegte Rebenkulturen. Zwischen ihnen ziehen einige unbestellte, mit Stauden, Ranken und Büschen bewachsene Parzellen den Blick auf sich. Auch Falter und andere blütenbewohnende Insekten finden Rainfarn (R2), Kanadische Goldrute (G10), Kleinblütige Königskerze (K10) und die vielen anderen Blütenstauden attraktiv.

Buchen-Wald am Mesenicher Pilgerpfad

Beobachtungstipp 5: Staudenflur am Weinberg zwischen Mesenich und Senheim
371391 / 5550891

Wiesen-Schafgarbe *(Achillea millefolium)*, S3
Wilde Karde *(Dipsacus fullonum)*, K3
Dürrwurz *(Inula conyzae)*, D3
Gift-Lattich *(Lactuca virosa)*, L4_2
Berg-Platterbse *(Lathyrus linifolius)*, P6_2
Moschus-Malve *(Malva moschata)*, M1
Kriechendes Fingerkraut *(Potentilla reptans)*, F9_3
Kanadische Goldrute *(Solidago canadensis)*, G10
Rainfarn *(Tanacetum vulgare)*, R2
Kleinblütige Königskerze *(Verbascum thapsus)*, K10
Zaun-Wicke *(Vicia sepium)*, W11

Staudenflur auf aufgelassenem Weinberg oberhalb Mesenich

Der Weg führt allmählich bergab und wieder auf den imposanten Felsvorsprung der Senheimer Lay zu. Nach einer scharfen Rechtskehre zweigt nach links ein Grasweg ab, der vor einem bewaldeten Abhang endet. Hier gilt es, den etwas unauffälligen Einstieg des Felspfades zu finden, der an den Fuß des Felsens und auf den breiten Hangweg zurückführt, über den der Moselsteig verläuft. Der Pfad ist gut befestigt und die steile Felspassage rasch überwunden. Viele Felspflanzen können beim Abstieg noch einmal gefunden werden (Beobachtungstipp 6).

Beobachtungstipp 6: Felsgebüsch am Fuß der Senheimer Lay
371623 / 5550192

Gewöhnliche Felsenbirne *(Amelanchier ovalis)*, F3
Nickendes Leimkraut *(Silene nutans)*, L6

sowie die Arten des Beobachtungstipps 2.

Der letzte Kilometer der Rundwanderung ist identisch mit dem ersten. Wanderer auf dem Moselsteig können ihren Weg in Richtung Beilstein fortsetzen.

Sonniger Rastplatz am Apolloweg

4. Apolloweg und Brevaweg bei Valwig

Nicht weit von der Touristenmetropole Cochem entfernt schmiegt sich der kleine Weinort Valwig an die steilen Hänge des Hunsrücks. Naturfreunden ist diese Gegend bekannt als die Heimat des schönen Mosel-Apollofalters, Weinkennern ist der Valwiger Herrenberg ein Begriff, der Rieslinge der Spitzenklasse hervorbringt. Auch Pflanzenfreunden hat der sonnige Südhang mit seinen terrassierten Weinbergen, Felsen und Trockenwäldern viel zu bieten. Der Apolloweg erschließt das Gebiet von Valwig aus auf bequemen Wegen und Pfaden. Er führt als Rundweg auf den Valwigerberg mit seiner Wallfahrtskirche und über einen Kreuzweg zurück. Für ambitionierte Wanderer bietet sich eine längere Route an, die ab Valwigerberg den Moselsteig und den Brevaweg nutzt und mit spektakulären Passagen durch Trockenwälder, Felsformationen und die Steillagen des Herrenberges aufwartet. Wer den Mosel-Apollofalter sehen möchte, kommt am besten im Monat Juni. Botanisch ist die Wanderung auch schon im Frühjahr, ab April, reizvoll.

Ausgangspunkt: Valwig, Pavillon und Bushaltestelle an der Moseluferstraße, Parkplätze am Moselufer und am Straßenrand (50°08'46.8'' N, 7°12'42.6'' E).

Markierung: Kurze Variante: Zeichen des Apolloweges; lange Variante: ab Valwigerberg Moselsteig bis zum Aussichtspunkt Eiserner Mast , von dort auf dem Brevaweg zurück nach Valwig.

Länge: Kurze Variante: 5,8 km lange Rundwanderung; lange Variante: 8,4 km.

Einkehrmöglichkeiten: Landgasthaus-Café Kaster in Valwigerberg (Donnerstag ist Ruhetag).

Öffentliche Verkehrsmittel: Mit der Bahn (Mosel-Saar-Express) von Koblenz und Trier nach Cochem; von dort fährt die Buslinie 716 nach Valwig. Achtung! An Wochenenden fahren nur wenige Busse.

Topographische Karte: 5808 Cochem, 5809 Alf

Wegbeschaffenheit, Höhenprofil: Die kurze Variante führt über gut ausgebaute Wege und Pfade und ist trotz des Höhenunterschiedes von 200 m bequem zu bewältigen (ein Wanderstiefel), die längere Tour erfordert beim Abstieg Trittsicherheit.

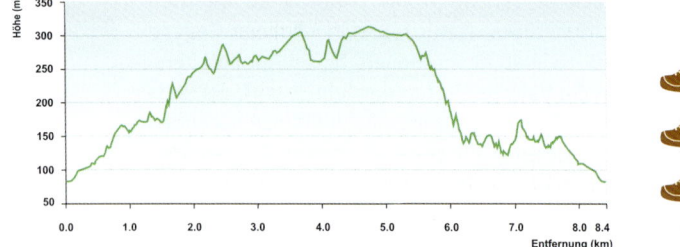

An der Moseluferstraße, die von alten Rosskastanien gesäumt wird, markiert nahe der Bushaltestelle ein erstes Schild den Beginn des Apolloweges. Auf der Kreuzstraße geht es in den kleinen, verwinkelten Winzerort hinein, an schiefergedeckten Fachwerkhäusern vorbei zur Pfarrkirche St. Martin. An der Kirchmauer blüht bereits im April das zartlila Zimbelkraut (Z6). Wenige Schritte weiter bietet das alte Spritzenhaus Informationen rund um den Apolloweg.

Auf der kleinen Straße, die in Serpentinen nach Valwigerberg hinauf führt, sind bald die ersten Weinberge erreicht, die von hohen Natursteinmauern gestützt werden. Bei der ersten Straßenkehre steht eine Informationstafel; hier zweigt der Kreuzweg ab, der später für den Rückweg genutzt wird. Vorerst geht es weiter die Straße entlang, an deren rechter Seite Mauern und Felsklippen aufragen. Am Wegrand, auf den Simsen und Mauerkronen entwickelt sich schon zeitig im Frühjahr ein Farbenspiel aus bunt blühenden Stauden und Felspflanzen. Im April herrschen die gelben Farben von Färberwaid (F1), Behaartem Ginster (G3) und Zypressen-Wolfsmilch (W17) vor, im Juni leuchten die Blütensterne der Weißen Fetthenne (F7) millionenfach, und das Wimper-Perlgras (P3) setzt mit seinen an Pfeifenputzer erinnernden Ähren besondere Akzente.

165

Mit Zimbelkraut bewachsene Mauer

**Beobachtungstipp 1: Felsen und Mauern an der
Serpentinenstraße nach Valwigerberg**
Von 372365 / 5556170 bis 372220 / 5556170

Feld-Beifuß *(Artemisia campestris)*, B4
Gewöhnlicher Beifuß *(Artemisia vulgaris)*, B4_2
Schw. Streifenfarn *(Asplenium adiantum-nigrum)*, S23_2
Brauner Streifenfarn *(Asplenium trichomanes)*, S23
Berberitze *(Berberis vulgaris)*, B6
Zweihäusige Zaunrübe *(Bryonia dioica)*, Z2
Besenginster *(Cytisus scoparius)*, B7
Wilde Möhre *(Daucus carota)*, M6
Karthäuser-Nelke *(Dianthus carthusianorum)*, N4
Gewöhnlicher Natternkopf *(Echium vulgare)*, N2
Zypressen-Wolfsmilch *(Euphorbia cyparissias)*, W17
Gold-Aster *(Galatella linosyris)*, A8
Gewöhnlicher Hohlzahn *(Galeopsis tetrahit)*, H14_2
Wiesen-Labkraut *(Galium album)*, L2
Behaarter Ginster *(Genista pilosa)*, G3
Tüpfel-Johanniskraut *(Hypericum perforatum)*, J2
Färberwaid *(Isatis tinctoria)*, F1

Kompass-Lattich *(Lactuca serriola),* L4
Wimper-Perlgras *(Melica ciliata),* P3
Labkraut-Sommerwurz *(Orobanche caryophyllacea),* S12
Kriechendes Fingerkraut *(Potentilla reptans),* F9_3
Felsenkirsche *(Prunus mahaleb),* F4
Hunds-Rose *(Rosa canina),* R5_2
Weiße Fetthenne *(Sedum album),* F7
Raukenblättriges Greiskraut *(Senecio erucifolius),* G13
Heilwurz *(Seseli libanotis),* H9
Weiße Lichtnelke *(Silene latifolia),* L10
Aufrechter Ziest *(Stachys recta),* Z3
Großer Bocksbart *(Tragopogon dubius),* B11_2
Zaun-Wicke *(Vicia sepium),* W11

In einer zweiten Serpentinen-kehre verlässt der Apolloweg die Straße und führt auf gleicher Hanghöhe weiter in die Weinberge hinein. Über die Weinberge hinweg sieht man linkerhand Valwig mit seiner imposanten Pfarrkirche, die Mosel und den Weinort Ernst am Gegenhang, und am Wegesrand tauchen immer wieder neue Stauden auf. Bei einer Ruhebank, die etwas unterhalb des Weges steht, lassen sich Schild-Ampfer (A5) und Hasen-Klee (K5) finden (Beobachtungstipp 2).

Felsböschung an der Straße nach Valwigerberg

Beobachtungstipp 2: Wegsäume im Valwiger Weinberg
Von 371922 / 5556197 bis 371660 / 5556235

Wiesen-Schafgarbe *(Achillea millefolium)*, S3
Gemüse-Lauch *(Allium oleraceum)*, L5
Gewöhnliche Flockenblume *(Centaurea jacea)*, F12
Dürrwurz *(Inula conyzae)*, D3
Gift-Lattich *(Lactuca virosa)*, L4_2
Sigmarswurz *(Malva alcea)*, M1_2
Echter Dost *(Origanum vulgare)*, D2
Silber-Fingerkraut *(Potentilla argentea)*, F11
Schild-Ampfer *(Rumex scutatus)*, A5
Felsen-Fetthenne *(Sedum rupestre)*, F5
Rainfarn *(Tanacetum vulgare)*, R2
Hasen-Klee *(Trifolium arvense)*, K5
Mehlige Königskerze *(Verbascum lychnitis)*, K11

Auf dieser Wegpassage lohnt es sich im Frühsommer, nach fliegenden Apollofaltern Ausschau zu halten.

Mosel-Apollo
An sonnendurchglühten Felsen und Weinbergmauern zwischen den Moselorten Bremm und Winningen kann man von Ende Mai bis in den August hinein einen seltenen, großen Schmetterling beobachten, der durch rote und schwarze Flecken auf weißem Grund und durch eine „gemächliche" Flugweise auffällt. Es handelt sich um den Apollofalter *(Parnassius apollo)*, der in ganz Europa stark bedroht und daher streng geschützt ist.

Die Apollofalter im Moseltal stellen die nördlichste Population in Deutschland dar. Die Vorkommen der Art an der Mosel wurden 1899 wissenschaftlich beschrieben und da diese in Winningen beobachteten Tiere sich in für Spezialisten erkennbaren Details von ihren Verwandten unterscheiden, haben die Zoologen sie zur Unterart „Mosel-Apollo" *(Parnassius apollo vinningensis)* erklärt.

Mosel-Apollo auf Weißer Fetthenne

Die Raupen des Apollofalters fressen nahezu ausschließlich an der Weißen Fetthenne (F7). Die Falter sind bei der Nektarsuche weniger spezialisiert: Sie besuchen neben der Weißen Fetthenne auch die violetten Blüten von Disteln, Dost und Flockenblumen oder die gelben Blütenköpfe des Greiskrautes. Während die Männchen in ihrem Gebiet patrouillieren, fliegen die Weibchen nur kurze Strecken. Die Weibchen legen im Sommer bis zu 100 Eier an den Fetthennen ab, die Räupchen überwintern voll entwickelt in der Eihülle. Die im Vorfrühling schlüpfenden schwarzen Raupen haben eine auffällige Zeichnung aus orangefarbenen Flecken.

Entlang der Wanderungen 11 und 14 bis 18 bestehen zur Flugzeit und bei sonnigem Wetter gute Chancen, den Apollofalter zu beobachten.

Hinter einer weiten Rechtskurve stößt der Apolloweg auf den Moselsteig, der ein Stück weit die gleiche Wegführung hat. Auf einem nach rechts abzweigenden Fußpfad geht es nun in ein Laubwäldchen aus Eichen, Hainbuchen und Kirschen hinein. Der Pfad windet sich einen steilen Hang hinauf, der dank eingebauter Treppchen ohne Schwierigkeiten überwunden werden kann. Der schattige Waldboden ist mit Efeu und Immergrün (I1) überzogen, dazwischen wachsen typische Waldkräuter (Beobachtungstipp 3).

Beobachtungstipp 3: Eichen-Hainbuchen-Wald
371480 / 5556270

Gefleckter Aronstab *(Arum maculatum)*, **A6**
Zwiebel-Zahnwurz *(Cardamine bulbifera)*, **Z1**
Maiglöckchen *(Convallaria majalis)*, **B3_2**
Wald-Labkraut *(Galium sylvaticum)*, **W3_2**
Frühblühendes Habichtskraut *(Hieracium glaucinum)*, **H3_2**
Wiesen-Wachtelweizen *(Melampyrum pratense)*, **W2**
Gewöhnlicher Tüpfelfarn *(Polypodium vulgare)*, **T5**
Zierliche Fetthenne *(Sedum forsterianum)*, **F5_2**
Große Sternmiere *(Stellaria holostea)*, **S19**
Salbei-Gamander *(Teucrium scorodonia)*, **G2**
Kleines Immergrün *(Vinca minor)*, **I1**
Wald-Veilchen *(Viola reichenbachiana)*, **V2**

Aufstieg nach Valwigerberg

Der steile Wegabschnitt ist nicht lang. Kurz hinter einer Schutzhütte tritt der Pfad aus dem Wald heraus und führt, nur noch leicht ansteigend, am oberen Rand der Valwiger Weinberge entlang. Leider werden die Reben nicht mehr gepflegt; Brombeeren und allerlei Sträucher breiten sich zwischen den Zeilen aus und die hohen Natursteinmauern beginnen zu verfallen. Am Wegesrand fallen die Blüten des Blutroten Storchschnabels (**S21**) auf und gute Augen können auch kleine Kostbarkeiten wie Raue Nelke (**N4_2**) und Kleines Habichtskraut (**H2**) finden. Auf dem Weg wechseln verbuschende Weinberge, Felsgebüsche und kleine Wälder einander ab. Rings um eine Hangmulde, in der nach starkem Regen ein Rinnsal fließt, wächst ein Eichen-Hainbuchen-Wald mit alten Bäumen und feuchteliebenden Waldpflanzen (Beobachtungstipp 4).

Beobachtungstipp 4: Wald in einem Hangeinschnitt
371890 / 5556465

Französischer Ahorn *(Acer monspessulanum)*, **A1**
Nesselblättrige Glockenblume *(Campanula trachelium)*, **G4**
Gewöhnliches Hexenkraut *(Circaea lutetiana)*, **H11**
Gefingerter Lerchensporn *(Corydalis solida)*, **L8**
Behaartes Johanniskraut *(Hypericum hirsutum)*, **J1**
Gelappter Schildfarn *(Polystichum aculeatum)*, **S5**
Feld-Rose *(Rosa arvensis)*, **R5**

Hinter einer Weggabelung, wo man den Zeichen von Moselsteig und Apolloweg folgt, passiert der Weg eine felsige Hangpartie mit einem lichten Eichen-Wald. Im Frühsommer blüht hier die schöne Straußmargerite (**M7_2**), außerdem weitere an Trockenheit angepasste Waldpflanzen (Beobachtungstipp 5).

Beobachtungstipp 5: Eichen-Trockenwald
372415 / 5556385

Vielblütige Weißwurz *(Polygonatum multiflorum)*, **W9_2**
Gewöhnl. Straußmargerite *(Tanacetum corymbosum)*, **M7_2**
Wald-Ehrenpreis *(Veronica officinalis)*, **E2**
Hain-Veilchen *(Viola riviniana)*, **V2_2**

Sowie die Arten des Beobachtungstipps 3.

Bald hinter dem Trockenwald ist der Anstieg geschafft und Valwigerberg erreicht. Auf der kleinen Ortsstraße geht es an der sehenswerten Wallfahrtskirche vorbei ostwärts bis zum Sportplatz, dort wieder rechts auf den Steilhang zur „Schönen Aussicht", einem Drachenflieger-Stützpunkt hoch über der

Aussicht vom Eisernen Mast auf die Mosel, Ernst und Valwig

Mosel. Von hier führt der Apolloweg bequem auf dem Kreuzweg zurück nach Valwig. Wer sich für die längere Routenvariante entscheidet, folgt weiter den Wegzeichen des Moselsteiges. Über etwa einen Kilometer geht der Weg ostwärts, oberhalb der steilen Hangkante des Moseltals, durch hohen Laubwald mit alten Buchen und Eichen. Er führt an einer Waldlichtung vorbei und biegt dann auf einen Forstweg ein, an dessen Rand Berg-Platterbse (**P6_2**), Fuchs-Greiskraut (**G12**) und Roter Fingerhut (**F8**) wachsen. Im Frühling, vor dem Laubaustrieb, überziehen Blütenteppiche des Busch-Windröschens (**W14**) den Waldboden.

Bei der nächsten Wegbiegung verlässt man den Moselsteig und folgt dem Schild „Eiserner Mast" geradeaus. Nach 100 m ist die Oberkante des Moselhangs erreicht. Auf einer kleinen Lichtung

Eichen-Trockenwald mit Buchsbaum

sind ein Strommast und eine überdachte Sitzgruppe platziert. Erneut ist der Ausblick auf die Mosel, den steilen Herrenberg und den Weinort Ernst grandios.

Bei der Sitzgruppe markiert ein Schild den Beginn des Abstieges zum Brevaweg. Der schmale, teils mit Holzbohlen befestigte Pfad führt rechts in einen urwüchsigen Wald hinein und windet sich den steilen Hang hinab. Bald tauchen zwischen Eichen, Hainbuchen und Kirschbäumen auch Buchsbäume (**B12**) auf – ein Beweis, dass dieser Standort besonders wärmebegünstigt ist: Der Buchsbaum ist eine mediterrane Art, die von Natur aus in Deutschland nur an den heißen Hängen der Mittelmosel und nahe der Schweizer Grenze vorkommt. Auch einige andere wärmeliebende Pflanzen lassen sich finden, darunter die Wohlriechende Weißwurz (**W9**). Im April fällt die hellviolett blühende Sand-Schaumkresse (**S4**) besonders auf (Beobachtungstipp 6).

Beobachtungstipp 6: Buchsbaum-Wald über dem Brevaweg
Von 374097 / 5556377 bis 373945 / 5556405

Gewöhnliche Akelei *(Aquilegia vulgaris)*, **A2**
Sand-Schaumkresse *(Arabidopsis arenosa)*, **S4**
Buchsbaum *(Buxus sempervirens)*, **B12**
Pfirsichblättr. Glockenblume *(Campanula persicifolia)*, **G5**
Schwarzwerdende Platterbse *(Lathyrus niger)*, **P6**
Wohlriechende Weißwurz *(Polygonatum odoratum)*, **W9**
Echte Schlüsselblume *(Primula veris)*, **S6**
Nickendes Leimkraut *(Silene nutans)*, **L6**

Sowie die bei Tipps 3 und 5 genannten Arten.

Nach einigen Windungen stößt der Pfad auf den Brevaweg, dem man rechts, Richtung Valwig, folgt. Unvermittelt endet der Wald, nun gilt es, einen mit Schieferscherben übersäten Hang zu queren. Rechts des Weges ragen steile, locker mit

Felsgebüsch bewachsene Hänge auf. Auf dem Schieferschutt wachsen reichlich Schild-Ampfer (**A5**) und Kleiner Sauer-Ampfer (**A4**), am Wegrand leuchten die gelben Blüten der Färber-Hundskamille (**H18**), und viele schon in den Valwiger Weinbergen gesehene Kräuter und Sträucher können hier wieder entdeckt werden.

Beobachtungstipp 7: Felsfluren am Brevaweg
Von 373907 / 5556423 bis 373575 / 5556640

Färber-Hundskamille *(Anthemis tinctoria)*, **H18**
Milzfarn *(Asplenium ceterach)*, **M4**
Schmalblättriger Hohlzahn *(Galeopsis angustifolia)*, **H14**
Taubenkropf-Leimkraut *(Silene vulgaris)*, **L6_2**

Sowie die bei Tipps 1 und 2 genannten Arten.

Nach der Querung eines kleinen Baches sind die Weinberge des Valwiger Herrenberges erreicht. Das letzte Stück verläuft

über schmale Pfade und Treppchen mal am Rand, mal quer durch die Rebzeilen. Informationstafeln am Wegesrand geben Auskunft über die Weinkultur in dieser Steillage. Bei einem mit Schautafeln bestückten Steinhäuschen lässt sich die Golddistel (**G7**) finden.

Schließlich trifft der Brevaweg auf den von Valwigerberg kommenden Apolloweg. Nahe der Einmündung wächst in Mauerritzen reichlich Nördlicher Streifenfarn (**S24**) und am Wegesrand der Kleine Wiesenknopf (**W12**). Für den kurzen Rest des Rückweges nutzt man den Apolloweg und die vom Beginn der Wanderung

Auf dem Brevaweg

bekannte Fahrstraße.

Durch den Weinberg unterhalb der Brauselay

15. Spaziergang zu Gold- und Blausternen auf die Brauselay

D̲ie Brauselay ist eine markante Felsformation aus Schiefer auf der rechten Moselseite nicht weit flussaufwärts von Cochem und schon seit über 70 Jahren ein Naturschutzgebiet. Entlang der Wanderung gibt es viele Aussichtspunkte in das Moseltal zwischen Ernst und Cochem und gut gestaltete Informationstafeln über kultur- und naturlandschaftliche Besonderheiten. Die Brauselay, im Regenschatten von Eifel und Hunsrück gelegen, ist ein naturkundliches Kleinod, das viele wärmeliebende Tier- und Pflanzenarten beherbergt. Die größte botanische Besonderheit der basenreichen, aber kalkarmen Felsbiotope ist der in Rheinland-Pfalz stark gefährdete Felsen-Goldstern *(Gagea bohemica)*. Um die leuchtend gelben Blüten dieser kleinen Zwiebelpflanze bewundern zu können, muss man an sonnigen Tagen zwischen Ende Februar und Mitte März zur Brauselay wandern.

Ausgangspunkt: Kostenfreier Parkplatz am Moselufer in Cochem-Cond (50°08'32.1" N, 7°10'16.5" E), alternativ: Parkplatz im Friedhofsweg in Cochem-Cond (50°08'35.0" N, 7°10'19.4" E).

Markierung: Hinweisschilder „Brauselay", außerdem Logo des Moselhöhenwegs: weißes M auf Gestein, Baumrinde oder auf grünen Täfelchen; nach etwa 3 km: Moselsteig.

Länge: 5,2 km lange Rundwanderung.

Öffentliche Verkehrsmittel: Die Kreisstadt Cochem liegt an der Bahnstrecke Trier-Koblenz. Auf die Route trifft man vom Bahnhofsvorplatz nach ca. 1 km: Richtung Ortsmitte, über die Moselbrücke, dann nach rechts durch die Valwiger Straße, gegenüber der Kirche nach rechts in die Zehnthausstraße, an deren Ende nach links in die Talstraße abbiegen.

Topographische Karte: 5809 Treis-Karden

Wegbeschaffenheit, Höhenprofil: Schmale Pfade, Wald- und Weinbergwege, kurze Teilstrecken auf Asphalt. Auf der Tour gibt es keine Kletterpassagen – jedoch mehrere recht steile An- und Abstiege, die Trittsicherheit erfordern.

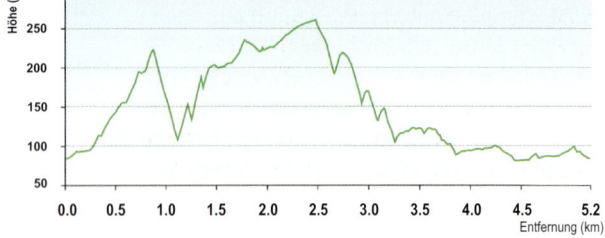

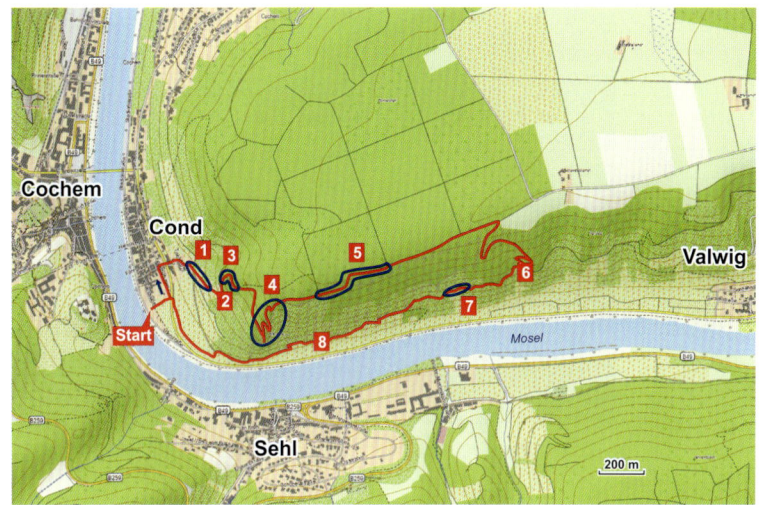

D ie Tour beginnt am Conder Moselufer gegenüber der
Cochemer Moselpromenade und der über der Stadt thronenden Reichsburg. Am Rand des Parkplatzes steht ein Wege-
kreuz aus Basalt, das die Jahreszahl 1666 trägt; hier verlässt
der Weg das Tal und biegt auf einen Fußweg durch eine gut
bestellte Kleingartenkolonie auf sichtlich fruchtbarem Boden.
Dann umrundet die Route den Friedhof (hier gibt es weitere
Parkplätze), man biegt nach rechts in die bergan führende Talstraße ein und überquert die Straße nach Valwig. Hier beginnt
auch ein Kreuzweg. Am Ende der Talstraße und bei der zweiten Kreuzwegstation geht es auf einem schmalen Fußpfad
steil bergauf, den Wegweisern „Brauselay" und „Moselhöhenweg" folgend. Zunächst wandert man an einer Schiefer-
mauer vorbei, hier säumen häufige und wenig spezialisierte
Pflanzen den Weg: die schattenliebenden Arten Efeu und Kleines Immergrün (**I1**) und Wiesenarten wie Wilde Möhre (**M6**)
und Wiesen-Klee (**K6_3**). Nach Überqueren eines asphaltierten Feldweges, auf dem der Moselsteig verläuft, wird es
sonniger, rechts und links des Weges erstrecken sich Weinberge und wärmeliebende Pflanzen treten in den Vordergrund
(Beobachtungstipp 1).

Reichsburg Cochem

Beobachtungstipp 1: Mauern und Wegsäume entlang des Kreuzwegs
Von 369441 / 5556220 bis 369634 / 5556159

Mauerritzen und -fuß:
Wiesen-Schafgarbe *(Achillea millefolium)*, S3
Brauner Streifenfarn *(Asplenium trichomanes)*, S23
Zweihäusige Zaunrübe *(Bryonia dioica)*, Z2
Gewöhnlicher Feinstrahl *(Erigeron annuus)*, F2
Wilde Möhre *(Daucus carota)*, M6
Tüpfel-Johanniskraut *(Hypericum perforatum)*, J2
Gewöhnliches Leinkraut *(Linaria vulgaris)*, L7
Echter Dost *(Origanum vulgare)*, D2
Rainfarn *(Tanacetum vulgare)*, R2
Wiesen-Klee *(Trifolium pratense)*, K6_3
Zaun-Wicke *(Vicia sepium)*, W11
Kleines Immergrün *(Vinca minor)*, I1

Neben den Rebstöcken:
Gewöhnlicher Beifuß *(Artemisia vulgaris)*, B4_2
Rapunzel-Glockenblume *(Campanula rapunculus)*, G6

Gewöhnliche Flockenblume *(Centaurea jacea)*, F12
Karthäuser-Nelke *(Dianthus carthusianorum)*, N4
Wasserdost *(Eupatorium cannabinum)*, W5
Zypressen-Wolfsmilch *(Euphorbia cyparissias)*, W17
Wiesen-Labkraut *(Galium album)*, L2
Kleines Habichtskraut *(Hieracium pilosella)*, H2
Dürrwurz *(Inula conyzae)*, D3
Silber-Fingerkraut *(Potentilla argentea)*, F11
Weiße Fetthenne *(Sedum album)*, F7
Kanadische Goldrute *(Solidago canadensis)*, G10
Salbei-Gamander *(Teucrium scorodonia)*, G2
Hasen-Klee *(Trifolium arvense)*, K5

Immer wieder lohnt sich der Blick in das Moseltal, auf Cochem und seine Burg. Moselabwärts, auf den bewaldeten Höhen am Rand der Eifel erkennt man den Bergfried der Burgruine Winneburg. Nach einer Spitzkehre nach links wird es für den Weinbau zu steil und zu trocken. An den Felsen und alten Stützmauern haben sonnenhungrige und trockenheitsverträgliche Pflanzen ideale Wuchsbedingungen. Im Hochsommer fallen die gelben Blüten der Felsen-Fetthenne (F5) und die weißen Dolden der Heilwurz (H9) besonders auf, und das Wimper-Perlgras (P3) macht durch seine seidig bewimperten Blüten seinem Namen alle Ehre (Beobachtungstipp 2).

Beobachtungstipp 2: Felsen bei Kreuzwegstation 10
369631 / 5556109

Französischer Ahorn *(Acer monspessulanum)*, A1
Nördlicher Streifenfarn *(Asplenium septentrionale)*, S24
Wimper-Perlgras *(Melica ciliata)*, P3
Gewöhnlicher Tüpfelfarn *(Polypodium vulgare)*, T5
Felsenkirsche *(Prunus mahaleb)*, F4
Felsen-Fetthenne *(Sedum rupestre)*, F5
Heilwurz *(Seseli libanotis)*, H9

Außerdem einige der bereits vorgestellten Arten.

Kreuzweg zur Brauselay

Hinter der 10. Kreuzwegstation und einem Funkmast tritt der bergauf führende Pfad in einen Laubwald ein, dessen Schatten auch von einigen Waldpflanzen geschätzt wird. Das moderate Waldklima ändert sich bald wieder in das trocken-warmer Felsgebüsche. Bei der Kreuzwegstation 13 finden sich im Halbschatten Zierliche Fetthenne (**F5**), Raues Veilchen (**V1_2**) und Wohlriechende Weißwurz (**W9**). In Ritzen und Nischen der offenen Felsen, sie sich an sonnigen Sommertagen stark aufheizen, können Nickendes Leimkraut (**L6**), Kleiner Sauer-Ampfer (**A4**) und Flügelginster (**F13**) entdeckt werden (Beobachtungstipp 3).

Beobachtungstipp 3: Laubwald und Felsgebüsche zwischen der Kreuzwegstation 11 und dem Abzweig zur Brauselay-Kanzel
Von 369634 / 5556159 bis 369693 / 5556119

Gemüse-Lauch *(Allium oleraceum)*, **L5**
Schw. Streifenfarn *(Asplenium adiantum-nigrum)*, **S23_2**
Rundblättr. Glockenblume *(Campanula rotundifolia)*, **G6_2**

Blick von der Brauselay moselabwärts Richtung Valwig

Nesselblättrige Glockenblume *(Campanula trachelium)*, **G4**
Flügelginster *(Chamaespartium sagittale)*, **F13**
Wald-Labkraut *(Galium sylvaticum)*, **W3_2**
Wald-Habichtskraut *(Hieracium murorum)*, **H3**
Rote Fetthenne *(Hylotelephium telephium)*, **F6**
Berg-Sandglöckchen *(Jasione montana)*, **S2**
Schwarzwerdende Platterbse *(Lathyrus niger)*, **P6**
Wiesen-Wachtelweizen *(Melampyrum pratense)*, **W2**
Wohlriechende Weißwurz *(Polygonatum odoratum)*, **W9**
Kleiner Sauer-Ampfer *(Rumex acetosella)*, **A4**
Zierliche Fetthenne *(Sedum forsterianum)*, **F5_2**
Nickendes Leimkraut *(Silene nutans)*, **L6**
Große Sternmiere *(Stellaria holostea)*, **S19**
Zickzack-Klee *(Trifolium medium)*, **K6**
Schwalbenwurz *(Vincetoxicum hirundinaria)*, **S7**
Raues Veilchen *(Viola hirta)*, **V1_2**

Beim Abzweig zur Brauselay-Kanzel verlässt man den Kreuzweg, der weiter den Berg hinaufführt, und wandert nach rechts
auf einem schmalen Pfad durch ein Mosaik von niedrigen Fels-

Felsen-Goldstern (Gagea bohemica)

gebüschen und Eichenwald. Ein kurzer Stichweg führt bergab auf einen Felssporn zur gut gesicherten Aussichtskanzel, die einen beeindruckenden Rundblick eröffnet. Neben Felsspezialisten wie Gold-Aster (**A8**), Bibernell-Rose (**R4**) und Gewöhnlicher Zwergmispel (**Z7**) haben sich hier mit Flieder und Goldregen auch Gartenflüchtlinge etablieren können.

Im zeitigen Frühling blüht rings um die hölzernen Bänke vor der Aussichtskanzel eine besondere Rarität: der Felsen-Goldstern. Wenige Schritte weiter erscheinen am Gebüschrand weitere zarte Frühlingsblüher: der Zweiblättrige Blaustern (**B10**) und der Gefingerte Lerchensporn (**L8**). Der Pfad geht in Serpentinen weiter bergauf Richtung Wald, vorbei an Heidekraut (**H8**), Berberitze (**B6**) und einem Gedenkstein für einen Knaben, der in den schroffen Felsen abstürzte (Beobachtungstipp 4). Bei diesem Gedenkstein lässt sich erneut der Felsen-Goldstern beobachten.

Felsböschung mit Heidekraut

Beobachtungstipp 4: Bei der Aussichtskanzel unterhalb der Brauselay
Von 369781 / 5555971 bis 369879 / 5556053

Feld-Ahorn *(Acer campestre)*, A1_2
Astlose Graslilie *(Anthericum liliago)*, G11
Berberitze *(Berberis vulgaris)*, B6
Heidekraut *(Calluna vulgaris)*, H8
Gefingerter Lerchensporn *(Corydalis solida)*, L8
Gewöhnliche Zwergmispel *(Cotoneaster integerrimus)*, Z7
Felsen-Goldstern *(Gagea bohemica)*
Gold-Aster *(Galatella linosyris)*, A8
Schmalblättriger Hohlzahn *(Galeopsis angustifolia)*, H14
Behaarter Ginster *(Genista pilosa)*, G3
Feld-Rose *(Rosa arvensis)*, R5
Bibernell-Rose *(Rosa spinosissima)*, R4
Zweiblättriger Blaustern *(Scilla bifolia)*, B10
Aufrechter Ziest *(Stachys recta)*, Z3
Frühblühender Thymian *(Thymus praecox)*, T3_2

Nach dem steilen Anstieg durch sonniges, felsiges Gelände und niedrigen Eichen-Buschwald erreicht der Pfad eine weitere Aussichtskanzel. An dieser Stelle kann man neben der Gewöhnlichen Zwergmispel (Z7), die schon an der ersten Aussichtskanzel reichlich wuchs, die ähnliche Gewöhnliche Felsenbirne (F3) finden. Kurz danach ist der Aufstieg geschafft, und ein schattiger Hochwald mit zum Teil mächtigen Eichen, Buchen und auch Douglasien, Kiefern und Esskastanien (E7) bietet an heißen Sommertagen angenehme Abkühlung. Es geht, nur sacht ansteigend, auf einem Waldweg etwa 200 Meter oberhalb des Tals an der Oberkante des steilen Hangs entlang in nordöstlicher Richtung. Nach rechts zweigen mehrere kurze Pfade ab, die zu Aussichtspunkten führen. Die botanischen Beobachtungen fallen in dem schattigen Wald eher spärlich aus (Beobachtungstipp 5).

Beobachtungstipp 5: Wald östlich Brauselay
Von 370060 / 5556080 bis 370370 / 5556190

Gewöhnliches Hexenkraut *(Circaea lutetiana)*, H11
Großes Springkraut *(Impatiens noli-tangere)*, S15
Wald-Ziest *(Stachys sylvatica)*, Z5
Wald-Ehrenpreis *(Veronica officinalis)*, E2

Bevor der Weg an den Waldrand und auf die Straße zwischen Valwigerberg und Cond trifft, biegt man nach rechts Richtung Moseltal in einen schmalen Pfad ein. Am Abzweig steht eine dicke Douglasie mit mehreren Holzschildern. Die Tour folgt den Hinweisen „Weinbergweg" und „Apolloweg" und verlässt damit den Moselhöhenweg. Es geht in Serpentinen steil bergab durch einen Niederwald mit Eichen und Hainbuchen. Etwa 100 Höhenmeter tiefer trifft der Weg auf den Moselsteig und wendet sich nach rechts. Hier am Mittelhang stehen basenreichere Schiefer an, was an Behaartem Johanniskraut (J1), Wald-Bergminze (W15_2) und anderen anspruchsvolleren Pflanzenarten zu erkennen ist (Beobachtungstipp 6).

Beobachtungstipp 6: Waldrand am Mittelhang
370986 / 5556158

Gefleckter Aronstab *(Arum maculatum)*, A6
Wald-Bergminze *(Clinopodium menthifolium)*, W15_2
Behaartes Johanniskraut *(Hypericum hirsutum)*, J1
Bunte Kronwicke *(Securigera varia)*, K14
Weiße Lichtnelke *(Silene latifolia)*, L10
Kleinblütige Königskerze *(Verbascum thapsus)*, K10

Der Weg verläuft nun zwischen schroffen Schieferfelsen und Weinbergen, von denen manche nicht mehr gepflegt werden; die Flurbezeichnung lautet sehr treffend: Unten in der Wackenkaul. Besonders in den Felsspalten und -nischen lassen sich Pflanzen mit leuchtenden Blüten entdecken: Blauer Lattich (L3), Blutroter Storchschnabel (S21) und Skabiosen-Flockenblume (F12_2) (Beobachtungstipp 7).

Beobachtungstipp 7: Felsen oberhalb der Weinberge
Von 370740 / 5556090 bis 370650 / 5556080

Feld-Beifuß *(Artemisia campestris)*, B4
Skabiosen-Flockenblume *(Centaurea scabiosa)*, F12_2
Blutroter Storchschnabel *(Geranium sanguineum)*, S21
Färberwaid *(Isatis tinctoria)*, F1
Blauer Lattich *(Lactuca perennis)*, L3
Gift-Lattich *(Lactuca virosa)*, L4_2
Sigmarswurz *(Malva alcea)*, S1_2
Acker-Wachtelweizen *(Melampyrum arvense)*, W1
Labkraut-Sommerwurz *(Orobanche caryophyllacea)*, S12
Frühlings-Fingerkraut *(Potentilla neumanniana)*, F9
Raukenblättriges Greiskraut *(Senecio erucifolius)*, G13

Neben der blütenreichen Flora bietet dieser Wegabschnitt auch weite Ausblicke in die Mosellandschaft: besonders auf den Cochemer Ortsteil Sehl mit der eindrucksvollen ehemaligen Klosteranlage Ebernach. Bei einem steinernen Häuschen (370590 / 5556058) gibt es interessante Informationstafeln

Ehemalige Weinberge zwischen Valwig und Cond

und der Pflanzenliste können Golddistel (G7) und Pastinak (P1) angefügt werden. Neben bereits erwähnten gibt es am Wegesrand auch einige neue Vertreter der Weinbergflora zu entdecken (Beobachtungstipp 8).

Beobachtungstipp 8: Brachgefallener Weinberg
370468 / 5556030

Stinkende Nieswurz *(Helleborus foetidus)*, N6
Kompass-Lattich *(Lactuca serriola)*, L4
Taubenkropf-Leimkraut *(Silene vulgaris)*, L6_2
Mehlige Königskerze *(Verbascum lychnitis)*, K11

Außerdem einige der bereits genannten Arten.

Die nächste Etappe ist wandertechnisch etwas anspruchsvoller: der schmale Pfad verläuft auf Schieferboden zwischen hoch aufragenden Felsen und Weinbergen, teils auch quer durch die Rebzeilen. An den Felsen können im Frühjahr die orangegelben Blüten des Goldlacks (G8) und im Hochsommer die der Echten Hauswurz (H7) beobachtet werden. Schließlich endet der Pfad in der Kehre eines breiten Asphaltweges, auf dem es links bergab nur noch ein kurzes Stück bis zum Ortseingang von Cond ist. Zwischen Weinberg und Kleingärten geht es zur Straße, diese wird nach etwa 50 m auf Höhe des Conder Friedhofs überquert. Kurz darauf ist der Parkplatz erreicht.

Krautsäume mit Heilwurz unterhalb der Brauselay

Buchsbaum-Pfad hoch über der Mosel

16. Auf dem Buchsbaumpfad von Karden nach Müden – Südländisches Flair an der Mosel

Diese Wanderung ist dem Buchsbaum gewidmet. Der kleine, immergrüne Baum oder Strauch ist aus Gärten und Friedhöfen kaum wegzudenken. Der Buchsbaum ist auch eine alte Kultpflanze, die schon in Gräbern aus der Keltenzeit gefunden wurde. Katholiken pflegen bis heute den alten Brauch, einen am Palmsonntag geweihten Buchsbaumzweig im Haus aufzubewahren. In der freien Natur wächst der Buchsbaum hauptsächlich am Mittelmeer. In Deutschland kommt er nur in sehr warmen Gebieten vor, so auch an der Untermosel, wo seine Blüten im Frühling einen zarten Duft verbreiten.

An dem steilen Moselhang zwischen den Weinorten Karden und Müden gibt es besonders große Buchsbaum-Bestände. Auf schmalen Felspfaden geht es auf halbem Hang durch terrassierte Weinberge und schütter bewachsene Felshänge und Wälder. Zweimal passiert der Weg Bachschluchten, wo der Buchsbaum im Unterwuchs urwüchsiger Wälder besonders prächtig gedeiht.

Die Wanderung ist vom Frühjahr bis in den Hochsommer attraktiv (April bis August). Schautafeln informieren über kultur- und landesgeschichtliche Besonderheiten. Die Wegführung entspricht bis kurz vor Müden dem Moselsteig.

Ausgangspunkt: Stiftskirche St. Castor in Karden (50°11'02.5'' N, 7°18'04.5'' E).

Endpunkt: Bahnhof Müden (50°11'06.4'' N, 7°20'34.2''E).

Markierung: Moselsteig.

Länge: 4,6 km lange Streckenwanderung.

Einkehrmöglichkeiten: Nur in Karden und Müden.

Öffentliche Verkehrsmittel: Karden und Müden sind mit der Bahn (Mosel-Saar-Express) von Koblenz und Trier und zahlreichen anderen Orten an der Mosel zu erreichen. Die Züge verkehren stündlich. Die Rückfahrt von Müden nach Karden dauert wenige Minuten.

Topographische Karte: 5809 Treis-Karden

Wegbeschaffenheit, Höhenprofil: Kurze, mittelschwere Wanderung über Fels- und Waldpfade am Steilhang, die Trittsicherheit und Schwindelfreiheit erfordern. Ein längerer, insgesamt leichter Anstieg am Anfang. Eine schwierige Felspassage ist mit Handseilen gesichert.

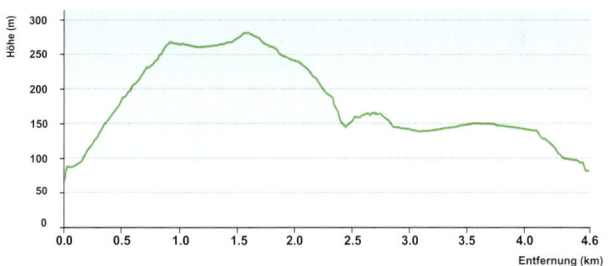

Ausgangspunkt der Tour ist die Kirche Sankt Castor in Karden. Die spätromanische Stiftskirche, auch als Moseldom bekannt, ist dem Heiligen Castor geweiht, der im Auftrag der Trierer Bischöfe das Christentum an die untere Mosel brachte.

An der Ostseite der Stiftskirche weist ein Holzschild mit der Aufschrift „Buchsbaum-Pfad" den Weg ortsauswärts über eine Brücke. Der Einstieg befindet sich gleich hinter dem letzten Wohnhaus. Der schmale Pfad windet sich sogleich den felsigen Hang hinauf. Schon in der ersten Kehre lohnt sich ein Blick auf die vielen Kräuter, die bereits im zeitigen Frühjahr zwischen niedrigem Felsgebüsch blühen. Auch die ersten Büsche des Buchsbaums (B12) lassen sich hier finden.

Beobachtungstipp 1: Felshang am Ortsausgang von Karden
378760 / 5560600

Feld-Ahorn *(Acer campestre)*, A1_2
Französischer Ahorn *(Acer monspessulanum)*, A1

Gemüse-Lauch *(Allium oleraceum)*, L5
Feld-Beifuß *(Artemisia campestris)*, B4
Buchsbaum *(Buxus sempervirens)*, B12
Karthäuser-Nelke *(Dianthus carthusianorum)*, N4
Gewöhnlicher Natternkopf *(Echium vulgare)*, N2
Gold-Aster *(Galatella linosyris)*, A8
Schmalblättriger Hohlzahn *(Galeopsis angustifolia)*, H14
Wiesen-Labkraut *(Galium album)*, L2
Färber-Ginster *(Genista tinctoria)*, G3_2
Dürrwurz *(Inula conyzae)*, D3
Färberwaid *(Isatis tinctoria)*, F1
Gift-Lattich *(Lactuca virosa)*, L4_2
Sigmarswurz *(Malva alcea)*, M1_2
Wimper-Perlgras *(Melica ciliata)*, P3
Gewöhnlicher Tüpfelfarn *(Polypodium vulgare)*, T5
Frühlings-Fingerkraut *(Potentilla neumanniana)*, F9
Felsenkirsche *(Prunus mahaleb)*, F4
Kleiner Wiesenknopf *(Sanguisorba minor)*, W12
Weiße Fetthenne *(Sedum album)*, F7
Felsen-Fetthenne
(Sedum rupestre), F5
Heilwurz *(Seseli libanotis)*, H9
Nickendes Leimkraut
(Silene nutans), L6
Taubenkropf-Leimkraut
(Silene vulgaris), L6_2
Aufrechter Ziest *(Stachys recta)*, Z3
Frühblühender Thymian
(Thymus praecox), T3_2
Hasen-Klee *(Trifolium arvense)*, K5
Zaun-Wicke *(Vicia sepium)*, W11

Der Weg schlängelt sich den felsigen Hang hoch und erreicht einen Weinberg, der in einer Mulde des steilen Hangs eingebettet liegt und von hohen, kunstvoll geschichteten Mauern gestützt wird. An solchen, teils

Einstieg des Buchsbaum-Pfades bei Karden

Felsen und Weinbergterrassen am Moselhang

auf den anstehenden Felsen gebauten Terrassenmauern entlang geht es weiter mit Blick auf schütter bewachsene Fels-
abstürze.

Nach einer Passage durch die eindrucksvolle Felsen- und
Terrassenlandschaft erreicht der Weg einen Laubwald. Kurz
nach dem Eintritt in den Wald, bei einem mächtigen Exemp-

Im Schluchtwald

lar des Französischen Ahorns (**A1**),
zweigt ein breiter Weg landeinwärts
ab, der zur Burg Eltz führt. Der Buchsbaum-Pfad führt als schmaler Fußweg
weiter geradeaus. Rechts des Weges
tut sich eine kleine Schlucht auf. An
ihrem Grund plätschert ein Bächlein,
das von der Hochfläche des Maifeldes herabfließt und auch hier sind
viele dunkelgrüne Buchsbäume (**B12**)
zu finden, die sich im Schatten alter
Eichen, Ahorne und Erlen nach dem
Licht strecken müssen und deutlich
höher und bizarrer gewachsen sind
als auf den offenen Felsen zuvor. In
den Ritzen einer Mauer an der linken Wegseite wachsen Schwarzer

und Brauner Streifenfarn (S23, S23_2), und ringsum gedeihen typische Waldpflanzen, darunter der Gelappte Schildfarn (S5), dem das kühl-feuchte Ambiente der kleinen Schlucht zusagt (Beobachtungstipp 2).

Beobachtungstipp 2: Buchsbaum-Wald
378900 / 5560850

Gewöhnliche Akelei *(Aquilegia vulgaris)*, A2
Schw. Streifenfarn *(Asplenium adiantum-nigrum)*, S23_2
Brauner Streifenfarn *(Asplenium trichomanes)*, S23
Zwiebel-Zahnwurz *(Cardamine bulbifera)*, Z1
Gefingerter Lerchensporn *(Corydalis solida)*, L8
Gelappter Schildfarn *(Polystichum aculeatum)*, S5
Echter Ziest *(Stachys officinalis)*, Z4
Große Sternmiere *(Stellaria holostea)*, S19
Hain-Veilchen *(Viola riviniana)*, V2_2

Der kleine Bach wird mit Hilfe eines Holzsteges überquert und auf der anderen Seite des Tälchens steigt der Weg weiter an, bis man eine Felskuppe erreicht und unvermittelt hoch über der Mosel steht. Es eröffnet sich ein großartiger Panoramablick über das Moseltal mit den Weinorten Karden und Treis und der Brücke, die die beiden Schwesterorte miteinander verbindet. Rastbänke laden zum Verweilen und Genießen der Aussicht ein. Eine Schautafel informiert über den Terrassenaufbau des Moseltals.

An dieser Stelle lohnt ein Blick auf die Flora der felsigen Hänge und des Trockenwäldchens unmittelbar hinter dem Rastplatz. Im April fallen die weißen und zartrosa Blüten von Felsenbirne (F3) und Zwergmispel (Z7) besonders auf, die hier reichlich blü-

Gewöhnliche Felsenbirne

hen, etwas später im Jahr kommen die leuchtend gelben des Besenginsters (B7) hinzu. Im Saum des Wäldchens auf der Kuppe gedeihen anspruchslose Zwergsträucher und Kräuter, denen selbst die heißen Sommertemperaturen an der Mosel nichts anhaben, darunter das zierliche Berg-Sandglöckchen (S2) und der Behaarte Ginster (G3) (Beobachtungstipp 3).

Beobachtungstipp 3: Trockenwald und Felsgebüsch am Aussichtspunkt
379000 / 5560860

Gewöhnliche Felsenbirne *(Amelanchier ovalis)*, F3
Heidekraut *(Calluna vulgaris)*, H8
Rundblättrige Glockenblume *(Campanula rotundifolia)*, G6_2
Flügelginster *(Chamaespartium sagittale)*, F13
Gewöhnliche Zwergmispel *(Cotoneaster integerrimus)*, Z7
Besenginster *(Cytisus scoparius)*, B7
Behaarter Ginster *(Genista pilosa)*, G3
Frühblühendes Habichtskraut *(Hieracium glaucinum)*, H3_2
Kleines Habichtskraut *(Hieracium pilosella)*, H2
Berg-Sandglöckchen *(Jasione montana)*, S2
Blauer Lattich *(Lactuca perennis)*, L3
Berg-Platterbse *(Lathyrus linifolius)*, P6_2
Wiesen-Wachtelweizen *(Melampyrum pratense)*, W2
Kleiner Sauer-Ampfer *(Rumex acetosella)*, A4
Salbei-Gamander *(Teucrium scorodonia)*, G2

Der Weg führt als schmaler Felspfad aussichtsreich, mit kleinen, gut zu bewältigenden Anstiegen hoch über der Mosel weiter. Im Frühling können aufmerksame Beobachter die seltene Gewöhnliche Küchenschelle (K15, 379055 / 5560900) finden. Der felsige Wegabschnitt endet bei der Schutzhütte am Kolmeskopf. Von dort bietet sich ein weiter Ausblick auf die untere Mosel und in ein tiefes Seitental. Es ist die Schlucht des Krailsbachs, der sich, vom Maifeld kommend, tief in den Moselhang eingegraben hat. Nahe der Schutzhütte kommt die Sand-Schaumkresse (S4) vor, die im April zartviolett blüht.

Ausblick auf Karden mit Moselbrücke

Nun gilt es, die Schlucht des Krailsbachs zu umrunden. Auf einem breiten Waldweg geht es leicht ansteigend bergan. Über die Anhöhe links des Weges erstreckt sich ein Douglasien-Forst, während an den steilen und laubwaldbedeckten Hängen der Schlucht rechter Hand alte, efeuberankte Eichen auffallen. Am Wegrand blühen im Frühling Schlüsselblumen (S6). Schließlich ist der Anstieg geschafft und die offene Feldflur des Maifeldes erreicht. Am Wegesrand blühen während des Sommers einige typische Arten der Mähwiesen (Beobachtungstipp 4).

Beobachtungstipp 4: Wiese am Rand des Maifeldes
379550 / 5561170

Wiesen-Schafgarbe *(Achillea millefolium)*, S3
Rapunzel-Glockenblume *(Campanula rapunculus)*, G6
Gewöhnliche Flockenblume *(Centaurea jacea)*, F12
Wilde Möhre *(Daucus carota)*, M6
Tüpfel-Johanniskraut *(Hypericum perforatum)*, J2
Jakobs-Greiskraut *(Senecio jacobaea)*, G13_2
Wiesen-Klee *(Trifolium pratense)*, K6_3

Die Stippvisite auf der Hochfläche des Maifeldes ist kurz; nach kaum 100 Metern führt der Weg wieder in die Schlucht des Krailsbaches hinein und bergab durch einen Laubmisch-

wald aus Eiche, Hainbuche, Buche, Ahorn und Esche – und
reichlich Buchsbaum (**B12**) im Unterwuchs. Auf dem schattigen Boden am Grund der Schlucht wachsen Waldfarne und
typische Kräuter feuchter Böden in größerer Vielfalt als in der
ersten Schlucht (Beobachtungstipp 5).

Beobachtungstipp 5: Schlucht des Krailsbachs
Von 379637 / 5561215 bis 379687 / 5561049

Busch-Windröschen *(Anemone nemorosa)*, **W14**
Gefleckter Aronstab *(Arum maculatum)*, **A6**
Nesselblättrige Glockenblume *(Campanula trachelium)*, **G4**
Gewöhnliches Hexenkraut *(Circaea lutetiana)*, **H11**
Waldmeister *(Galium odoratum)*, **W3**
Großes Springkraut *(Impatiens noli-tangere)*, **S15**
Wald-Bingelkraut *(Mercurialis perennis)*, **B9**
Wald-Ziest *(Stachys sylvatica)*, **Z5**

Der Pfad verläuft ein ganzes Stück an der Westflanke der
Schlucht entlang, bis sie sich zu einer steilen Klamm verengt.
Unvermittelt endet der Wald. An dieser Stelle muss eine steile
Felskante überwunden werden, die aber gut mit Haltesei-
len gesichert ist. Rechts des Weges erscheinen schütter mit
Feld-Beifuß (**B4**) bewachsene Felsklippen und einigen neuen
Pflanzenarten (Beobachtungstipp 6).

**Beobachtungstipp 6: Felsen am Ausgang der
Krailsbachschlucht**
379760 / 5560960

Nördlicher Streifenfarn *(Asplenium septentrionale)*, **S24**
Zypressen-Wolfsmilch *(Euphorbia cyparissias)*, **W17**
Blutroter Storchschnabel *(Geranium sanguineum)*, **S21**
Gewöhnl. Sonnenröschen *(Helianthemum nummularium)*, **S13**
Zickzack-Klee *(Trifolium medium)*, **K6**
Schwalbenwurz *(Vincetoxicum hirundinaria)*, **S7**

Heilwurz säumt den Felsenweg vor Müden

Nach der Passage des steilen Felsens ist es nicht mehr weit, bis der Buchsbaumpfad den Krailsbach quert, der hier nur ein kleines Rinnsal bildet, und an der anderen Talseite hinaufführt. Nach kurzem Anstieg biegt der Weg wieder in das Moseltal ein und auf halber Höhe geht es mit großartiger Aussicht über einen atemberaubend steilen Felshang immer parallel zum Fluss weiter. Hier lässt sich ein Einblick gewinnen in die Trockengebüsche, Felsrasen und Krautfluren, die mosaikartig miteinander verwoben den Abhang bewachsen. Berberitze (**B6**), Buchsbaum (**B12**), Felsenkirsche (**F4**), Kreuzdorn (**F4_2**) und Französischer Ahorn (**A1**) sind typische Vertreter der Trockengebüsche, daneben kommen weiter verbreitete Arten wie Weißdorn, Schlehe, Hunds-Rose (**R5_2**) und Brombeeren vor. Im Krautsaum längs des Pfades fallen während des Sommers die weißen Blütendolden der Heilwurz (**H9**) besonders ins Auge.

> **Beobachtungstipp 7: Trockenhang mit Felsgebüsch vor Müden**
> 379950 / 5560820
>
> Berberitze *(Berberis vulgaris)*, **B6**
> Maiglöckchen *(Convallaria majalis)*, **B3_2**

Ausgangspunkt: Hatzenport, Bahnhof (50°13'39.3" N, 7°24'45.8" E).

Markierung: Von Hatzenport bis Löf Moselsteig; bis zur Rabenlay ist die Strecke identisch mit dem Hatzenporter Laysteig und dem Wein-Wetterweg. Kurz vor Löf trifft der Weg auf den nach Kattenes führenden Würzlaysteig.

Länge: 7,7 km lange Streckenwanderung.

Einkehrmöglichkeiten: Wirtshäuser und Weinstuben in Löf (Abstecher 300 m).

Öffentliche Verkehrsmittel: Mit der Bahn (Mosel-Saar-Express) stündlich von Koblenz und Trier zum Bahnhof Hatzenport; Rückfahrt mit dem Zug von Kattenes und Löf.

Topographische Karte: 5710 Münstermaifeld

Wegbeschaffenheit, Höhenprofil: Mittelschwere Wanderung über Fußpfade mit mehreren An-und Abstiegen ohne gefährliche Passagen, ein kurzer steiler Abschnitt am Ende kann umgangen werden.

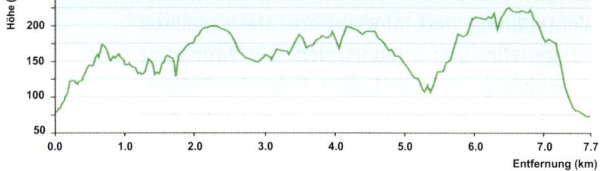

Kattenes

Alken

8

6 7

5 Löf

Hatzenport

1 2 3 4

Start

Mosel

300 m

*D*ie Tour beginnt an der Nordseite des Bahnhofs Hatzenport. Den Wegweisern des Moselsteigs folgend steigt
man einige Treppenstufen hinauf und erreicht nach wenigen
Schritten eine Felsnase, die oberhalb eines Hausdaches aufragt und mit bunt blühendem Trockenrasen, Efeu-Ranken und
niedrigem Gebüsch bewachsen ist. Im Mai erscheinen zahl-
lose Blütensterne der Weißen Fetthenne (F7) und im Sommer fallen die rosa Blüten von Acker-Wachtelweizen (W1) und
Blutrotem Storchschnabel (S21) besonders auf (Beobachtungstipp 1).

Beobachtungstipp 1: Felsnase oberhalb Hatzenport
Von 386777 / 5565177 bis 386825 / 5565214

Feld-Ahorn *(Acer campestre)*, **A1_2**
Französischer Ahorn *(Acer monspessulanum)*, **A1**

Brauner Streifenfarn *(Asplenium trichomanes)*, S23
Berberitze *(Berberis vulgaris)*, B6
Zweihäusige Zaunrübe *(Bryonia dioica)*, Z2
Sichel-Hasenohr *(Bupleurum falcatum)*, H5
Rapunzel-Glockenblume *(Campanula rapunculus)*, G6
Karthäuser-Nelke *(Dianthus carthusianorum)*, N4
Gewöhnlicher Natternkopf *(Echium vulgare)*, N2
Zypressen-Wolfsmilch *(Euphorbia cyparissias)*, W17
Wiesen-Labkraut *(Galium album)*, L2
Blutroter Storchschnabel *(Geranium sanguineum)*, S21
Rote Fetthenne *(Hylotelephium telephium)*, F6
Dürrwurz *(Inula conyzae)*, D3
Acker-Wachtelweizen *(Melampyrum arvense)*, W1
Wimper-Perlgras *(Melica ciliata)*, P3
Wohlriechende Weißwurz *(Polygonatum odoratum)*, W9
Gewöhnlicher Tüpfelfarn *(Polypodium vulgare)*, T5
Frühlings-Fingerkraut *(Potentilla neumanniana)*, F9
Hohes Fingerkraut *(Potentilla recta)*, F10
Felsenkirsche *(Prunus mahaleb)*, F4
Echter Kreuzdorn *(Rhamnus cathartica)*, F4_2
Hunds-Rose *(Rosa canina)*, R5_2
Weiße Fetthenne *(Sedum album)*, F7
Felsen-Fetthenne *(Sedum rupestre)*, F5
Weiße Lichtnelke *(Silene latifolia)*, L10
Aufrechter Ziest *(Stachys recta)*, Z3
Frühblühender Thymian
(Thymus praecox), T3_2
Hasen-Klee *(Trifolium arvense)*, K5

Weiße Fetthenne

Ein mit dünnen Tonschiefer-Scherben übersäter Pfad windet sich, begleitet von alten Mauern, die Felsnase empor, bis ein erster Weinberg und kurz danach ein breiter Hangweg erreicht ist. Wer mag, kann eine Verschnaufpause auf einer Bank einlegen, mit Aussicht auf das Moseltal mit Hatzenport und dem Campingplatz

Blütenreicher Mauerfuß am Wegrand

auf der nahe gelegenen Insel. Rings um die Bank wachsen Silber-Fingerkraut (**F11**) und Wilde Möhre (**M6**). Längs des Fahrweges fallen die Polster des Frühblühenden Thymians (**T3_2**) und die blauroten Blütenkerzen des Natternkopfes (**N2**) ins Auge.

Nur kurz geht es rechts auf dem Fahrweg weiter bis zu einer Informationstafel zur Wetterstation Hatzenport. Hinter dem Schild beginnt ein Treppenweg, der zwischen zwei Weinbergen zur Wetterstation hinaufführt. Auf Schieferschutt am Rand der Treppen erscheint im Sommer der Schmalblättrige Hohlzahn (**H14**) und am Waldrand am Ende der Treppe grüßen im Frühling die gelben Blüten von Behaartem Ginster (**G3**), Hufeisenklee (**H17**) und Kleinem Habichtskraut (**H2**). An dieser Stelle lohnt ein kleiner Abstecher nach links zum Aussichtspunkt Kreuzlay, wo am felsigen Waldrand Schwalbenwurz (**S7**) und Hügel-Klee (**K6_2**) zu finden sind.

Beobachtungstipp 2: Weinberg und Waldrand bei der Wetterstation
386865 / 5565240

Feld-Beifuß *(Artemisia campestris)*, **B4**
Wilde Möhre *(Daucus carota)*, **M6**

Schmalblättriger Hohlzahn *(Galeopsis angustifolia)*, H14
Echtes Labkraut *(Galium verum)*, L1
Behaarter Ginster *(Genista pilosa)*, G3
Gewöhnliches Leinkraut *(Linaria vulgaris)*, L7
Kleines Habichtskraut *(Hieracium pilosella)*, H2
Hufeisenklee *(Hippocrepis comosa)*, H17
Tüpfel-Johanniskraut *(Hypericum perforatum)*, J2
Gewöhnl. Sonnenröschen *(Helianthemum nummularium)*, S13
Silber-Fingerkraut *(Potentilla argentea)*, F11

Kleiner Wiesenknopf *(Sanguisorba minor)*, W12
Hügel-Klee *(Trifolium alpestre)*, K6_2
Schwalbenwurz *(Vincetoxicum hirundinaria)*, S7

Echte Hauswurz auf felsigem Standort

Der Moselsteig führt weiter nordostwärts durch einen Weinberg. Dahinter gabelt sich der Pfad in eine „Felsvariante" und einen „Hauptweg", der die nun folgende Felspartie umgeht; später laufen die beiden Wege wieder zusammen. Es lohnt sich, den schmalen Felspfad zu wählen, denn dort kommen einige botanische Kostbarkeiten vor, darunter der seltene Diptam (D1) und Hirschwurz (H12). Dickfleischige Blattrosetten der Echten Hauswurz (H7) und Farne wurzeln in Klüften der dunklen Schieferfelsen.

Beobachtungstipp 3: Felsenweg zur Rabenlay
386993 / 5565292

Gewöhnliche Felsenbirne *(Amelanchier ovalis)*, F3
Schwarzer Streifenfarn *(Asplenium adiantum-nigrum)*, S23_2
Nördlicher Streifenfarn *(Asplenium septentrionale)*, S24

Gewöhnliche Zwergmispel *(Cotoneaster integerrimus)*, **Z7**
Diptam *(Dictamnus albus)*, **D1**
Gold-Aster *(Galatella linosyris)*, **A8**
Stinkende Nieswurz *(Helleborus foetidus)*, **N6**
Färberwaid *(Isatis tinctoria)*, **F1**
Blauer Lattich *(Lactuca perennis)*, **L3**
Hirschwurz *(Peucedanum cervaria)*, **H12**
Echte Hauswurz *(Sempervivum tectorum)*, **H7**

Nachdem die beiden Wege sich wieder vereint haben, geht es auf einem schmalen, aber bequemen Fußpfad weiter durch terrassierte Weinberge, die nicht mehr bestellt werden. Zwischen den in Etagen angeordneten, kunstvoll aufgeschichteten Natursteinmauern ranken Rosen und Brombeeren. Blütenreiche Sommerstauden wie Echter Dost (**D2**) und Heilwurz (**H9**) säumen den Weg, der bald eine von der Höhe herabkommende Bachrinne, den Naafgraben, erreicht. Am Weg stehen in einigem Abstand zwei aus Bruchsteinen erbaute Weinberghäuschen, die Winzern und Passanten Unterschlupf bieten.

Heilwurz am Wegesrand

Beobachtungstipp 4: junge Weinbergbrachen
Von 387083 / 5565356129 bis 387388 / 5565433

Gewöhnlicher Beifuß *(Artemisia vulgaris)*, **B4_2**
Nesselblättrige Glockenblume *(Campanula trachelium)*, **G4**
Wald-Bergminze *(Clinopodium menthifolium)*, **W15_2**
Besenginster *(Cytisus scoparius)*, **B7**
Gift-Lattich *(Lactuca virosa)*, **L4_2**
Echter Dost *(Origanum vulgare)*, **D2**

Raukenblättriges Greiskraut *(Senecio erucifolius)*, G13
Heilwurz *(Seseli libanotis)*, H9
Taubenkropf-Leimkraut *(Silene vulgaris)*, L6_2
Rainfarn *(Tanacetum vulgare)*, R2
Salbei-Gamander *(Teucrium scorodonia)*, G2

Bald darauf ist ein Aussichtspavillon erreicht, der unmittelbar über St. Johannes, der inmitten von Weinbergen gelegenen alten Pfarrkirche von Hatzenport, liegt. Hinter dem Pavil-

*Weinberghäuschen auf dem Weg
zur Rabenlay*

lon passiert der Weg ein Wäldchen
aus Eichen und Kirschen, dann erneut
Weinberge mit imposanten Terrassenmauern, die teils noch bewirtschaftet werden. Bei einer Weggabelung
(387920 / 5565266) wächst unter
einer Gruppe alter Eichen der Blau-
rote Steinsame (S17), der im Frühling seine auffälligen Blüten entfaltet.
Kurz vor der Rabenlay ist noch ein kurzer Anstieg zu bewältigen, der durch
bunt blühende Felsfluren mit reichlich Frühblühendem Thymian (T3_2)
führt. Auf dem Felssporn angekommen, belohnt eine großartige Aussicht auf Hatzenport und die Mosellandschaft die Wanderer. Auf der
Anhöhe liegt ein großzügiger Rastplatz, auf dem zwei neue Pflanzenarten zu finden sind: Feld-Mannstreu
(M2) und Skabiosen-Flockenblume
(F12_2).

Auf die Rabenlay folgt ein weiterer, leichter Anstieg, bis die
Hochfläche des Maifeldes mit ihrer offenen Ackerlandschaft
erreicht ist. Den Schildern des Moselsteiges folgend, geht es
auf Graswegen nahe der Hangkante weiter. Eine kleine Landstraße ist zu überqueren, kurz danach taucht der Pfad in einen
Eichen-Hainbuchen-Wald ein. Am Waldrand blüht schon im

Blick von der Rabenlay auf Hatzenport

April das Raue Veilchen (**V1_2**). Der bequeme Waldweg führt über einen sanft geneigten Hang. Im Schatten der Laubbäume gedeihen verschiedene Waldkräuter, die einen frischen, gut mit Nährstoffen versorgten Standort anzeigen (Beobachtungstipp 5).

Beobachtungstipp 5: Waldkräuter im Eichen-Hainbuchen-Wald
Von 388254 / 5565846 bis 388324 / 5566060

Gewöhnliches Hexenkraut *(Circaea lutetiana)*, **H11**
Wasserdost *(Eupatorium cannabinum)*, **W5**
Behaartes Johanniskraut *(Hypericum hirsutum)*, **J1**
Wald-Ziest *(Stachys sylvatica)*, **Z5**
Große Sternmiere *(Stellaria holostea)*, **S19**
Hain-Veilchen *(Viola riviniana)*, **V2_2**

Bei der nächsten Kreuzung erreicht der Weg eine Hangmulde, an deren Grund ein kleiner Bach fließt. An dieser Stelle trifft der Weg auf den Würzlaysteig, dem es nach links zu folgen gilt. Unter dem Kronenschirm der Laubbäume tauchen die ersten Buchsbäume (**B12**) auf, die an ihrem dunkelgrünen Blattwerk leicht zu erkennen sind. Nach der Querung des Bächleins führt der Pfad nahe der Oberkante des Steilhangs weiter durch Wald bis zu einem zweiten, tieferen Bachtal. Es ist die Schlucht des Kehrbachs, im Volksmund auch Nachtigallental genannt. Wieder tauchen Buchsbäume im Unterwuchs des dichten Laubwaldes auf, daneben auch andere Waldpflanzen, die den kühlen, sickerfeuchten Waldboden mögen (Beobachtungstipp 6).

Beobachtungstipp 6: Im Nachtigallental
388374 / 5566550

Buchsbaum *(Buxus sempervirens)*, B12
Pfirsichblättr. Glockenblume *(Campanula persicifolia)*, G5
Maiglöckchen *(Convallaria majalis)*, B3_2
Vielblütige Weißwurz *(Polygonatum multiflorum)*, W9_2
Feld-Rose *(Rosa arvensis)*, R5
Zaun-Wicke *(Vicia sepium)*, W11

Im Talgrund, nach der Querung des Bachs, stößt der Pfad auf einen breiten Waldweg. Er führt längs des leise rauschenden Bachs talabwärts auf Löf zu, begleitet von weiß verputzten Bildstöcken eines alten Kreuzweges.

Kreuzwege
Viele Wanderungen rund um die Mosel verlaufen ein Stück weit über Kreuzwege. Stets führen sie von einem Moselort auf alten, mehr oder weniger steilen Pfaden zu einer Bergkapelle oder sie enden bei einem hoch über der Mosel errichteten Kreuz. In den katholischen Moselorten sind Prozessionen über den Kreuzweg bis heute fester Bestandteil der religiösen Kultur, besonders in der Karwoche.

Kreuzfahrer brachten den christlichen Brauch aus dem Heiligen Land in ihre Heimat mit. Anfänglich von den Franziskanern gepflegt, wurde er bald von der Bevölkerung aufgenommen. Ursprünglich hatten die Kreuzwege 7 „Fußfälle", an denen die Gläubigen zur Andacht und zum Gebet

Kreuzweg im Nachtigallental

niederknieten. Dem Leidensweg Christi auf dem Berg Golgatha nachempfunden, sollte der Weg genau 1064 Doppelschritte messen und beschwerlich sein. Die später entstandenen Kreuzwege haben, einer päpstlichen Anweisung aus dem Jahr 1731 entsprechend, 14 Stationen. Diese sind mit Bildstöcken bestückt, ausgeschmückt mit Inschriften, Malereien und szenischen Darstellungen der Passion Christi von seiner Verurteilung zum Tode bis zu seiner Grablegung.

Die Abfolge der Szenen ist bei jedem Kreuzweg gleich, die künstlerische Ausgestaltung und die verwendeten Materialien aber sehr verschieden. Der Moselort Ediger bei Cochem kann sich rühmen, einen der ältesten Kreuzwege Deutschlands zu besitzen; er stammt aus dem Jahr 1488 und beherbergt das berühmte Steinrelief „Christus in der Kelter" aus dem 16. Jahrhundert. Moderne Kunst findet ihren Ausdruck in den zeitgenössischen Kreuzweg-Darstellungen von Valwig (Tour 14) und Senheim.

Der Kreuzweg durch das Nachtigallental wurde im 19. Jahrhundert geschaffen. Er endet bei der Kehrkapelle oben im Tal. Die weiß verputzten Bildstöcke sind mit Skulpturen ausgestattet, die in Nischen eingelassen und durch spitze Steindächer vor Regen geschützt sind.

Nahe der 3. Kreuzwegstation verlässt unsere Route den Moselsteig, der nach etwa 300 m den Ortsrand von Löf erreicht, und
folgt nun dem Würzlaysteig. Der schmale Pfad windet sich mit
vielen Kehren einen steinigen, mit niedrigen Eichen bestock-
ten Hang hinauf, erreicht die obere Hangkante und gibt ganz
unvermittelt den Blick frei auf die schiefergedeckten Häuser
von Löf, die rot-weiß verputzte Pfarrkirche in der Ortsmitte
und auf die Moselbrücke zwischen Löf und Alken. Eine Sitzgruppe mit Sinnenbänken lädt zum Ausruhen nach dem steilen Anstieg und zum Genießen des Panoramas ein.

Ab hier geht es mal eben, mal leicht ansteigend weiter auf
einem Felsgrat hoch über der Mosel durch einen Eichen-
Trockenwald, dem bald auch Kiefern beigemischt sind. Auf
dem steinigen Waldboden siedeln an Trockenheit angepasste
Kräuter, darunter Wiesen-Wachtelweizen (W2) und Pechnelke
(P2).

Beobachtungstipp 7: Eichen-Trockenwald auf dem Kanaul
Von 388665 / 5566410 bis 388660 / 5566610

Rundblättr. Glockenblume *(Campanula rotundifolia)*, G6_2
Frühbl. Habichtskraut *(Hieracium glaucinum)*, H3_2
Wiesen-Wachtelweizen *(Melampyrum pratense)*, W2
Wald-Ehrenpreis *(Veronica officinalis)*, E2
Gewöhnliche Pechnelke *(Viscaria vulgaris)*, P2

Schließlich ist die Anhöhe des Kanaul erreicht und kurz hinter
einem Aussichtpunkt endet der Wald. Noch einmal führt der
Weg am Rand der Ackerflur auf der Hochfläche entlang. Am
Waldrand, zwischen einem Funkmast und einem Jagdansitz,
lassen sich zwischen niedrigem Gras einige neue Kräuter entdecken (Beobachtungstipp 8).

Beobachtungstipp 8: Altgrasbestand am Waldrand
388810 / 5566975

Wiesen-Schafgarbe *(Achillea millefolium)*, **S3**
Färber-Hundskamille *(Anthemis tinctoria)*, **H18**
Gewöhnliche Flockenblume *(Centaurea jacea)*, **F12**
Wirbeldost *(Clinopodium vulgare)*, **W15**
Sigmarswurz *(Malva alcea)*, **M1_2**

Bald darauf führt der Würzlaysteig wieder in den Hangwald hinein und verläuft mal eben, mal absteigend durch Laubwald mit alten Eichen, Kirschen, Hainbuchen und Buchen auf Kattenes zu. An einigen Bäumen rankt der Efeu hoch, am Waldboden blüht im Frühsommer das Schmalblättrige Weidenröschen (**W6**). Auf dem letzten Stück quert der Pfad eine kleine Straße, kommt an einem Aussichtpavillon mit Blick auf den Bleidenberg und seine Wallfahrtskapelle vorbei und endet nach einer kurzen steilen Passage im Tal der 13 Mühlen, direkt vor einer der historischen Mühlen. Auf der kleinen Straße, die am Rand des Tals verläuft, erreicht man in wenigen Minuten den Ortskern von Kattenes und den am nördlichen Ortsrand gelegenen Bahnhof.

Tatzelwurmbrunnen in Kobern

18. Der Tatzelwurmweg bei Kobern – Geheimnisvolle Burgen, Schluchten und Heilquellen

*D*er Tatzelwurmweg ist benannt nach einem Fabelwesen, das der Sage nach in den Weinbergen und Schluchten oberhalb Kobern haust. Die Route erschließt die ganze Vielfalt der Kulturlandschaft an der unteren Mosel, mit Felsklippen, Weinbergen, Burgen, einsamen Bachtälern und der Hochfläche des Maifeldes, die am Rosenberg gestreift wird. Für Kinder hält der Weg versteckte Schätze und einige Überraschungen bereit.

Die Rundwanderung verläuft über Fußpfade sowie ausgebaute Feld- und Waldwege. Am Anfang und in der Mitte gibt es zwei Anstiege, die mit etwas Kondition leicht zu bewältigen sind. Botanisch ist die Strecke von Mai bis September reizvoll. Etwa die Hälfte der Strecke – rund 4,5 Kilometer – wird auch vom Moselsteig genutzt.

Ausgangspunkt: Kobern, Brunnen auf dem Marktplatz in der Ortsmitte (50°18'36.5" N, 7°27'35.8" E).

Markierung: Tatzelwurmweg, teilweise Moselsteig.

Länge: 8,2 km lange Rundwanderung.

Einkehrmöglichkeiten: Restaurant in der Oberburg (mittwochs bis sonntags 11 bis 17 Uhr).

Öffentliche Verkehrsmittel: Mit der Bahn (Mosel-Saar-Express) von Koblenz und Trier zum Bahnhof Kobern-Gondorf, von dort sind es etwa 1000 m nordwärts bis zum Ausgangspunkt; Bus Linie 355 von Koblenz.

Topographische Karte: 5610 Bassenheim

Wegbeschaffenheit, Höhenprofil: Mittelschwere Wanderung mit mehreren An- und Abstiegen auf Fußpfaden und Feldwegen.

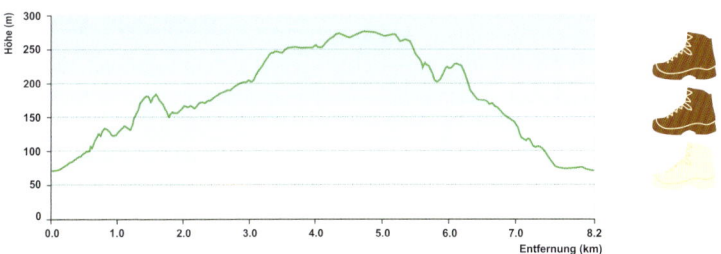

*D*ie Tour beginnt am Marktplatz im Ortskern von Kobern beim imposanten Tatzelwurmbrunnen. Auf einer der Gassen, die westwärts vom Marktplatz abzweigen, geht es zunächst zur Pfarrkirche St. Lubentius, dann weiter auf die Burgstraße. Nach wenigen Metern lohnt ein kurzer, gut zu bewältigender Abstecher zum Glockenturm, dessen Geläut seit 1.000 Jahren die Bewohner von Kobern zum Gottesdienst ruft. Längs des Pfades und vor dem Turm bietet sich Gelegenheit, die ersten moseltypischen Fels- und Mauerpflanzen kennenzulernen: Verschiedene Mauerfarne, darunter der wärmeliebende Milzfarn (M4), und die im Spätsommer blühende Gold-Aster (A8).

Beobachtungstipp 1: Glockenturm Kobern
390081 / 5574187

Feld-Beifuß *(Artemisia campestris)*, B4
Milzfarn *(Asplenium ceterach)*, M4

Mauerraute *(Asplenium ruta-muraria)*, S24_2
Brauner Streifenfarn *(Asplenium trichomanes)*, S23
Karthäuser-Nelke *(Dianthus carthusianorum)*, N4
Gold-Aster *(Galatella linosyris)*, A8
Wiesen-Labkraut *(Galium album)*, L2
Kleines Habichtskraut *(Hieracium pilosella)*, H2
Dürrwurz *(Inula conyzae)*, D3
Blauer Lattich *(Lactuca perennis)*, L3
Kompass-Lattich *(Lactuca serriola)*, L4
Acker-Wachtelweizen *(Melampyrum arvense)*, W1
Gewöhnlicher Tüpfelfarn *(Polypodium vulgare)*, T5
Silber-Fingerkraut *(Potentilla argentea)*, F11
Weiße Fetthenne *(Sedum album)*, F7
Weiße Lichtnelke *(Silene latifolia)*, L10
Hasen-Klee *(Trifolium arvense)*, K5

Zurück auf der Burgstraße und dieser weiter folgend, ist bald eine auf die Höhen des Maifeldes führende Landstraße erreicht. Nach einem kleinen Stück bergan an der Landstraße entlang zweigt der Tatzelwurmweg in das Mühltal ab. Bald beginnt der Anstieg auf den Burgberg. Bei einer Sitzbank biegt man, den Wegweisern folgend, nach rechts in einen breiten Fußpfad ein, der durch einen Buschwald aus Haselsträuchern, Eichen und Robinien führt.

Nach einigen steilen Wegkehren folgt ein flaches Wegstück, das an der Ruine der mittelalterlichen Niederburg endet. Vom Bergfried aus eröffnen sich schöne Ausblicke auf das Moseltal, auf Kobern und den Weinort Dieblich am anderen Moselufer. Auf Schieferschutt und in Ritzen der alten Gemäuer fallen im Frühling die gold-

Blick vom Glockenturm auf Kobern

gelben Blüten von Goldlack (**G8**), im Sommer die der Färber-Hundskamille (**H18**) auf.

Beobachtungstipp 2: Mauern und Schuttflächen an der Niederburg
390067 / 5574320

Färber-Hundskamille *(Anthemis tinctoria)*, **H18**
Goldlack *(Erysimum cheiri)*, **G8**
Schmalblättriger Hohlzahn *(Galeopsis angustifolia)*, **H14**
Scharfer Mauerpfeffer *(Sedum acre)*, **F7_2**

Vor der Burg zweigt ein Fußpfad ab, der oberhalb des Hangwäldchens über einen offenen Felsgrat verläuft. Rechts des Weges fällt das Gelände steil zur Mosel ab und es bieten sich weite Ausblicke auf die Hunsrückhöhen.

Beobachtungstipp 3:
Felsgrat über dem Kreuzweg
Von 390035 / 5574335
bis 390085 / 5574495

Schwarzer Streifenfarn *(Asplenium adiantum-nigrum)*, **S23_2**
Rundblättrige Glockenblume *(Campanula rotundifolia)*, **G6_2**
Flügelginster *(Chamaespartium sagittale)*, **F13**
Besenginster *(Cytisus scoparius)*, **B7**
Zypressen-Wolfsmilch *(Euphorbia cyparissias)*, **W17**
Gewöhnliches Sonnenröschen *(Helianthemum nummularium)*, **S13**
Tüpfel-Johanniskraut *(Hypericum perforatum)*, **J2**

Gold-Aster

Berg-Sandglöckchen *(Jasione montana)*, S2
Wimper-Perlgras *(Melica ciliata)*, P3
Echter Dost *(Origanum vulgare)*, D2
Kleine Bibernelle *(Pimpinella saxifraga)*, B8_2
Frühlings-Fingerkraut *(Potentilla neumanniana)*, F9
Felsenkirsche *(Prunus mahaleb)*, F4
Felsen-Fetthenne *(Sedum rupestre)*, F5
Aufrechter Ziest *(Stachys recta)*, Z3
Salbei-Gamander *(Teucrium scorodonia)*, G2
Feld-Thymian *(Thymus pulegioides)*, T3

Wer es bequemer mag, kann den parallel verlaufenden Prozessionsweg einschlagen, der kurz vor der Burg abzweigt und mit aus Basalttuff gebauten Bildstöcken bestückt ist. Das letzte Stück vor dem mittelalterlichen Ensemble von Oberburg und der auf dem Burgberg thronenden Matthiaskapelle, die leider meistens verschlossen ist, verläuft über einen Plattenweg. Der felsige Wegrand wartet mit einigen neuen Stauden auf, darunter dem für Weinberge typischen Färberwaid (F1) (Beobachtungstipp 4).

Prozessionsweg zur Matthiaskapelle

Beobachtungstipp 4: Wegböschung bei der Martinskapelle
389970 / 5574665

Sichel-Hasenohr *(Bupleurum falcatum)*, H5
Färberwaid *(Isatis tinctoria)*, F1
Gewöhnl. Straußmargerite *(Tanacetum corymbosum)*, M7_2
Mehlige Königskerze *(Verbascum lychnitis)*, K11

Matthiaskapelle und Oberburg oberhalb Kobern

Von der Matthiaskapelle bieten sich weite Ausblicke bis in die Hochebene des Maifeldes, dessen Rand von tiefen Bachtälern zerschnitten wird. In eine dieser bewaldeten Schluchten führt der Tatzelwurmweg nun hinein. Zunächst gelangt man in einen Laubwald aus Eichen, Hainbuchen und Linden (389905 / 5574776). Ein leise plätschernder Graben verläuft in einigem Abstand rechts unterhalb des Weges, er leitet einen Teil des Wassers von dem viel tiefer in der Schlucht verlaufenden Hohenmühlbach ab. Der bequeme Pfad führt, sacht absteigend, in das stille Tal hinein. Aufmerksame Besucher mit scharfem Blick können auf dem Weg Tatzelwürmer und andere wundersame Dinge aufspüren – mehr soll hier nicht verraten werden!

Nach etwa einem Kilometer ist der Grund der Schlucht fast erreicht; links des Weges stößt man auf den Guidoborn, die erste von drei gefassten Mineralquellen.

Aufmerksamen Beobachtern wird aufgefallen sein, dass im kühlen Talgrund andere Baumarten wachsen als auf den trockenen Hängen: Eschen und Buchen sind an die Stelle der sonst vorherrschenden Eichen getreten. Die Krautschicht am humusreichen, feuchten Talboden ist deutlich üppiger und besonders längs des Baches und des Grabens, dessen Abzweig sich kurz hinter dem Guidoborn befindet, kommen

Mineralbrunnen Guidoborn in der Schlucht des Hohenmühl-bachs

Wasserdost (W5), Schmalblättriges Weidenröschen (W6) und andere hohe Stauden hinzu, die mit ihren rosa Blüten im Sommer besonders auffallen.

Beobachtungstipp 5: Wälder und Staudenfluren am Hohenmühlbach
Von 389725 / 5575535 bis 389770 / 5575815

Giersch *(Aegopodium podagraria)*, E4_2
Gefleckter Aronstab *(Arum maculatum)*, A6
Nesselblättrige Glockenblume *(Campanula trachelium)*, G4
Gewöhnliches Hexenkraut *(Circaea lutetiana)*, H11
Schmalblättr. Weidenröschen *(Epilobium angustifolium)*, W6
Wasserdost *(Eupatorium cannabinum)*, W5
Behaartes Johanniskraut *(Hypericum hirsutum)*, J1
Drüsiges Springkraut *(Impatiens glandulifera)*, S14
Großes Springkraut *(Impatiens noli-tangere)*, S15
Wald-Ziest *(Stachys sylvatica)*, Z5
Gewöhnlicher Beinwell *(Symphytum officinale)*, B5
Wald-Veilchen *(Viola reichenbachiana)*, V2

Hinter dem Guidoborn ändert sich die Wegbeschaffenheit. Der Fußweg quert den Hohenmühlbach und endet auf einer breiten Forstpiste, auf der es links talaufwärts weiter geht. Bald sind Sauerbrunnen und Margaretenbrunnen erreicht, danach verlässt der Tatzelwurmweg den Talgrund und es folgt ein Anstieg längs eines steilen, trockenen Seitentälchens durch einen Eichen-Hainbuchen-Wald mit typischer Krautschicht (Beobachtungstipp 6).

Beobachtungstipp 6: Eichen-Hainbuchen-Wald am Aufstieg zum Rosenberg
389830 / 5576076

Maiglöckchen *(Convallaria majalis)*, B3_2
Waldmeister *(Galium odoratum)*, W3
Wald-Labkraut *(Galium sylvaticum)*, W3_2
Stinkende Nieswurz *(Helleborus foetidus)*, N6
Vielblütige Weißwurz *(Polygonatum multiflorum)*, W9_2
Feld-Rose *(Rosa arvensis)*, R5
Große Sternmiere *(Stellaria holostea)*, S19

Am Ende des Trockentälchens tritt der Weg unvermittelt in die offene Feldflur des Rosenbergs ein. Der Anstieg ist geschafft und es geht zunächst am Waldrand auf einem rechts abzweigenden Feldweg weiter. Kurz hinter einer Schautafel über eine antike römische Villa auf dem Rosenberg lohnt ein kleiner Abstecher. Ein rechts abzweigender, etwas abschüssiger Grasweg führt zu einer Obstwiese mit alten Apfelbäumen. In dem dichten Rasen sind einige typische Wiesenkräuter zu finden, darüber hinaus Stauden, die davon profitieren, dass die Wiese nur noch selten gemäht wird.

Beobachtungstipp 7: Obstwiese am Rosenberg
389946 / 5576011

Gewöhnliche Akelei *(Aquilegia vulgaris)*, A2
Gewöhnliche Flockenblume *(Centaurea jacea)*, F12
Skabiosen-Flockenblume *(Centaurea scabiosa)*, F12_2

Ackerlandschaft auf dem Rosenberg

Wilde Möhre *(Daucus carota),* M6
Acker-Witwenblume *(Knautia arvensis),* W16
Bunte Kronwicke *(Securigera varia),* K14
Raukenblättriges Greiskraut *(Senecio erucifolius),* G13
Echte Goldrute *(Solidago virgaurea),* G9
Wiesen-Klee *(Trifolium pratense),* K6_3

Weiter geht es über Feldwege, in einigem Abstand zum Waldrand, über die von Ackerbau geprägte Hochfläche des Rosenberges auf die Mosel zu. Am Rand der Hochfläche angekommen, eröffnet sich erneut ein großartiges Panorama des Flusstales mit der breiten Mosel, den kunstvoll terrassierten Weinbergen und Felsklippen und auf Kobern mit seinen Burgen. Hier stößt der Tatzelwurmweg wieder auf den Moselsteig, auf dem es westwärts weitergeht. Es lohnt sich aber, noch etwa 200 m dem Moselsteig in der anderen Richtung zu folgen, bis oberhalb eines Drachenflieger-Stützpunkts eine Sitzbank zum Genießen der Aussicht einlädt. Bei der Sitzbank zweigt ein bergab führender Feldweg ab, dem man durch Felsgebüsch bis zu einer scharfen Linkskehre folgt. Am Wegrand sind viele der Felspflanzen wiederzufinden, die schon am Anfang der Tour vorgestellt wurden, darunter reichlich Gold-Aster (A8), außerdem einige neue Arten (Beobachtungstipp 8).

Ausblick vom Rosenberg auf Kobern, Gondorf und die Niederburg

Beobachtungstipp 8: Felshang am Rosenberg
390349 / 5575066

Hirschwurz *(Peucedanum cervaria)*, H12
Kleiner Wiesenknopf *(Sanguisorba minor)*, W12
Schwalbenwurz *(Vincetoxicum hirundinaria)*, S7

Der Weg führt nach der Linkskehre in die obersten, sehr steilen Weinberge von Kobern. In dieser Kehre führt der Tatzelwurmweg als unauffälliger Fußpfad geradeaus in den Wald hinein (Aufgepasst! Die Markierung ist leicht zu übersehen). Wer dem Feldweg ein kleines Stück weiter folgt, kann auf dem Schutthang an der linken Wegseite den Echten Gamander (G1) finden.

Auf dem Tatzelwurmweg geht es weiter durch Eichen-Wälder über einen mit Gesteinsscherben bedeckten Hang. Der Pfad ist zunächst undeutlich, man achte auf die Wegzeichen oder halte sich auf gleicher Hanghöhe, bis ein größerer Pfad quert, dem hangabwärts nach links zu folgen ist. Der Abstieg endet im Tal des Hohenmühlbachs. Ein Asphaltweg führt talabwärts auf Kobern zu und erreicht bald eine eindrucksvolle Talenge. Dort erläutert eine Schautafel die letzte Attraktion des Tatzelwurmweges: Das Glückskäulchen. Um die Spannung nicht zu nehmen, wird nichts verraten! Hinter dem Glückskäulchen weitet sich das Tal erneut, der Wald endet und Häuser und Weinberge begleiten das letzte Stück des Weges.

Pflanzenporträts

Ahorn, Französischer

(Acer monspessulanum) – Seifenbaumgewächse (Sapindanaceae)

| J | F | M | A | M | J | J | A | S | O | N | D |

Beschreibung: Meist unter 10 m hoher Baum mit ledrigen, langstieligen Blättern, die drei ausgeprägte Lappen aufweisen und erst ab Ende April austreiben. Die kleinen gelbgrünen Blüten kommen später (Juni).

Standort: Felsen, Wälder

Ähnliche Art: Der **Feld-Ahorn** (**Acer campestre**, A1_2) ist ein kleiner bis mittelgroßer Baum mit drei- bis fünflappigen Blättern, die beiden äußeren Blattlappen deutlich kleiner als die mittleren. Blüten und Blätter erscheinen gleichzeitig ab Ende April. Standort: Wälder, Hecken.

Blütezeit: IV–V. Wanderungen: 1–5, 7, 9, 10, 12, 15–17

Wissenswert: Der aus dem Mittelmeerraum stammende und in Deutschland seltene Französische Ahorn wächst nur auf kalkhaltigen, trocken-heißen Standorten. Der Feld-Ahorn ist dagegen weit verbreitet.

Akelei, Gewöhnliche

(Aquilegia vulgaris) – Hahnenfußgewächse (Ranunculaceae)

| J | F | M | A | M | J | J | A | S | O | N | D |

Beschreibung: 30–80 cm hohe Pflanze. Stängel locker verzweigt. Blätter blaugrün, die unteren dreigeteilt, am Rand tief eingekerbt und lang gestielt, die oberen kleiner und einfacher. Blüten 3–5 cm groß, blauviolett, nickend, zusammengesetzt aus 5 äußeren ovalen und 5 inneren lang gespornten Blättern

Wissenswert: Akelei enthält schwach giftige Blausäure. Das getrocknete Kraut wurde früher bei Leber- und Gallenleiden verwendet, heute nur noch in der Homöopathie. Beliebte Gartenpflanze, auch in rosa und roten Zuchtformen. Bestäubung durch Hummeln.

Standort: Magerrasen, lichte Wälder.

Alant, Weidenblättriger

(Inula salicina) – Korbblütler (Asteraceae)

| J | F | M | A | M | J | J | A | S | O | N | D |

Beschreibung: 25–75 cm hohe Pflanze. Stängel unten borstig, sonst kahl. Blätter länglich-eiförmig, halbstängelumfassend. Blütenköpfe gelb, meist einzeln, 2,5–4 cm im Durchmesser. Hüllblätter in mehreren Reihen, die äußeren kürzer als die inneren.

Standort: Warme Gebüschränder und Trockenrasen auf Kalkboden.

A1

A1_2

A1

A2

A_3

A4 Ampfer, Kleiner Sauer-

(Rumex acetosella) – Knöterichgewächse (Polygonaceae)

J F M A M J J A S O N D

5
6
8
10–12
14–16

Beschreibung: 10–30 cm hohe Pflanze. Blätter sehr viel länger als breit, mit meist auffälligen Pfeilecken. Blütenstand verzweigt mit kleinen, roten bis grünlichen Blüten.

Standort: Kalk- und nährstoffarme Magerrasen und Felsen.

A5 Ampfer, Schild-

(Rumex scutatus) – Knöterichgewächse (Polygonaceae)

J F M A M J J A S O N D

10
11
13
14
16

Beschreibung: 20–50 cm hohe, verzweigte Pflanze. Blätter blaugrün, kaum länger als breit, 2 bis 5 cm lang und geigenförmig oder dreieckig mit kurzen Spießen am Grund. Blütenstand mit mehreren aufrechten Ästen und vielen kleinen, grünlichen bis rötlichen Blüten. Die Früchte werden von bleichrötlichen Hüllblättern umgeben.

Wissenswert: Der säuerlich schmeckende Schildampfer enthält Vitamin C und Calciumoxalat und eignet sich für Salate und Wildgemüse.

Standort: Felsen, Mauern.

A6 Aronstab, Gefleckter

(Arum maculatum) – Aronstabgewächse (Araceae)

J F M A M J J A S O N D

1–3
5–9
12–16
18

Beschreibung: 15–30 cm hohe Pflanze. Blätter in Rosette, pfeilförmig, oft gefleckt. Blüten in braunvioletten Kolben, von hellgrünem Hochblatt umgeben. Früchte: hellrote Beeren.

Wissenswert: Alle Teile des Aronstabs sind giftig. Die stärkereichen Knollen wurden in Notzeiten geröstet, sie sind gekocht essbar. Im Mittelalter war der Aronstab ein Heilmittel und für Liebeszauber begehrt.

Standort: Wälder und Gebüsche auf lehmigem Kalkboden.

A4

A4

A5

A6

A6

227

Aster, Berg-
(Aster amellus) – Korbblütler (Asteraceae)

| J | F | M | A | M | J | J | A | S | O | N | D |

Beschreibung: 15–45 cm hohe, behaarte Staude, oben verzweigt. Blätter schmal-oval, kurz steifhaarig, ganzrandig. Blütenköpfe 3–4 cm im Durchmesser. Äußere Blütenblätter blaulila, innere gelb. Hüllblätter etwas abstehend.

Wissenswert: Der Verbreitungsschwerpunkt dieser wärme- und kalkliebenden Art liegt in Osteuropa.

Standort: Magerrasen.

Aster, Gold-
(Galatella linosyris) – Korbblütler (Asteraceae)

| J | F | M | A | M | J | J | A | S | O | N | D |

Beschreibung: 10–50 cm hohe Pflanze. Stängel aufrecht, oben dicht beblättert, nur im Blütenstand verzweigt. Blätter schmal, fast nadelförmig. Blüten goldgelb, Blütenköpfe etwa 1 cm breit, aus vielen kleinen Röhrenblüten zusammengesetzt.

Standort: Trockenrasen auf Kalkboden.

Aster, Herbst-
(Symphyotrichum species) – Korbblütler (Asteraceae)

| J | F | M | A | M | J | J | A | S | O | N | D |

Beschreibung: 60–150 cm hohe Pflanze. Stängel reich verzweigt mit Blütenkörbchen an den Astenden. Blätter schmal, meist ganzrandig. Blütenkörbchen mit gelben Röhrenblüten in der Mitte und roten, violetten, rosa oder weißen Zungenblüten am Rand. Hüllblätter schmal und spitz.

Wissenswert: Die Herbst-Astern wurden im 18. Jahrhundert aus Nordamerika als Zierpflanzen eingeführt. Sie verwildern häufig und gelten bei uns mittlerweile als eingebürgerte Neophyten. Folgende Arten – und deren Bastarde – dieser formenreichen Gattung können entlang der Wanderungen beobachtet werden: Neuenglische Aster (*Symphyotrichum novi-angliae*, A9_a), Neubelgische Aster (*Symphyotrichum novi-belgii*), Weiden-Aster (*Symphyotrichum x salignum*, A9_2), Lanzettblättrige Aster (*Symphyotrichum lanceolatum*, A9_1).

Standort: Ufer, Säume.

A7

A8

A9_a

A9_1

A9_2

B1 Bachbunge

(Veronica beccabunga) – Wegerichgewächse (Plantaginaceae)

J F M A M J J A S O N D

2-4
7

Beschreibung: Bis 50 cm hohe, fleischig wirkende Pflanze, oft mit niederliegendem Stängel. Blätter eiförmig, gesägt, kurz gestielt. Blüten tiefblau, zu 20–25 in einer lockeren Traube.

Wissenswert: Blätter und junge Stängel der Bachbunge sind eine leckere, Vitamin C-haltige Zutat im Wildkräutersalat. Die enthaltenen Gerb- und Bitterstoffe wirken Stoffwechsel anregend.

Standort: Bachufer.

B2 Bärenklau, Wiesen-

(Heracleum sphondylium) – Doldenblütler (Apiaceae)

J F M A M J J A S O N D

1
3–8
10
12

Beschreibung: Bis 150 cm hohe Pflanze. Stängel gefurcht und wie die Blätter rau behaart. Blätter fiedrig eingeschnitten mit unregelmäßigen Rändern und großer, bauchig aufgeblasener Scheide am Grund. Blüten weiß, selten rosa, duftend, in flachen Dolden.

Wissenswert: Junge Blätter und Sprosse können gekocht als mildes Gemüse oder fein geschnitten als Salat verzehrt werden. Bei empfindlicher Haut kann der Kontakt Entzündungen auslösen.

Standort: Wiesen, Ufer.

B3 Bärlauch

(Allium ursinum) – Narzissengewächse (Amaryllidaceae)

J F M A M J J A S O N D

4
7
8

Beschreibung: 15–30 cm hohe, in Herden wachsende Pflanze mit Knoblauchgeruch. Blätter dünn, lang gestielt. Blütenstängel blattlos. Blütenstand eine flache Dolde aus 6–20 weißen Blüten mit sternförmig ausgebreiteten Kronblättern.

Wissenswert: Bärlauch enthält reichlich Lauchöl und ähnelt daher in seiner Heilwirkung bei Magen- und Darmstörungen dem Knoblauch. Die Blätter werden im Frühjahr gesammelt und in Kräuterbutter, Pesto, als Salatgewürz oder Gemüse verzehrt.

Standort: Feuchte, nährstoffreiche Wälder.

Ähnliche Art: Der Blütenstand des stark giftigen **Maiglöckchens (Convallaria majalis,** B3_2) ist eine einseitswendige Traube. Die Blätter sind kräftig, oft bläulich bereift. Standort: Laubwälder, Gebüsche. Blütezeit: wie Bärlauch. Wanderungen: 1, 6, 8–10, 12–14, 16–18.

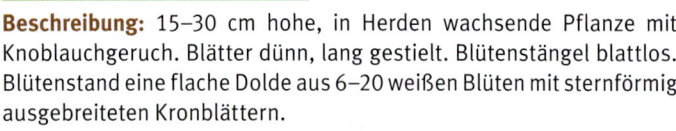

B1

B2

B3_2

B3

B3

231

Beifuß, Feld-

(Artemisia campestris) – Korbblütler (Asteraceae)

| J | F | M | A | M | J | J | A | S | O | N | D |

Beschreibung: 30–60 cm hohe, liegende bis aufrechte, reich verzweigte, fast geruchlose Pflanze. Stängel oft rötlich, jung seidig-filzig (gelegentlich wie beim Wermut bleibend) behaart. Alle Stängelblätter fiederteilig, mit *schmalen* Abschnitten (bis 1 mm breit), stachelspitzig. Blütenstand locker, Einzelköpfchen dicht stehend, 2–3 mm lang, gelb bis rotbraun. Rispenäste aufrecht. Hüllblätter kahl.

Standort: Nährstoffreiche, sonnige und trockene Staudenfluren.

Ähnliche Arten: Der bis 1,5 m hohe **Gewöhnliche Beifuß (***Artemisia vulgaris,* B4_2) verbreitet einen unangenehmen Geruch. Blätter fiederschnittig wie beim nachfolgenden Wermut, jedoch mit gesägten und *spitz* endenden Blattabschnitten und nur unterseits weißfilzig. Blütenköpfe unscheinbar, ähnlich Feld-Beifuß, in einer breiten, wenig beblätterten Rispe mit langen Seitenästen. Heilpflanze, Nutzpflanze, Giftpflanze. Standort: Ufer, Wegränder, Schuttplätze. Blütezeit: VII–X, Wanderungen: 2–7, 9–11, 14, 15, 17.

Wermut (*Artemisia absinthium,* B4_3) wird über 1 m hoch und duftet stark aromatisch. Er ist auffällig seidig-graufilzig behaart. Blätter 2–3-fach fiederschnittig, im Unterschied zum Feld-Beifuß mit *breiten* Blattabschnitten. Obere Stängelblätter ungeteilt. Blütenstand rispig mit kugeligen, hängenden, gelben Köpfchen. Heilpflanze, Nutzpflanze, Giftpflanze. Standort: wie Feld-Beifuß. Blütezeit: VII–IX, Wanderungen: 9, 10.

Wissenswert: Gewöhnlicher Beifuß und besonders Wermut besitzen eine hohe Konzentration an Bitterstoffen und ätherischen Ölen und werden als Heilmittel bei Magen-, Darm- und Gallenbeschwerden eingesetzt. Frische Pflanzen werden zu fetten Speisen zur Verdauungsförderung oder als Gewürz verwendet. Wermut ist Bestandteil von Magenbittern und Kräuterlikören. In großen Mengen angewendet sind Wermut und Gewöhnlicher Beifuß aufgrund des hohen Thujongehalts gesundheitsschädlich. Der Pollen vom Gewöhnlichen Beifuß kann allergische Reaktionen auslösen.

B4

B4_2

B4_3

B5

Beinwell, Gewöhnlicher

(Symphytum officinale) – Raublattgewächse (Boraginaceae)

| J | F | M | A | M | J | J | A | S | O | N | D |

Beschreibung: Kräftige, 50–100 cm hohe, borstig behaarte Pflanze. Am hohlen Stängel laufen lange, vorn zugespitzte Blätter herab. Blüten cremeweiß, rosa oder violett, nickend. Kronblätter zu einer 1–2 cm langen Röhre verwachsen. Formenreich.

Wissenswert: Beinwell wird seit alters her bei der Wundheilung, bei Verstauchungen und Knochenbrüchen eingesetzt. Die vitaminreichen Blätter werden in der Wildkräuterküche verwendet. Wegen des hohen Stickstoffgehalts der Blätter eignen sich diese für Pflanzenjauche im Garten.

Standort: Wiesen, Bach- und Flussauen.

B6

Berberitze

(Berberis vulgaris) – Berberitzengewächse (Berberidaceae)

| J | F | M | A | M | J | J | A | S | O | N | D | | | J | F | M | A | M | J | J | A | S | O | N | D |

Beschreibung: Bis 3 m hoher Strauch mit 1–7-teiligen Dornen. Blätter in Büscheln, gezähnt, bis 6 cm lang. Blüten gelb, in hängenden Trauben. Früchte (Beeren) rot, bis 1 cm lang.

Wissenswert: Mit Ausnahme der Beeren ist die ganze Pflanze schwach giftig, besonders die Wurzelrinde. Die alkaloidfreien, säuerlichen und Vitamin C-reichen Beeren können getrocknet, zur Herstellung von Konfitüre oder Saft verwendet werden. In der Homöopathie werden Berberitzen-Extrakte bei Gallen- und Leberleiden und Rheumatismus eingesetzt. Raupenfutterpflanze für zahlreiche Nachtfalterarten.

Standort: Sonnige Felsen.

B7

Besenginster

(Cytisus scoparius) – Schmetterlingsblütler (Fabaceae)

| J | F | M | A | M | J | J | A | S | O | N | D |

Beschreibung: Winterkahler, 0,5–2 m hoher Strauch mit aufrechten Zweigen. Untere Blätter 3-zählig, gestielt, obere einfach, sitzend. Blättchen lanzettlich, unterseits behaart. Blüten gelb, 20–25 mm lang. Hülsen flach, schwarz.

Wissenswert: Giftig. Seit der Antike bei Kreislaufstörungen eingesetzt. Früher zum Besenbinden und als Faserlieferant für Seile und grobe Stoffe verwendet. Mit Blüten und Blättern wurde Wolle gelb gefärbt. Beliebte Zierpflanze, insbesondere in einer Form mit roten Blüten.

Standort: Felsen, Magerrasen, lichte Gebüsche.

234

B5

B7

B6

B6

B8 Bibernelle, Große

(Pimpinella major) – Doldenblütler (Apiaceae)

| J | F | M | A | M | J | J | A | S | O | N | D |

Beschreibung: 70–80 cm hohe Pflanze. Stängel kantig, meist kahl. Blätter mit 1–4 am Rand gesägten Fiederpaaren. Blütendolden mit 10–15 Strahlen, weiß. Keine Hüllblätter.

Wissenswert: Die Wurzel der Bibernelle wirkt schleimlösend und entzündungshemmend. Sie wird gegen Husten und Asthma eingesetzt, hat einen würzigen Geschmack und wird auch Kräuterlikören zugesetzt.

Standort: Wiesen, Weiden, Staudenfluren.

Ähnliche Art: Die bis etwa 50 cm hohe **Kleine Bibernelle** (**Pimpinella saxifraga,** B8_2) besitzt verschieden gestaltete Blätter: gefiederte Grundblätter mit grob gezähnten, meist rundlichen Teilblättchen und linealische Stängelblätter. Stängel gerillt. Standort: Magerwiesen, Felsen. Blütezeit: VII–IX. Wanderungen: 2, 7, 10, 18.

B9 Bingelkraut, Wald-

(Mercurialis perennis) – Wolfsmilchgewächse (Euphorbiaceae)

| J | F | M | A | M | J | J | A | S | O | N | D |

Beschreibung: 15–40 cm hohe Pflanze. Stängel aufrecht, unten ohne Blätter. Laubblätter oval-lanzettlich, 4–12 cm lang. Pflanze zweihäusig, also mit entweder weiblichen oder männlichen Blüten. Blüten klein, grün, die männlichen mit 8–20 Staubblättern.

Wissenswert: Als Heilpflanze weniger bedeutend als das verwandte und ebenfalls giftige Einjährige Bingelkraut.

Standort: Wälder.

B10 Blaustern, Zweiblättriger

(Scilla bifolia) – Spargelgewächse (Asparagaceae)

| J | F | M | A | M | J | J | A | S | O | N | D |

Beschreibung: 5–20 cm hohe Zwiebelpflanze. Stängel blattlos. 2 lanzettliche Grundblätter mit Kapuzenspitze, etwa so lang wie der Blütenstängel. Blüten blaulila, traubiger Blütenstand aus 1–6, selten bis 10 Einzelblüten. Jede Blüte hat 6 Kronblätter, die 5–10 mm lang sind. Formenreich.

Wissenswert: In Gärten und Grünanlagen findet man oft den nahe verwandten Sibirischen Blaustern (*Scilla siberica*), der im Handel angeboten wird.

Standort: Warme und gut mit Nährstoffen versorgte Wälder.

B8

B8_2

B9

B9

B10

Bocksbart, Wiesen-

(Tragopogon pratensis) – Korbblütler (Asteraceae)

J F M A M J J A S O N D

Beschreibung: 30–70 cm hohe Pflanze. Stängel einfach. Blätter lang, schmal, grasartig, am Grund den Stängel umfassend. Blüten 3–4 cm groß, leuchtend gelb, Blütenköpfe bestehen ausschließlich aus Zungenblüten und sind nur vormittags oder bei Sonne geöffnet. Hüllblätter annähernd gleich lang wie Blütenblätter.

Wissenswert: Die Pfahlwurzel und die jungen Triebe sind essbar, sie können wie Spargel als Gemüse oder Salat zubereitet werden.

Standort: Wiesen.

Ähnliche Art: Der seltenere **Große Bocksbart** (*Tragopogon dubius,* B11_2) hat einen unter der Blüte auffällig verdickten Blütenstiel. Hüllblätter viel länger als die Zungenblüten. Standort: Trockene Hänge, Weinberge. Blütezeit: V–VI. Wanderung: 14

Buchsbaum

(Buxus sempervirens) – Buchsbaumgewächse (Buxaceae)

J F M A M J J A S O N D

Beschreibung: Bis über 5 m hoher immergrüner Strauch oder Baum. Blätter 1–2,5 cm lang, ganzrandig, lederig, Unterseite heller als Oberseite. Blüten in kleinen, gelbgrünen Knäueln, ohne Kronblätter. Frucht eine Kapsel mit 3–4 „Hörnchen"

Wissenswert: Buchsbaum enthält Wirkstoffe gegen Rheuma, aufgrund der hohen Giftigkeit der gesamten Pflanze wird er jedoch nur in der Homöopathie eingesetzt. Der in der freien Natur sehr seltene Buchsbaum ist eine beliebte Gartenpflanze, da er schnittverträglich und über Stecklinge einfach zu vermehren ist. Das extrem harte Holz eignet sich gut für den Bau von Musikinstrumenten und wissenschaftlichen Geräten. In katholischen Gemeinden ist es ein alter Brauch, frische Buchsbaumzweige am Palmsonntag weihen zu lassen und als Segensbringer im Haus aufzubewahren.

Standort: Warme Felsen, Felsgebüsche.

B11

B11_2

B12

B12

B12

Christophskraut

(Actaea spicata) – Hahnenfußgewächse (Ranunculaceae)

J F M A M J J A S O N D

Beschreibung: 30–65 cm hohe Pflanze. Blätter lang gestielt, groß, mehrfach dreiteilig, unregelmäßig und grob gezähnt, beim Zerreiben unangenehm scharf riechend. Blüten weiß, in kugeliger Traube. Frucht eine schwarze, etwa 1 cm lange Beere.

Wissenswert: Früher bedeutende Pflanze im Volksglauben, auch als Wundmittel eingesetzt. Heute nur noch selten in der Homöopathie verwendet. Galt früher als giftig, dies konnte jedoch in aktuellen Untersuchungen nicht bestätigt werden.

Standort: Wälder.

Diptam

(Dictamnus albus) – Rautengewächse (Rutaceae)

J F M A M J J A S O N D

Beschreibung: 60–120 cm hohe, aufrechte Pflanze. Stängel kurz behaart. Blätter gefiedert mit 3–5 Fiederpaaren, nach Zitronen duftend. Teilblättchen länglich, bis 8 cm lang, fein gezähnt. Blüten in Trauben, rosa oder weiß, dunkel geadert, 4–6 cm breit. 4 der 5 Kronblätter nach oben gerichtet, das fünfte nach unten.

Wissenswert: Der seltene Diptam war früher aufgrund des hohen Gehalts an ätherischen Ölen und an Alkaloiden als Heilpflanze in Gebrauch. Heute wird er in der Homöopathie gegen Verdauungsbeschwerden und gegen Frauenbeschwerden eingesetzt. Alle Teile des Diptams sind schwach giftig und hautreizend.

Standort: Lichte Gebüsche und Trockenhänge.

C1

C1

C1

D1

241

Dost, Echter oder Wilder Majoran

(Origanum vulgare) – Lippenblütler (Lamiaceae)

| J | F | M | A | M | J | J | A | S | O | N | D |

Beschreibung: 20–50 cm hohe Pflanze mit Ausläufern und aromatischem Geruch. Stängel aufrecht, schwach vierkantig, oben verzweigt, behaart. Blätter kurz gestielt, oval bis lanzettlich, ganzrandig oder undeutlich gezähnt. Blüten rosa oder weiß, kurz gestielt, einen dichten Blütenstand bildend.

Wissenswert: Das Kraut ist als „Pizzagewürz" (= Oregano) bekannt und hat einen leicht bitteren Geschmack. Sein alter deutscher Name „Wurstkraut" weist auf den Einsatz in Metzgereien hin. Vielseitige Heilpflanze, angewendet bei Halsschmerzen, Magenkrämpfen, ebenso in der Homöopathie und als Duftstoff in der Parfümerie.

Standort: Magerrasen, Wiesen, lichte Gebüsche.

Dürrwurz

(Inula conyzae) – Korbblütler (Asteraceae)

| J | F | M | A | M | J | J | A | S | O | N | D |

Beschreibung: Kräftige, bis über 1 m hohe, behaarte Staude. Stängel oft rotbraun überlaufen, erst im Blütenstand verzweigt. Blätter elliptisch, untere bis 20 cm lang und gestielt, obere kleiner, am Rand gezähnt und sitzend. Blüten klein, goldgelb, röhrenförmig, die Köpfchen am Ende des Stängels zusammengedrängt. Köpfchen mit dachziegelig angeordneten Hüllblättern, die äußeren zurückgekrümmt.

Standort: Magerrasen, Felsen.

Ehrenpreis, Großer

(Veronica teucrium) – Wegerichgewächse (Plantaginaceae)

| J | F | M | A | M | J | J | A | S | O | N | D |

Beschreibung: 30–80 cm hohe, aufrechte Pflanze. Stängel angedrückt behaart. Blätter sitzend, schmal eiförmig, scharf gesägt. Blüten tiefblau, ausgebreitet, 10–18 mm im Durchmesser, in gestielten, dichten Trauben.

Standort: Trockenrasen und Gebüschränder auf Kalkboden.

Ähnliche Art: Der sehr seltene, kleinere **Ährige Ehrenpreis** (*Veronica spicata,* E1_2) hat trichterförmige, blaue Blüten, aus denen die Staubblätter weit heraus ragen. Blätter wechselständig, die oberen höchstens schwach gesägt. Geschützte Pflanze, Zuchtformen als beliebte Zierpflanze. Standort: Trockenrasen, Felsen. Blütezeit: VII–IX. Wanderung: 11.

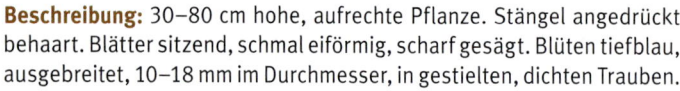

D2

D3

E1

E1_2

E2 Ehrenpreis, Wald-
(Veronica officinalis) – Wegerichgewächse (Plantaginaceae)

| J | F | M | A | M | J | J | A | S | O | N | D |

Beschreibung: 10–20 cm hohe, oft niederliegende Pflanze mit wurzelnden Ausläufern. Stängel und Blätter weich behaart. Blätter eiförmig, fein gesägt. Blüten hellblau bis blasslila, sitzend, in Trauben.

Wissenswert: Wald-Ehrenpreis kann mit vielen arzneilich wirksamen Inhaltsstoffen aufwarten und ist als vielseitige Heilpflanze bekannt. Die Volksheilkunde setzt ihn in Teemischungen und Tinkturen bei Atemwegserkrankungen, Hautleiden, Rheuma und bei Stoffwechselproblemen ein.

Standort: Trockene Wälder, Magerwiesen.

E3 Eibisch, Echter
(Althaea officinalis) – Malvengewächse (Malvaceae)

| J | F | M | A | M | J | J | A | S | O | N | D |

Beschreibung: 60–120 cm hohe Pflanze. Stängel und Blätter samtig-filzig. Blätter gestielt mit 3 bis 5 manchmal undeutlichen Lappen, gezähnt, spitz zulaufend. Blüten weiß bis rosa, aus den Blattachseln entspringend.

Wissenswert: Wurzel, Blätter und Blüten des Eibisch enthalten reichlich Schleimstoffe, weshalb man ihn gegen Atemwegserkrankungen und bei Verdauungsstörungen verwendet. Die Wurzel ist nahrhaft, jedoch recht geschmacklos und wurde in Notzeiten früher gekocht. Aus Blättern und Blüten kann Salat zubereitet werden. Alte Garten- und wichtige Bienenfutterpflanze. Außerhalb der Gärten selten und gefährdet.

Standort: Ufer, feuchte Wiesen.

E2

E3

E3

245

Engelwurz, Wilde

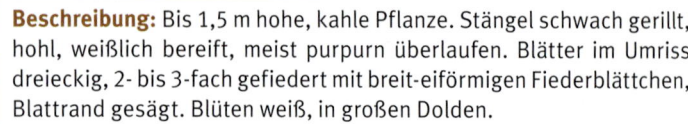

(Angelica sylvestris) – Doldenblütler (Apiaceae)

J F M A M J J A S O N D

4–7
12

Beschreibung: Bis 1,5 m hohe, kahle Pflanze. Stängel schwach gerillt, hohl, weißlich bereift, meist purpurn überlaufen. Blätter im Umriss dreieckig, 2- bis 3-fach gefiedert mit breit-eiförmigen Fiederblättchen, Blattrand gesägt. Blüten weiß, in großen Dolden.

Wissenswert: Aus den Früchten der Engelwurz wurde früher ein Pulver gegen Läuse hergestellt. Junge Blätter eignen sich als Gemüse. Wurzel und Früchte werden zu Heilzwecken, unter anderem als Verdauungshilfe eingesetzt.

Standort: Feuchte Wiesen und Wälder.

Ähnliche Art: Die Blätter vom bis 1 m hohen **Giersch** (*Aegopodium podagraria,* E4_2) sind dreilappig und die Lappen eiförmig, zugespitzt und am Rand ebenfalls gesägt. Blütendolden kleiner als bei der Engelwurz. Giersch wurde früher als Heilpflanze gegen Gicht und als Gemüse angebaut. Junge Blätter eignen sich als würzige Beilage für Salate. Standort: feuchte Waldränder. Blütezeit: V–VI. Wanderungen: 1, 4–7, 12, 18.

Enzian, Deutscher

(Gentianella germanica) – Enziangewächse (Gentianaceae)

J F M A M J J A S O N D

1
3

Beschreibung: 5–50 cm hohe Pflanze. Stängel oft purpurn überlaufen. Blüten violett, 2–3 cm lang, aus 5 zu einer Röhre verwachsenen Kronblättern. Krone im Schlund bärtig. Kelchzipfel am Rand rau.

Standort: Trockenrasen auf Kalkboden, Flachmoore.

Ähnliche Art: Der ebenfalls geschützte, zierlichere **Fransen-Enzian** (*Gentianopsis ciliata,* E5_2) hat eine blaue Blüte mit 4 Zipfeln, die am Rand gefranst sind. Standort: Kalkreiche Trockenrasen. Blütezeit: VII–X. Wanderungen: 1, 3.

E4

E4_2

E5

E5_2

E5

E6 Esparsette, Futter-

(Onobrychis viciifolia) – Schmetterlingsblütler (Fabaceae)

J F M A M J J A S O N D

Beschreibung: 30–60 cm hohe Pflanze, Stängel aufrecht. Blätter mit 5–14 Fiederpaaren, Teilblättchen lanzettlich. Blüten rosa, 9–14 mm lang, in langen Trauben angeordnet. Früchte (Hülsen) runzlig und mit 1 mm langen Stacheln.

Wissenswert: Die Futter-Esparsette wurde früher als Viehfutter angebaut, heute Bestandteil von Saatmischungen für Straßenböschungen. Wichtige Nektar- und Raupenfutterpflanze für zahlreiche Insekten.

Standort: Magerrasen auf Kalkboden.

E7 Esskastanie

(Castanea sativa) – Buchengewächse (Fagaceae)

Beschreibung: Bis 30 m hoher Baum mit glatter Borke, bei alten Bäumen rissig. Die Verzweigung kann in Bodennähe beginnen. Laubblätter länglich, bis 25 cm, dornig gezähnt, Oberseite glänzend. Blüten nach den Blättern erscheinend, Blütenstände bis 25 cm lang, duftend. Früchte von einem stacheligen Fruchtbecher umgeben.

Wissenswert: Die Esskastanie stammt ursprünglich aus Südosteuropa. Sie wurde bei uns vielleicht schon von den Kelten eingeführt, die ihre nahrhaften, wohlschmeckenden und lagerfähigen Früchte nutzten. In der Römerzeit und im Mittelalter wurde der Anbau ausgedehnt. Die Früchte werden Maronen oder Kesten genannt, sind sehr stärke- und zuckerhaltig und schmecken geröstet oder gekocht am besten. Der dunkle, herbe Kastanienhonig stammt aus Blütennektar und den Saftdrüsen in den Blattachseln. In der Volksmedizin aufgrund der enthaltenen Gerbstoffe gegen Durchfall eingesetzt. Das witterungsbeständige Holz wird für Zäune oder Pfähle genutzt.

Standort: Laubwälder im Weinbauklima.

E6

E6

E7

E7

F1 Färberwaid

(Isatis tinctoria) – Kreuzblütler (Brassicaceae)

| J | F | M | A | M | J | J | A | S | O | N | D |

Beschreibung: 40–120 cm hohe Pflanze, oben oft ausladend verzweigt. Zur Ausbildung von Stängel und Blüten werden 2 Jahre benötigt, im ersten Jahr sieht man nur die Rosette. Stängel und Blätter blaugrün, kahl. Blätter den Stängel pfeilförmig umfassend. Blüten gelb, gestielt. Früchte (Schoten) hängend, bis 25 mm, violett-schwarz werdend.

Wissenswert: Der Färberwaid stammt aus Südosteuropa und Westasien und ist eine alte Färbepflanze, die, angeblich bereits von den Kelten genutzt, im Mittelalter angebaut wurde. Zur Gewinnung des blauen Farbstoffs für Leinen mussten die Blätter in einem aufwändigen und umweltbelastenden Verfahren zerquetscht und vergoren werden. In der Textil-Färberei wurde das Blau des Färberwaids im 17. Jahrhundert vom Blau des Indigo-Strauchs aus Amerika und Asien abgelöst.

Standort: Trockene, sonnige, meist kalkreiche Steilhänge.

F2 Feinstrahl, Gewöhnlicher

(Erigeron annuus) – Korbblütler (Asteraceae)

| J | F | M | A | M | J | J | A | S | O | N | D |

Beschreibung: 20 cm bis über 1 m hohe, aufrechte, verzweigte Pflanze. Obere Blätter ganzrandig, die unteren gezähnt. Viele etwa 2 cm große Blütenköpfchen mit weißen bis hellvioletten, fädlichen Zungen- und gelben Röhrenblüten.

Wissenswert: Der Feinstrahl kam im 18. Jahrhundert aus Nordamerika als Zierpflanze in die europäische Flora. Mittlerweile ist er fast im ganzen Land verwildert und eingebürgert.

Standort: Nährstoffreiche Uferfluren, feuchte Wegränder.

F3 Felsenbirne, Gewöhnliche

(Amelanchier ovalis) – Rosengewächse (Rosaceae)

| J | F | M | A | M | J | J | A | S | O | N | D | | J | F | M | A | M | J | J | A | S | O | N | D |

Beschreibung: 1–3 m hoher Strauch. Stämme zu mehreren, an Steilhängen auch überhängend. Blätter zu Beginn zumindest auf der Unterseite dicht weiß bis hellgelb wollfilzig, rundlich-eiförmig, am Rand gekerbt, ohne aufgesetzte Spitze. Blüten zu 5–10, weiß. 5 lange, schmale Blütenblätter. Früchte rundlich, blauschwarz, bereift, wohlschmeckend.

Wissenswert: Aus den Früchten lässt sich Marmelade bereiten.

Standort: Kalkfelsen, lichte Wälder.

F1

F2

F3

Felsenkirsche

(Prunus mahaleb) – Rosengewächse (Rosaceae)

| J | F | M | A | M | J | J | A | S | O | N | D | | J | F | M | A | M | J | J | A | S | O | N | D |

9–11
13–18

Beschreibung: 3 bis über 5 m hoher Strauch oder Baum. Blätter wechselständig, breit eiförmig bis fast kreisrund, unten schwach herzförmig, kahl, am Rand mit stumpfen Zähnen. Blüten weiß, duftend, zu 4–10 in Trauben. Früchte erbsengroß, kugelig bis eiförmig, schwarz, bitter.

Standort: Sonnige Felshänge.

Wissenswert: Die früh blühende Felsenkirsche wird gerne als Zierstrauch angepflanzt; Pfropfunterlage für Sauerkirschen.

Ähnliche Art: Der **Echte Kreuzdorn** (**Rhamnus cathartica,** Kreuzdorngewächse, Rhamnaceae, F4_2) wird bis 3 m hoch. Die Zweige stehen rechtwinklig ab und enden meist in einem Dorn. Blätter gegenständig, mit bogenförmigen Nerven. Blüten grün. Reife Früchte schwarz, rund, giftig. Auch Heilpflanze; die Früchte werden als Abführmittel verwendet. Standort: Kalkreiche felsige Hänge. Blütezeit: V–VI. Fruchtzeit: VIII–X. Wanderungen: 2, 13, 16, 17.

Fetthenne, Felsen-

(Sedum rupestre) – Dickblattgewächse (Crassulaceae)

2
6
9–11
14–18

| J | F | M | A | M | J | J | A | S | O | N | D |

Beschreibung: 15–35 cm hohe Pflanze mit nichtblühenden Trieben. Stängelblätter schmal, meist blaugrün, fleischig, drehrund, bis 2 cm lang, mit Stachelspitze und am Grunde mit spornartigem Anhängsel. Untere Blätter schnell abfallend, der untere Sprossteil daher oft nackt. Blütenstand in Rispen, vor dem Aufblühen eingerollt. Blüten sternförmig, gelb.

Standort: Felsen, Mauern.

Wissenswert: Leicht säuerliches, Vitamin C-haltiges Küchenkraut zum Würzen von Salat und Gemüse. Alte Zier- und Gemüsepflanze (Tripmadam).

Ähnliche Art: Die Blätter der ähnlich hohen, selteneren **Zierlichen Fetthenne** (**Sedum forsterianum,** F5_2) sind bogig gekrümmt und auf der Oberseite flach. Abgestorbene Blätter am Sprossgrund lange bleibend. Blätter am Ende der nichtblühenden Stängel schopfig. Standort und Blütezeit: wie Felsen-Fetthenne. Wanderungen: 6, 10–15.

F4

F4_2

F5

F5_2

F6

Fetthenne, Rote

(Hylotelephium telephium) – Dickblattgewächse (Crassulaceae)

J F M A M J J A S O N D

Beschreibung: 25–60 cm hohe Pflanze. Stängel aufrecht, bläulich-grün. Blätter fleischig, wechselständig, meist breit eiförmig, sitzend, rundum gezähnt, 2–10 cm lang. Blüten purpurfarben bis rosa.

Wissenswert: In der Volksmedizin wurde die schwach giftige Rote Fetthenne zum Auflegen auf Wunden gebraucht.

Standort: Felsen, Mauern.

F7

Fetthenne, Weiße

(Sedum album) – Dickblattgewächse (Crassulaceae)

J F M A M J J A S O N D

Beschreibung: 8–20 cm hohe, rasenbildende Pflanze mit vielen nicht-blühenden Trieben. Blätter 7–20 mm lang, abstehend, beiderseits gewölbt, wechselständig, bei Besonnung rot überlaufen. Blütenstand vielblütig, auf langem Stängel. Blüten sternförmig, weiß bis blassrosa mit 5 Kronblättern.

Standort: Felsen, Mauern.

Wissenswert: Die Raupen des stark gefährdeten Apollofalters fressen ausschließlich an den Blättern der Weißen Fetthenne (oligophag). In Steingärten und zur Dachbegrünung angepflanzt.

Ähnliche Art: Der kleinere **Scharfe Mauerpfeffer (*Sedum acre,* F7_2)** hat gelbe Blüten und dicht am Stängel sitzende, bis 5 mm lange, flei-schige Blättchen. Er schmeckt aromatisch, sollte jedoch aufgrund der leicht giftigen Inhaltsstoffe höchstens schwach dosiert gegessen oder äußerlich angewendet werden. In der Volksmedizin bei schlecht hei-lenden Wunden und gegen Bluthochdruck eingesetzt. Standort und Blütezeit: wie Weiße Fetthenne. Wanderungen: 1, 11, 13, 18.

F6

F7

F7_2

255

F8 Fingerhut, Roter

(Digitalis purpurea) – Braunwurzgewächse (Scrophulariaceae)

| J | F | M | A | M | J | J | A | S | O | N | D |

5–11
14

Beschreibung: 50–120 cm hohe Pflanze, etwas graufilzig. Untere Blätter lang gestielt, mit verschmälertem Grund, obere sitzend, oberseits dunkelgrün, unterseits grauweiß, am Rand kerbig gesägt. Blüten meist einseitswendig, Blütenkrone bis 6 cm lang, lilarot, innen mit dunkelroten, weiß umrandeten Flecken.

Wissenswert: Stark giftig durch Digitalis-Glycoside. Seit dem 18. Jahrhundert werden die Blätter als herzstärkendes und kreislaufförderndes Mittel verwendet, dabei kam es häufig zu Vergiftungen durch Überdosierung. Heute werden Digitalis-Glykoside nur noch als isolierte Reinsubstanzen angewendet. Große Bedeutung in der Homöopathie; seit langem auch Gartenpflanze.

Standort: Waldränder, -wege.

F9 Fingerkraut, Frühlings-

(Potentilla neumanniana) – Rosengewächse (Rosaceae)

| J | F | M | A | M | J | J | A | S | O | N | D |

2
3
10–13
15–18

Beschreibung: 5–10 cm hohe Pflanze, oft Teppiche bildend. Blätter aus 5–7 keilförmigen Teilblättchen zusammengesetzt. Blütenstand 3–10-blütig, oft bereits aus den Achseln der unteren Stängelblätter verzweigt. Kronblätter 5, gelb.

Standort: Trockenrasen, Felsen.

Ähnliche Arten: Die 10–30 cm hoch wachsende **Blutwurz (*Potentilla erecta*,** F9_2) ist an der Basis verholzt. Grundblätter lang gestielt, Stängelblätter sitzend oder kurz gestielt, große Nebenblätter. Blüten gelb, mit 4 Kronblättern. Standort: Magerrasen, lichte Wälder. Blutwurz ist eine Heilpflanze, die in vielen Kräuterschnäpsen enthalten ist. In der Wurzel stecken Wirkstoffe, die medizinisch bei Durchfällen, Halsentzündungen sowie bei Verbrennungen und schlecht heilenden Wunden eingesetzt werden. Blütezeit: V–IX. Wanderung: 7. Auch das **Kriechende Fingerkraut (*Potentilla reptans*,** F9_3) ist niederliegend und hat 5-teilige Blätter. Spross mit langen Ausläufern, die sich an den Knoten einwurzeln und neue Rosetten bilden. Blüten lang gestielt, goldgelb, 5–6 Kronblätter. Standort: Wegränder, Äcker, Ufer. Blütezeit: VI–VIII. Wanderungen: 2, 3, 5, 7, 13, 14.

F8

F9_2

F9

F9_3

F10 Fingerkraut, Hohes

(Potentilla recta) – Rosengewächse (Rosaceae)

| J | F | M | A | M | J | J | A | S | O | N | D |

Beschreibung: 30–80 cm hohe, steif aufrechte Pflanze. Stängel mit lang abstehenden Haaren, im oberen Teil verzweigt. Grund- und Stängelblätter aus 5–7 schmalen, tief gesägten Teilblättchen zusammengesetzt. Blüten 22–25 mm im Durchmesser, schwefelgelb. Kelchblätter behaart, kürzer als die Kronblätter.

Wissenswert: Das in Süd- und Osteuropa beheimatete und bei uns nur zerstreut verbreitete Hohe Fingerkraut (Archäophyt) enthält in geringen Konzentrationen Wirkstoffe gegen Durchfall und zur Förderung der Wundheilung. Wird auch als Zierpflanze angeboten.

Standort: Magerrasen, Böschungen.

F11 Fingerkraut, Silber-

(Potentilla argentea) – Rosengewächse (Rosaceae)

| J | F | M | A | M | J | J | A | S | O | N | D |

Beschreibung: 20–30 cm hohe Pflanze. Stängel und Blattunterseiten weißfilzig. Grundblätter gestielt, meist 5-zählig. Obere Stängelblätter sitzend, meist 3-zählig, Teilblättchen mit 3–5 schmalen Zipfeln, am Rand umgerollt. Blüten gelb, im Durchmesser 1 cm, mit 5 Kronblättern.

Standort: Wegränder auf kalkarmen, steinigen Böden.

F12 Flockenblume, Gewöhnliche

(Centaurea jacea) – Korbblütler (Asteraceae)

| J | F | M | A | M | J | J | A | S | O | N | D |

Beschreibung: 10–120 cm hohe Pflanze. Stängel einfach oder verzweigt, wie die Blätter kahl bis spinnwebartig-filzig. Blätter eiförmig bis lanzettlich, ganzrandig. Blüten lila, in Körbchen, die randständigen etwas vergrößert. Hüllblätter grün mit großen, braunen Anhängseln, diese ungeteilt oder unregelmäßig eingerissen. Sehr formenreiche Art.

Standort: Wiesen.

Ähnliche Art: Die Blätter der **Skabiosen-Flockenblume (Centaurea scabiosa,** F12_2) sind rau, ledrig, dunkelgrün und am Rand tief eingeschnitten. Die violetten Blütenköpfe stehen einzeln, randständige Blüten stark vergrößert. Die Anhängsel der Hüllblätter diese nicht verdeckend, daher die Hülle grün-schwarz gescheckt erscheinend. Wichtige Nahrungspflanze für Insekten. Standort: Magerwiesen, kalkliebend. Blütezeit: VII–IX. Wanderungen: 1–5, 7, 8, 10, 11, 15, 17, 18.

F10

F12

F11

F12_2

F13 Flügelginster
(Chamaespartium sagittale) – Schmetterlingsblütler (Fabaceae)

10–12
15
16
18

Beschreibung: 10–30 cm hoher, an der Basis verholzter Halbstrauch. Sprosse auffällig geflügelt, behaart. Blätter etwa 1–2 cm lang, ungeteilt, hinfällig. Oben an den Sprossen dichte Trauben mit gelben Blüten. Einzelblüte etwa 1 cm lang.

Standort: Trockene Magerwiesen und Waldränder.

G1 Gamander, Echter
(Teucrium chamaedrys) – Lippenblütler (Lamiaceae)

1
2
18

Beschreibung: 10–40 cm große Pflanze, an der Basis verholzt. Blätter eiförmig, gestielt, behaart, gekerbt, auf der Unterseite mit hervortretenden Blattnerven, Oberseite dunkler, glänzend. Blüten in den oberen Blattachseln, rotviolett, wie alle Gamander ohne Oberlippe.

Wissenswert: Der seltene Echte Gamander enthält u.a. ätherisches Öl, Gerb- und Bitterstoffe und kann als Tee bei Magenbeschwerden, Darm- und Gallenschwäche und gegen Gicht eingesetzt werden. Früher wurde er außerdem als Gewürz für Wein verwendet. Achtung: Kann Leberschäden hervorrufen!

Standort: Trockene Wälder, Trockenrasen, auf Kalkboden.

G2 Gamander, Salbei-
(Teucrium scorodonia) – Lippenblütler (Lamiaceae)

5–18

Beschreibung: 30–60 cm hohe, behaarte Pflanze. Blätter gestielt, 3–7 cm lang, runzlig, am Rand gekerbt. Blütenstand oberhalb der Blätter, verzweigt, alle Blüten nach einer Seite ausgerichtet. Blüten cremefarben oder hellgelb, einzeln oder zu zweien, um 1 cm lang.

Wissenswert: Salbei-Gamander enthält ätherisches Öl, Gerb- und Bitterstoffe und wird als Hustenmittel, zur Appetitanregung und Blutreinigung eingesetzt.

Standort: Laub- und Nadelwälder.

F13

G1

G2

Ginster, Behaarter

(Genista pilosa) – Schmetterlingsblütler (Fabaceae)

| J | F | M | A | M | J | J | A | S | O | N | D |

5
8–11
13–17

Beschreibung: Meist 10–30 cm hoher Zwergstrauch. Junge Zweige, Blattunterseiten und Teile der Blüte seidig behaart. Zweige gerillt. Blätter 4–15 mm lang, länglich. Blüten gelb, 8–10 mm lang. Hülsenfrucht 15–25 mm lang, behaart.

Standort: Lichte Wälder, Felsen.

Ähnliche Art: Der giftige **Färber-Ginster** (**Genista tinctoria,** G3_2), ein 20–60 cm hoher, buschiger Halbstrauch ist weitgehend unbehaart, lediglich die Blätter sind am Rand oft bewimpert. Blätter lanzettlich bis elliptisch, ungeteilt und bis 4 cm lang.

Wissenswert: Färber-Ginster wurde früher medizinisch als blutstillendes und schweißtreibendes Mittel eingesetzt. Zweige, Blätter und Blüten enthalten die Farbstoffe Genistin und Luteolin. Unter Zugabe von Alaun lassen sich damit lichtechte, gelbe Farben auf Textilien erzielen, was schon in der Antike bekannt war. Standort: Lichte Eichenwälder, Magerwiesen. Blütezeit: V–VIII. Wanderungen: 1, 3, 11, 16.

Glockenblume, Nesselblättrige

(Campanula trachelium) – Glockenblumengewächse (Campanulaceae)

| J | F | M | A | M | J | J | A | S | O | N | D |

1–3
5
6
8–18

Beschreibung: 60–100 cm hohe Pflanze. Stängel vierkantig, hohl. Ganze Pflanze stechend-borstig behaart. Blätter herzförmig-dreieckig bis länglich spitz, gezähnt, die unteren gestielt, die oberen sitzend. Blüten blaulila, sitzend oder kurz gestielt, zu 1–3 in Blattachseln. Kelchblätter an der Basis breit, oben schmal. Krone bis 4 cm lang, schmal trichterförmig.

Standort: Gebüsche, lichte Wälder.

Ähnliche Art: Die **Knäuel-Glockenblume** (**Campanula glomerata,** G4_2) ist niedriger, kleinblütiger und weich behaart. Blüten sitzend, zu mehreren in blattachsel- oder endständigen Büscheln, dunkelviolett. Kelchblätter spitz. Standort: Magerwiesen. Blütezeit: VI–VIII. Wanderungen: 2, 3.

G3

G3_2

G3_2

G4

G4_2

G5 Glockenblume, Pfirsichblättrige

(Campanula persicifolia) – Glockenblumengewächse (Campanulaceae)

| J | F | M | A | M | J | J | A | S | O | N | D |

1–3
6
9–11
13
14
17

Beschreibung: 30–80 cm hohe Pflanze. Stängel kahl oder unten kurz behaart. Grundblätter schmal länglich, gezähnt, glänzend, Stängelblätter sitzend, lanzettlich. Blüten weitglockig, hell(lila)blau, kurz gestielt. Krone 2,5–4 cm lang. Kelchblätter schmal dreieckig, spitz.

Standort: Lichte Wälder auf Kalkboden.

G6 Glockenblume, Rapunzel-

(Campanula rapunculus) – Glockenblumengewächse (Campanulaceae)

| J | F | M | A | M | J | J | A | S | O | N | D |

3
7
8
15–17

Beschreibung: 30–100 cm hohe Pflanze. Stängel kantig, kahl oder zerstreut behaart. Grundblätter verkehrt eiförmig, zur Blütezeit meist vertrocknet, Stängelblätter lineal-lanzettlich, ganzrandig oder schwach gezähnt. Blüten kurz gestielt, in schmalen Rispen. Krone 15–25 mm lang, trichterförmig, blau bis hellviolett, Kronzipfel länger als breit.

Wissenswert: Die rübenförmigen Wurzeln (Rapunzel ist ein altes Wort für Würzelchen) wurden früher roh oder gekocht gegessen.

Standort: Wiesen, Wegsäume.

Ähnliche Art: Die zierlichere **Rundblättrige Glockenblume (*Campanula rotundifolia,*** G6_2) besitzt einen dünnen Stängel und gestielte, rundliche Grundblätter, die zur Blütezeit meist vertrocknet sind. Stängelblätter sehr schmal. Blüten himmelblau, 10–20 mm lang, weitglockig, zu etwa 1/3 geteilt, Blütenstand eine verzweigte Rispe. Standort: Wiesen, Felsen. Blütezeit: VI–IX. Wanderungen: 5, 7, 8, 10, 12, 15–18.

G7 Golddistel

(Carlina vulgaris) – Korbblütler (Asteraceae)

| J | F | M | A | M | J | J | A | S | O | N | D |

1–3
14
15

Beschreibung: 30–60 cm hohe Pflanze. Stängel spinnwebig-wollig behaart. Blätter am Rand tief eingeschnitten, zuerst filzig behaart, später kahl. Rosettenblätter länglich, am Rand dornig oder bewimpert, zur Blütezeit vertrocknet. Stängelblätter mit derben Dornen. Blütenstand mit mehreren Blütenköpfen, diese 20–30 mm breit. Die inneren Hüllblätter strohgelb bis goldfarben, die äußeren stachelig. Blütenkrone gelblich, an der Spitze purpurn.

Wissenswert: Findet in der Trockenblumenbinderei Verwendung.

Standort: Magerrasen auf Kalkboden.

G5

G6

G6_2

G7

G8 Goldlack

(Erysimum cheiri) – Kreuzblütler (Brassicaceae)

J F M A M J J A S O N D

Beschreibung: 20–60 cm hohe Pflanze, duftend. Stängel und Blätter mit zweistrahligen Haaren besetzt, daher rau. Kronblätter gelb, orange bis braun, 15–25 mm lang. Schoten 3–6 cm lang, gestielt.

Wissenswert: Der Goldlack wurde im Mittelalter aus Südosteuropa als Zierpflanze eingeführt (Archäophyt). Auf warmen Schieferfelsen wie im Moseltal kann er verwildern und heimisch werden. Besonders die Samen enthalten ein ähnliches Gift wie der Rote Fingerhut (F8).

Standort: Felsen, Mauern.

G9 Goldrute, Echte

(Solidago virgaurea) – Korbblütler (Asteraceae)

J F M A M J J A S O N D

Beschreibung: 40–100 cm hohe Pflanze. Blätter verschieden gestaltet: untere eiförmig, grob gesägt und lang gestielt, obere lanzettlich und kleiner. Blütenstand locker rispig mit goldgelben Korbblüten; Einzelblüten 10–15 mm im Durchmesser.

Wissenswert: Alte Heilpflanze; wirkt entwässernd und ist in vielen Blasen- und Nierentees enthalten. Im Mittelalter wurde das „Heidnisch Wundkraut" bei Nierensteinen verabreicht. Äußerliche Anwendung bei Wunden und Insektenstichen. Färberpflanze: man erzielt einen goldgelben Farbton.

Standort: Magerrasen, lichte Wälder.

G8

G9

G9

G10 Goldrute, Kanadische

(Solidago canadensis) – Korbblütler (Asteraceae)

| J | F | M | A | M | J | J | A | S | O | N | D |

Beschreibung: 50–200 cm hohe Pflanze. Stängel, zumindest oben, dicht kurzhaarig. Blätter breit lanzettlich, am Rand gesägt. Blütenstand eine dichte pyramidenförmige Rispe mit vielen kleinen, nach oben gerichteten, goldgelben Blüten.

Standort: Ufer, Wegränder.

Ähnliche Art: Der Stängel der **Riesen-Goldrute** (**Solidago gigantea,** G10_2) ist kahl und oft rötlich überlaufen. Standort: Feuchte Wälder, Brachflächen. Blütezeit: VIII–X. Wanderungen: 4–6, 10, 12.

Wissenswert: Kanadische und Riesen-Goldrute stammen aus Amerika und haben sich in Europa rasant ausgebreitet. Beide Arten sind wichtige Nektarpflanzen für Insekten und werden auch in Gärten kultiviert. Die Kanadische Goldrute kann man auch zum Färben verwenden. Die medizinische Wirkung der beiden Arten ist ähnlich der der Echten Goldrute (G9).

G11 Graslilie, Astlose

(Anthericum liliago) – Spargelgewächse (Asparagaceae)

| J | F | M | A | M | J | J | A | S | O | N | D |

Beschreibung: 30–60 cm hohe Pflanze. Nur unten beblättert. Blätter grasartig, fast so lang wie der Stängel. Blütenstand traubig, mit bis zu 40 weißen Blüten. Blütenblätter 6, 13–26 mm lang, schmal-elliptisch.

Wissenswert: Selten. Wird als Zierpflanze für Naturgärten angeboten.

Standort: Trockenrasen, warme Gebüschränder.

G12 Greiskraut, Fuchs-

(Senecio ovatus) – Korbblütler (Asteraceae)

| J | F | M | A | M | J | J | A | S | O | N | D |

Beschreibung: Kräftige, bis 180 cm hohe Staude mit rötlich überlaufenem Stängel. Blätter etwa 5-mal so lang wie breit, sitzend, regelmäßig gezähnt, die oberen oft am Stängel herablaufend. Zahlreiche gelbe Korbblüten mit meist 5 Zungenblüten und 11–16 Röhrenblüten.

Wissenswert: Alle Greiskräuter enthalten die Leber schädigende Alkaloide, die bei hoher Dosierung zum Tod führen.

Standort: Wälder.

G10

G10_2

G11

G12

Greiskraut, Raukenblättriges

(Senecio erucifolius) – Korbblütler (Asteraceae)

Beschreibung: 30–120 cm hohe Pflanze mit Ausläufern. Im 1. Jahr entwickelt sich eine Rosette aus tief eingeschnittenen Grundblättern, aus der im nächsten Jahr der Stängel herauswächst. Abschnitte der Blätter spitz auslaufend, Endabschnitt nicht größer als die seitlichen Abschnitte. Blätter mit Öhrchen. Blüten hellgelb, lang gestielt. Äußere Blütenhüllblätter lang, abstehend.

Standort: Wiesen, Wegsäume auf Kalk.

Ähnliche Art: Bei den Blättern des kleineren, früher blühenden **Jakobs-Greiskrauts** (*Senecio jacobaea,* G13_2) sind die Endfiedern breiter als die seitlichen Blattfiedern. Die dem Stängel ansitzenden Blattöhrchen gezipfelt. Äußere Hüllblätter anliegend. In Heu und Silage für Weidetiere giftig. Standort: Wiesen, Wegsäume. Blütezeit: VII–IX. Wanderungen: 1, 2, 4, 7, 8, 16. **Wissenswert**: Giftig wie Fuchs-Greiskraut (G12).

Haarstrang, Kümmelblättriger

(Peucedanum carvifolia) – Doldenblütler (Apiaceae)

Beschreibung: 30–100 cm hohe Pflanze. Stängel kahl, oben kantig. Blätter einfach gefiedert, Stängelblättchen mit sehr schmalen Abschnitten, glänzend, am Rand rau. Blütendolde mit 5–10 ungleich langen Strahlen. Blüten gelblich-weiß, außen oft rötlich überlaufen. Tragblätter der Dolde (Hülle) meist fehlend.

Wissenswert: In Deutschland seltene und gefährdete Art, wärmeliebend.

Standort: Nicht zu trockene Wiesen, Säume.

G13

G13_2

G13_2

H1

H2 — Habichtskraut oder Mausohr, Kleines

(Hieracium pilosella) – Korbblütler (Asteraceae)

| J | F | M | A | M | J | J | A | S | O | N | D |

1–3
8
10–18

Beschreibung: 10–30 cm große Pflanze mit langen, beblätterten, behaarten Ausläufern und Blattrosette. Stängel blattlos mit 1 Blüte. Grundblätter verkehrt-eiförmig bis lanzettlich, ganzrandig, oberseits mit langen Haaren, unterseits graugrün bis weißfilzig. Blüten gelb, in Körbchen, äußere Kronblätter häufig rotstreifig. Hüllblätter mehrreihig stehend.

Wissenswert: Das Kleine Habichtskraut enthält Gerb- und Bitterstoffe und wird in der Volksmedizin bei Durchfällen, Entzündungen im Mund- und Rachenraum und zur Stärkung der Augen eingesetzt.

Standort: Magere Wiesen und Wegsäume.

H3 — Habichtskraut, Wald-

(Hieracium murorum) – Korbblütler (Asteraceae)

| J | F | M | A | M | J | J | A | S | O | N | D |

2
3
5
7
8
10
15

Beschreibung: 20–60 cm hohe Pflanze ohne Ausläufer. Stängel haarig mit höchstens 1 Blatt. Grundblätter gestielt, am Grund oft herzförmig, Blattstiel haarig. Blätter gras- oder dunkelgrün, meist ungefleckt. Blüten gelb. Blütenstand mit 2–6 Ästen. Blütenköpfe 4–15. Hüllblätter unregelmäßig dachziegelig angeordnet, anliegend, schmal, mit schwarzen Drüsen. Formenreiche Art mit Unterarten.

Standort: Wälder.

Ähnliche Art: Das **Frühblühende Habichtskraut** (*Hieracium glaucinum,* H3_2) hat blaugrüne bis lauchgrüne, oft violett gefleckte Blätter. Blütenstand mit 1–3 Ästen und 3–10 Köpfchen. Standort: lichte Eichenwälder, Felsspalten. Blütezeit: Ende IV–VII. Wanderungen: 6, 8–11, 13, 14, 16, 17. In Wäldern kommen weitere Habichtskrautarten vor, die hier nicht im Einzelnen vorgestellt werden.

H4 — Händelwurz, Mücken-

(Gymnadenia conopsea) – Knabenkrautgewächse (Orchidaceae)

| J | F | M | A | M | J | J | A | S | O | N | D |

1
3

Beschreibung: 20–70 cm hohe Orchidee. Blätter lanzettlich, aufrecht. Blütenstand bis 20 cm lang, Blüten dunkelrosa bis fast weiß. Der abwärts nach hinten weisende Sporn ist doppelt so lang wie die Blüte. Lippe mit 3 eiförmigen, gleich langen Zipfeln. Variable Orchideenart, die in Unterarten aufgeteilt werden kann.

Standort: Magerrasen auf Kalkboden.

H2

H3

H3_2

H4

H5 Hasenohr, Sichel-

(Bupleurum falcatum) – Doldenblütler (Apiaceae)

J F M A M J J A S O N D

Beschreibung: 20–100 cm hohe, verzweigte Pflanze. Stängelblätter hasenohrähnlich mit 5–7 deutlichen Blattnerven. Blütendolden mit 6–12 Doldenstrahlen, jedes Döldchen mit 8–20 winzigen gelben Blüten. Tragblätter der Dolde (Hülle) und der Döldchen schmal und spitz.

Standort: Magerrasen und lichte Wälder, auf Kalkboden.

H6 Hauhechel, Kriechende

(Ononis spinosa subsp. **repens)** – Schmetterlingsblütler (Fabaceae)

Beschreibung: 20–60 cm hohe, verzweigte Pflanze mit bogig aufsteigenden Stängeln. Zweige behaart, drüsig und mitunter mit weichen Dornen. Blättchen eiförmig bis elliptisch, am Rand gezähnt, fühlen sich wegen der Drüsenhaare klebrig an. Blüten rosa, selten weiß, 15–22 mm lang.

Standort: Magerrasen auf Kalkboden.

H7 Hauswurz, Echte oder Dachwurz, Echte

(Sempervivum tectorum) – Dickblattgewächse (Crassulaceae)

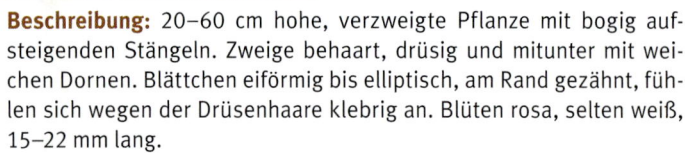

Beschreibung: 10–60 cm hohe Pflanze mit auffälliger fleischiger Blattrosette. Rosette sternförmig ausgebreitet, kahl, grün mit rotbrauner Spitze, am Rand borstig bewimpert. Stängelblätter sitzend, fleischig. Blüten zahlreich, groß, blass hellrot mit meist 12 Kronblättern.

Wissenswert: Altes Mittel für die Erste Hilfe. Früher wurde der Saft der frischen Blätter, der auch Gerb- und Schleimstoffe enthält, bei Verbrennungen und kleinen Verletzungen angewendet. Auch in Form von Tinkturen, Tee und Salben gegen diverse Leiden eingesetzt. Anspruchslose Steingartenpflanze. Wild wachsende Pflanzen sind selten und geschützt.

Standort: Kalkarme Felsen.

H5

H5

H6

H7

H7

H8 Heidekraut oder Besenheide

(Calluna vulgaris) – Heidekrautgewächse (Ericaceae)

| J | F | M | A | M | J | J | A | S | O | N | D |

Beschreibung: 20–40 cm hoher, reich ästiger Zwergstrauch. Blätter immergrün, schuppenförmig dicht stehend, 2–4 mm lang, lanzettlich, ledrig. Blütenstand traubig, 5–15 cm lang. Blüten nickend, 4 mm lang, violettrosa.

Wissenswert: Früher zur Herstellung von Besen und zum Färben verwendet. Diente als Einstreu und Brennmaterial. Wichtige Bienenweide (Heidehonig). In der Volksmedizin harntreibendes und blutreinigendes Mittel. Garten- und Friedhofspflanze.

Standort: Kalkarme, sandige oder felsige Böden.

H9 Heilwurz

(Seseli libanotis) – Doldenblütler (Apiaceae)

| J | F | M | A | M | J | J | A | S | O | N | D |

Beschreibung: Bis 120 cm hohe Pflanze. Stängel scharfkantig, reich verzweigt, fast kahl. Blätter graugrün, 2–3-fach gefiedert mit lanzettlichen, stachelspitzigen Abschnitten. Blütendolde gewölbt, mit 20–40 Strahlen, an der Basis ein Kranz aus vielen, sehr schmalen, bewimperten Blättchen (Hülle). An der Spitze jedes Doldenstrahls wiederum ein solcher Kranz (Hüllchen). Einzelblüten klein, weiß. Früchte eiförmig, gerippt und kurz behaart.

Wissenswert: Trotz des Namens ist die recht seltene Heilwurz keine Heilpflanze.

Standort: Kalkreiche trockene Wegsäume, Felsen.

H10 Herbstzeitlose, Gewöhnliche

(Colchicum autumnale) – Liliengewächse (Liliaceae)

| J | F | M | A | M | J | J | A | S | O | N | D |

Beschreibung: Pflanze ohne Stängel. Im Frühjahr mit steif aufrecht stehenden, dunkelgrünen, bis 35 cm langen Blättern. Im Herbst erscheinen lang gestielte, krokusartige Blüten, 8–25 cm lang, lila oder rosa.

Wissenswert: Zur Blütezeit im Herbst ist die Pflanze blattlos. In allen Teilen sehr giftig! Colchicin bringt die Zellteilung zum Stillstand. Aus Blüten und Knollen wurden früher Mittel gegen Läuse hergestellt, medizinisch werden Samen und Knollen bei akuter Gicht verwendet.

Standort: Feuchte Wiesen, Wälder und Böschungen.

H8

H9

H10

H11 Hexenkraut, Gewöhnliches

(Circaea lutetiana) – Nachtkerzengewächse (Onagraceae)

| J | F | M | A | M | J | J | A | S | O | N | D |

Beschreibung: Bis 60 cm hohe Pflanze. Stängel und Blattstiele weichhaarig. Blätter matt, kreuz-gegenständig, eiförmig, 4–8 cm lang, gestielt, schwach gezähnt. Blüten klein, weiß bis rosa. Früchte dicht mit Hakenborsten besetzt.

Standort: Wälder.

H12 Hirschwurz

(Peucedanum cervaria) – Doldenblütler (Apiaceae)

| J | F | M | A | M | J | J | A | S | O | N | D |

Beschreibung: Bis 150 cm hohe Pflanze. Stängel gerillt. Blätter 2–3-fach gefiedert, Teilblättchen eiförmig, derb, am Rand scharf gezähnt. Blütendolde mit 15–30 Strahlen, an der Basis ein Kranz aus vielen sehr schmalen Blättchen (Hülle). An der Spitze jedes Doldenstrahls wiederum ein solcher Kranz (Hüllchen). Einzelblüten klein, weiß.

Standort: Magerrasen, trockene Säume.

H13 Hohlzahn, Gelber

(Galeopsis segetum) – Lippenblütler (Lamiaceae)

| J | F | M | A | M | J | J | A | S | O | N | D |

Beschreibung: 10 bis über 30 cm hohe Pflanze. Stängel vierkantig und kurz flaumig, an den Knoten nicht verdickt. Blätter grob gezähnt, unterseits dicht samthaarig. Blüte 2,5–3,5 cm lang, hellgelb, selten rötlich, mit gelbem Fleck.

Wissenswert: Der Gelbe Hohlzahn enthält Kieselsäure, Gerbstoffe und ätherisches Öl. In der Volksmedizin kam er daher in Tees gegen Husten, zur allgemeinen Kräftigung und Blutreinigung zur Anwendung.

Standort: Kalkarme Äcker, Waldränder.

H11

H12

H12

H13

H14

6
9–11
14–18

Hohlzahn, Schmalblättriger

(Galeopsis angustifolia) – Lippenblütler (Lamiaceae)

| J | F | M | A | M | J | J | A | S | O | N | D |

Beschreibung: 10–40 cm hohe, aufrechte Pflanze. Stängel verzweigt, mit anliegenden Haaren, an den Knoten nicht verdickt. Blätter bis 4 cm lang, schmal-lanzettlich, ganzrandig oder beiderseits mit 1–4 kleinen Zähnen. Blüten hellrot, etwa 2 cm groß, mittlerer Teil der Unterlippe deutlich breiter als die Oberlippe, mit gelbem bis weißem Fleck und dunkelpurpurner Zeichnung, in der Mitte mit 2 kleinen, hohlen Zähnen.

Standort: Felsen, Äcker.

Ähnliche Art: Der borstig behaarte Stängel des **Gewöhnlichen Hohlzahns (Galeopsis tetrahit,** H14_2) ist an den Knoten deutlich verdickt. Blätter eiförmig, grob gezähnt. Ober- und Unterlippe der Blüte ähnlich breit. Blütenfarbe variabel von weiß bis violett, gelbe Zeichnung. Heilpflanze, einsetzbar als Tee bei Heiserkeit und gegen Hauterkrankungen. Standort: Wegrand, lichte Wälder. Blütezeit wie Hauptart. Wanderungen: 5, 7, 11–14.

H15

3

§

Hohlzunge

(Dactylorhiza viridis) – Knabenkrautgewächse (Orchidaceae)

| J | F | M | A | M | J | J | A | S | O | N | D |

Beschreibung: Bis 25 cm hohe, unauffällige Orchidee. Untere Blätter eiförmig, die oberen länglich und spitz. Blüten bräunlich-grün oder grün, die oberen Blütenblätter zu einem halbkugeligen Helm zusammenneigend, das untere zungenförmig herabhängend.

Wissenswert: Die früher weiter verbreitete Hohlzunge ist durch die Intensivierung der Landwirtschaft sehr selten geworden und mittlerweile stark gefährdet.

Standort: Magerrasen.

H14

H14

H14_2

H14_2

H15

H15

H16 Hopfen

(Humulus lupulus) – Hanfgewächse (Cannabaceae)

| J | F | M | A | M | J | J | A | S | O | N | D |

Beschreibung: 2–6 m lange Schlingpflanze. Blätter dunkelgrün, rauhaarig, die unteren 3–5-lappig, die oberen ungeteilt. Es gibt männliche und weibliche Pflanzen mit grünlich-weißen, unterschiedlich gestalteten Blüten (zweihäusig). Weibliche Blüten (oberes Bild) kätzchenartig mit hellgrünen Tragblättern; die männlichen (unteres Bild) in Rispen. Früchte in Zapfen.

Wissenswert: Hopfen wird in Deutschland seit über 1000 Jahren angebaut und zum Bierbrauen verwendet. Die Inhaltsstoffe der Früchte werden außerdem als Einschlaf- und Beruhigungsmittel, bei Frauenleiden und bei Verdauungsbeschwerden eingesetzt.

Standort: Auwälder, nährstoffreiche Gebüsche.

H17 Hufeisenklee

(Hippocrepis comosa) – Schmetterlingsblütler (Fabaceae)

| J | F | M | A | M | J | J | A | S | O | N | D |

Beschreibung: Bis 20 cm große Pflanze, am Grund etwas holzig. Stängel oft ausgebreitet niederliegend. Blätter in 5–8 Fiederpaare und ein Endblättchen geteilt. Blütenstand lang gestielt, doldenförmig, mit bis zu 12 gelben, oft braun geaderten Einzelblüten.

Wissenswert: Zahlreiche Schmetterlinge, besonders Bläulinge, nutzen den Hufeisenklee als Nektar- oder Raupen-Futterpflanze. Die Früchte (Hülsen) haben hufeisenförmige Abschnitte, daher der Name.

Standort: Magerrasen auf Kalkboden.

H18 Hundskamille, Färber-

(Anthemis tinctoria) – Korbblütler (Asteraceae)

| J | F | M | A | M | J | J | A | S | O | N | D |

Beschreibung: Bis 60 cm hohe Pflanze, im oberen Teil verzweigt. Blätter kammförmig-fiederteilig, oberseits kahl, unterseits kurzhaarig-filzig und grau. Blütenstand gestielt, etwa 4 cm breit, mit vielen goldgelben Röhren- und Zungenblüten.

Wissenswert: Alte Färbepflanze, aus deren Blüten ein gelber Farbstoff hergestellt wurde, der früher so begehrt war, dass die Pflanze angebaut wurde. Heute beliebte Zierpflanze in Gärten.

Standort: Trockenrasen, Felsen, Weinberge.

H16

H16

H17

H18

H19 · Hundswurz

(Anacamptis pyramidalis) – Knabenkrautgewächse (Orchidaceae)

J F M A M J J A S O N D

Beschreibung: 20–50 cm hohe Orchidee. Stängel mit nach oben kleiner werdenden Blättern. Blütenstand dicht, pyramidenförmig. Blüten leuchtend rosa bis dunkelpurpurrot, einfarbig.

Standort: Trockenrasen und Magerwiesen auf Kalkboden.

I1 · Immergrün, Kleines

(Vinca minor) – Hundsgiftgewächse (Apocynaceae)

J F M A M J J A S O N D

Beschreibung: Bis 20 cm hohe, niederliegende Pflanze. Blühende Stängel aufrecht. Blätter immergrün, ledrig, bis 6 cm lang, ganzrandig, kahl. Blüten hellblau oder blauviolett, unterer Teil zu einer etwa 1 cm langen Röhre verwachsen, oberer Teil fast flach ausgebreitet, bis 3 cm Durchmesser.

Wissenswert: Giftig durch Alkaloide mit dem Hauptalkaloid Vincamin. In alten Kräuterbüchern als Mittel gegen Zahnschmerzen oder den Biss giftiger Tiere aufgeführt. Wegen der Giftigkeit ist Selbstbehandlung nicht ratsam. Heute erhält man Arzneimittel mit dem isolierten Wirkstoff Vincamin gegen Durchblutungsstörungen. Bodendeckende Zierpflanze auf Friedhöfen und in Parkanlagen. Alteinwanderer (Archäophyt), vermutlich aus dem Mittelmeergebiet.

Standort: Lichte Laubwälder.

J1 · Johanniskraut, Behaartes

(Hypericum hirsutum) – Johanniskrautgewächse (Hypericaceae)

J F M A M J J A S O N D

Beschreibung: 40–80 cm hohe, aufrechte, dicht behaarte Pflanze. Stängelblätter länglich. Kelchblätter spitz, am Rand mit schwarzen Drüsen. Blüten hellgelb, einen rispigen Blütenstand bildend.

Standort: Nährstoffreiche Säume und Waldränder, oft auf Kalkboden.

H19

H19

I1

I1

J1

Johanniskraut, Tüpfel-
(Hypericum perforatum) – Johanniskrautgewächse (Hypericaceae)

| J | F | M | A | M | J | J | A | S | O | N | D |

2
5–11
13–18

Beschreibung: 15–100 cm hohe Pflanze mit zweikantigem Stängel, oben reich verzweigt. Blätter 1–3 cm lang, oval-eiförmig, ganzrandig, durchscheinend punktiert (Bild rechts), am Rand mit schwarzen Drüsen. Kelchblätter linealisch, bis 5 mm lang. Kronblätter bis 13 mm lang, goldgelb, am Rand schwarz punktiert.

Wissenswert: Beim Quetschen der Blütenstände entsteht ein roter Farbstoff („Johannisblut"), worauf der Name Johanniskraut Bezug nimmt: Er wurde mit dem Blut von Johannes dem Täufer in Verbindung gebracht. Die Pflanze ist medizinisch wirksam und wird bei Altersdepression, nervöser Unruhe und Nervenreizungen eingesetzt. In Salben oder Öl hilft sie bei Neurodermitis, Verbrennungen und Muskelschmerzen. Wird als Gartenpflanze angeboten und kann zum Färben genutzt werden.

Standort: Trockene Wiesen und Waldränder.

Ähnliche Art: Das **Gefleckte Johanniskraut** (*Hypericum maculatum*, J2_2) besitzt einen vierkantigen Stängel. Die breit ovalen Blätter haben nur wenige durchscheinende Drüsen, die Kelchblätter sind eiförmig. Vom Gefleckten Johanniskraut gibt es mehrere Unterarten. Standort: Kalkarme Wiesen, Säume. Blütezeit: Ende VI–VIII. Wanderungen: 6, 7.

Kälberkropf, Knolliger
(Chaerophyllum bulbosum) – Doldenblütler (Apiaceae)

| J | F | M | A | M | J | J | A | S | O | N | D |

4
12

Beschreibung: 1–2 m hohe Pflanze mit kugelig verdickter Wurzel. Stängel rund, hohl, am Grund auffällig borstig-zottig und rotgefleckt, oben kahl, bläulich bereift, unter den Knoten verdickt. Blätter 2- bis 4-fach fiederschnittig, am Rand und auf den Nerven behaart. Kleine, weiße Blüten in 15- bis 20-strahligen Dolden, Strahlen ungleich lang.

Wissenswert: Der Knollige Kälberkropf ist eine heute kaum mehr kultivierte Gemüsepflanze. Der Geschmack der Knollen („Kerbelrüben") ist kastanienartig. Vorsicht: kann leicht mit dem sehr giftigen Schierling (*Conium maculatum*) verwechselt werden.

Standort: Flussufer, feuchte Wälder.

J2

J2

J2_2

K1

K2 Karde, Behaarte

(Dipsacus pilosus) – Kardengewächse (Dipsacaceae)

| J | F | M | A | M | J | J | A | S | O | N | D |

Beschreibung: 60–150 cm hohe Pflanze mit verzweigtem Blütenstand. Stängelblätter kurz gestielt, eiförmig, borstenhaarig und stachelig, ungeteilt oder an der Basis mit 1 Paar Fiederblättchen. Kugelförmige Blütenköpfe auf borstig behaarten Stielen, vor dem Aufblühen nickend, 15–20 mm im Durchmesser. Blütenkrone 6–9 mm lang, gelblich-weiß.

Wissenswert: Wird als Zierpflanze kultiviert, eignet sich gut für Trockensträuße.

Standort: Feuchtwälder, Ufer, Waldwege.

K3 Karde, Wilde

(Dipsacus fullonum) – Kardengewächse (Dipsacaceae)

| J | F | M | A | M | J | J | A | S | O | N | D |

Beschreibung: Bis 2 m hohe Pflanze. Stängel kantig, mit kräftigen Stacheln, im oberen Teil verzweigt. Stängelblätter jeweils zu zweien miteinander verwachsen, einen Trichter bildend, in dem sich Wasser sammelt ("Zisternenpflanze"). Blüten in bis 8 cm langen zylindrischen Köpfen, die von spitzen, bogig aufgerichteten Hüllblättern überragt werden. Einzelblüten klein, violett.

Wissenswert: Wegen ihrer kräftigen Stacheln früher zum Aufrauen von Wollgewebe benutzt. Getrocknete Pflanzen liefern einen blauen Farbstoff. Die Wurzeln wurden im Mittelalter bei Schrunden und Warzen eingesetzt. Zierpflanze, gut geeignet für Trockensträuße.

Standort: Waldrand, Bachufer.

K2

K3

K3

K4 Klappertopf, Zottiger

(Rhinanthus alectorolophus) – Sommerwurzgewächse (Orobanchaceae)

| J | F | M | A | M | J | J | A | S | O | N | D |

Beschreibung: Bis 60 cm hohe Pflanze. Stängel behaart. Blätter sitzend, paarweise einander gegenüberstehend, zugespitzt, scharf gesägt. Blüten gestielt, in den Achseln von Hochblättern. Blütenstand eine endständige Traube. Blütenkelch dicht behaart. Kronröhre zitronengelb, aufwärts gekrümmt.

Standort: Magerwiesen.

Ähnliche Art: Der **Kleine Klappertopf** (*Rhinanthus minor,* K4_2) ist kahl und in allem kleiner als der Zottige Klappertopf. Blätter schmal, stumpf gezähnt. Blütenkronröhre gerade, kaum aus dem Kelch herausragend. Standort und Blütezeit wie Zottiger Klappertopf. Wanderungen: 1, 3, 4, 7, 8, 10.

Wissenswert: Die reifenden Samen klappern im Kelch, wenn die Pflanze vom Wind bewegt wird. Klappertöpfe sind Halbschmarotzer, die unterirdische Gräser und andere Pflanzen anzapfen und diese schwächen. Wo Klappertöpfe reichlich wachsen, macht die umliegende Vegetation oft einen kümmernden Eindruck.

K5 Klee, Hasen-

(Trifolium arvense) – Schmetterlingsblütler (Fabaceae)

| J | F | M | A | M | J | J | A | S | O | N | D |

Beschreibung: 10–40 cm hohe Pflanze, zottig behaart. Blätter aus drei schmalen Teilblättchen zusammengesetzt. Blüten blass rosa, in länglichen, dichten Trauben, die grau erscheinen, da die spitzen Kelchblätter mit langen Haaren besetzt sind. Blütenkrone 3–4 mm lang, kürzer als der Kelch.

Standort: Nährstoff- und kalkarme, trockene Wiesen und Wegsäume.

Wissenswert: Der Hasen-Klee ist in Wildblumensträußen verwendbar und lange haltbar. Wegen des bitteren Geschmacks wird er vom Vieh gemieden. In der Volksmedizin als wirksam gegen Durchfall.

Ähnliche Art: Auch beim **Purpur-Klee** (*Trifolium rubens,* K5_2) sind die Kelchzähne am Blütenkopf lang behaart. Er ist 30–60 cm hoch, in Deutschland sehr selten. Stängel kahl, die schmalen Blättchen fein gesägt. Nebenblätter am Stängelansatz bis 8 cm lang. Standort: Magerrasen, Gebüschränder auf Kalkboden. Blütezeit: VI–VIII. Wanderung: 1.

K4

K4_2

K5

K5_2

Klee, Zickzack- oder Mittlerer

(Trifolium medium) – Schmetterlingsblütler (Fabaceae)

J F M A M J J A S O N D

Beschreibung: Bis 40 cm hohe Pflanze mit zickzackförmig gebogenen Stängeln und 3-teiligen Blättern. Teilblättchen elliptisch und oft mit weißen Flecken, am Stängelansatz mit 2 schmalen, bewimperten Nebenblättern. Blütenstand kugelig, rosarot, Einzelblüten 15–18 mm lang.

Standort: Magerrasen, Säume auf warmen kalkhaltigen Böden.

Ähnliche Arten: Der seltenere **Hügel-Klee (Trifolium alpestre,** K6_2) hat lanzettliche Teilblätter; seine Blütenköpfe sitzen direkt über einem Blattpaar, während die des Mittleren Klees deutlich vom beblätterten Stängelteil abgesetzt sind. Standort: trockene, nährstoffarme Säume. Blütezeit: V–VIII. Wanderungen: 11, 17. Der häufige **Rot-** oder **Wiesen-Klee (Trifolium pratense,** K6_3) hat breitere, eiförmige Blättchen; seine Nebenblätter sind oben plötzlich verschmälert und pinselartig behaart.

Klette, Große

(Arctium lappa) – Korbblütler (Asteraceae)

J F M A M J J A S O N D

Beschreibung: Kräftige, bis 1,5 m hohe Pflanze. Äste aufrecht abstehend. Grundblätter breit dreieckig, deren Stiele unten markig. Blütenköpfe 3–5 cm groß und 3–10 cm lang gestielt, rot bis purpurn. Hüllblätter an der Spitze hakig gekrümmt.

Standort: Wegränder, Ufer auf nährstoffreichem Boden.

Ähnliche Art: Die etwas kleinere und seltenere **Filzige Klette (Arctium tomentosum,** K7_2) besitzt unterseits dicht graufilzige Blätter. Die Hüllblätter sind dicht spinnwebig, nur die äußeren mit hakenförmiger Spitze. Standort: nährstoffreiche Wegränder auf Kalkboden. Blütezeit: VII–IX. Wanderung: 12.

Wissenswert: Mit Klettenwurzelöl lassen sich schuppige Kopfhaut, Akne und Ekzeme behandeln. Die Wurzel enthält außerdem Inhaltsstoffe zur Blutreinigung. Wurzeln und junge Blätter stellen ein Wildgemüse dar.

K6

K6_2

K7

K7_2

K8 Knabenkraut, Helm-

(Orchis militaris) – Knabenkrautgewächse (Orchidaceae)

J F M A M J J A S O N D

Beschreibung: Bis 50 cm hohe Orchidee. Hellgrüne, kräftige Blattrosette. Blütenstand zunächst kegelförmig, zur Hochblüte zylindrisch geformt, meist mit über 20 Blüten. Blütenhüllblätter einen hell rosafarbenen Helm bildend. Lippe hellviolett bis weiß mit kleinen dunklen Warzen.

Standort: Trockenrasen auf Kalkboden.

Ähnliche Arten: Das bis 75 cm hoch wachsende **Purpur-Knabenkraut** (**Orchis purpurea,** K8_2) bildet eine dunkelgrüne Blattrosette aus. Die Blütenhüllblätter formen einen dunkel rotbraunen Helm. Standort: Trockenrasen, lichte Gebüsche. Blütezeit: IV–VI. Wanderungen: 1–3. Das **Brand-Knabenkraut** (**Neotinea ustulata,** K8_3, Abb. S. 47) ist zierlicher, seltener und stärker gefährdet als das Helm- und das Purpur-Knabenkraut. Blütenstand dicht, mit vielen kleinen Blüten; die Knospen dunkelrot bis schwärzlich, wie angebrannt aussehend (Name!). Standort: Trockenrasen, Magerwiesen. Blütezeit: V–VIII. Wanderung: 3.

Wissenswert: Die Knollen der Gattung *Orchis* enthalten bis zu 50 % Schleimstoffe. Medizinisch eingesetzt bei Durchfall und entzündeten Schleimhäuten. Alle Orchideenarten sind geschützt und dürfen nicht gesammelt werden.

K9 Knabenkraut, Stattliches

(Orchis mascula) – Knabenkrautgewächse (Orchidaceae)

J F M A M J J A S O N D

Beschreibung: 20–50 cm hohe Orchidee mit rundem Stängel; am Grund 2–4 lanzettliche Rosettenblätter, am Stängel 1–3 kleine, schmale Blätter. Blütenstand zylindrisch, mit 10–30 Blüten, purpurrot.

Standort: Magere Wiesen, lichte Wälder.

Ähnliche Art: Das seltene **Übersehene Knabenkraut** (**Dactylorhiza praetermissa,** K9_2) wird bis 80 cm hoch, mehrere abstehende Stängelblätter. Blütenstand mit bis zu 70 rosa-lilafarbenen Blüten, diese mit rotem Punkt- und Schleifenmuster. Standort: Sumpfwiesen auf Kalkboden. Blütezeit: VI–VII. Wanderung: 3.

K8

K8_2

K9

K9_2

K10 Königskerze, Kleinblütige

(Verbascum thapsus) – Braunwurzgewächse (Scrophulariaceae)

| J | F | M | A | M | J | J | A | S | O | N | D |

Beschreibung: Bis 150 cm hohe, kaum verzweigte, wollig behaarte Staude. Im 1. Jahr nur eine Rosette aus großen, länglichen, am Rand gekerbten Blättern, im Folgejahr mit dicht beblättertem Stängel. Blätter am Stängel herablaufend, nach oben kleiner werdend. Blütenstand dicht, Blüten zitronengelb, bis 25 mm breit.

Wissenswert: Die Blüten enthalten schleimlösende und entzündungshemmende Wirkstoffe, die bei der Behandlung von Erkältungen und Wunden eingesetzt werden. Im Volksbrauchtum wurden aus abgeblühten Pflanzen Fackeln hergestellt, nachdem man sie mit Pech oder Talg bestrichen hatte. Traditionelle Bauerngartenpflanze. Königskerzen sind wichtige Raupen-Futterpflanzen für verschiedene Schmetterlingsarten.

Standort: Trockene Böschungen und Wegränder.

K11 Königskerze, Mehlige

(Verbascum lychnitis) – Braunwurzgewächse (Scrophulariaceae)

| J | F | M | A | M | J | J | A | S | O | N | D |

Beschreibung: Bis 150 cm hohe Staude mit großer Blattrosette. Stängel kantig, verzweigt. Stängelblätter seicht gekerbt, länglich, nicht am Stängel herablaufend, oberseits fast kahl, unterseits grau-filzig. Blüten zu mehreren langen Blütentrauben zusammen gesetzt, Blüten bis 15 mm breit, weiß oder hellgelb.

Standort: Trockene Böschungen und Wegränder.

Ähnliche Art: Bei der seltenen und gefährdeten, ähnlich großen, gelb blühenden **Flockigen Königskerze** (*Verbascum pulverulentum,* K11_2) ist der Stängel stielrund. Stängel und Blätter unterseits mit dichtflockigem, abfallendem Filz. Blüten bis 25 mm breit. Blütezeit und Standort: wie bei der Mehligen Königskerze. Wanderung: 4.

K12 Kratzdistel, Stängellose

(Cirsium acaulon) – Korbblütler (Asteraceae)

| J | F | M | A | M | J | J | A | S | O | N | D |

Beschreibung: Niedrigwüchsige, stachelige und stängellose Pflanze, selten mit kurzem, behaartem Stängel. Blätter dornig gezähnt, in einer Rosette, länglich, gelappt bis buchtig fiederspaltig. Blütenköpfe meist einzeln, purpurn, Hüllblätter angedrückt, mit kurzer Stachelspitze.

Standort: Trockenrasen und Magerwiesen auf Kalkboden.

K10

K11

K11_2

K12

K13 Kreuzblume, Schopfige

(Polygala comosa) – Kreuzblumengewächse (Polygalaceae)

| J | F | M | A | M | J | J | A | S | O | N | D |

Beschreibung: 5–30 cm hohe Pflanze von mehr oder weniger aufrechtem Wuchs und ohne Grundrosette. Blätter schmal und zugespitzt, die mittleren Stängelblätter größer als die Grundblätter. Blüten in einer dichten, kegelförmigen Traube zusammenstehend, rosa oder blau. Jede Einzelblüte mit einem Tragblatt, dieses ist länger als der Blütenstiel und die Blütenknospen.

Standort: Trockenrasen auf Kalkboden.

Ähnliche Art: Bei der etwas häufigeren **Gewöhnlichen Kreuzblume** (**Polygala vulgaris,** K13_2) stehen die Einzelblüten lockerer. Die Tragblätter der Blüten sind kürzer als die Blütenstiele und überragen nicht die Blütenknospen. Standort: Magere Wiesen. Blütezeit: V–VIII. Wanderungen: 1, 7, 8.

K14 Kronwicke, Bunte

(Securigera varia) – Schmetterlingsblütler (Fabaceae)

| J | F | M | A | M | J | J | A | S | O | N | D |

Beschreibung: 30–60 cm hohe Pflanze mit niederliegendem Stängel. Blätter gefiedert, an der Spitze nur jeweils ein Teilblättchen (= unpaarig), Blüten rosa, bis zu 20 zu einer gestielten, kugeligen Dolde zusammengesetzt.

Wissenswert: Alle Teile der Kronwicke, besonders die Samen, sind giftig. Der Hauptwirkstoff ähnelt dem des Roten Fingerhuts.

Standort: Trockenrasen, Weg- und Waldränder auf Kalkboden.

K15 Küchenschelle, Gewöhnliche

(Pulsatilla vulgaris) – Hahnenfussgewächse (Ranunculaceae)

| J | F | M | A | M | J | J | A | S | O | N | D |

Beschreibung: 5–30 cm hohe, silbrig behaarte Pflanze. Grundblätter mit vielen, sehr schmalen Endzipfeln. Blüten groß, leuchtend purpurnviolett mit dottergelben Staubblättern. Auffällige Früchte mit 3–5 cm langem, zottig behaartem Griffel.

Wissenswert: Alle Teile der Küchenschelle sind stark giftig. In der Homöopathie gegen vielerlei Beschwerden eingesetzt. Beliebte Steingartenpflanze.

Standort: Trockenrasen auf Kalkboden.

K13

K13_2

K14

K15

K16

Kuckucksblume, Berg-

(Platanthera chlorantha) – Orchideengewächse (Orchidaceae)

J F M A M J J A S O N D

Beschreibung: 30–60 cm hohe, schlanke Orchidee mit 2 grundständigen, dicken, eiförmig-länglichen, glänzenden Blättern. Blüten weiß, in lockerer Ähre. Lippe zungenförmig, 10–16 mm lang, an der Spitze grünlich. Nach hinten gerichteter Sporn keulig verdickt. Staubblätter nach unten spreizend.

Standort: Lichte Wälder, Gebüsche, Magerrasen.

Wissenswert: In der Dämmerung verströmen die Kuckucksblumen einen starken Duft, der Nachtfalter zur Bestäubung anlockt.

Ähnliche Art: Bei der zierlicheren **Zweiblättrigen Kuckucksblume** (*Platanthera bifolia,* K16_2) stehen die beiden Staubblätter parallel und der Sporn ist lang und dünn. Blütezeit und Standort wie bei Berg-Kuckucksblume. Wanderung: 8.

L1

Labkraut, Echtes

(Galium verum) – Rötegewächse (Rubiaceae)

J F M A M J J A S O N D

Beschreibung: 20–100 cm hohe Pflanze. Blätter sehr schmal, 1 mm breit, glänzend, zu 8–12 in Quirlen, stachelspitzig. Blüten gelb, 2–3 mm breit, in dichten Rispen.

Wissenswert: Enthält bis zu 1% Lab-Enzym und wurde zur Gerinnung der Milch verwendet. Alte Heilpflanze mit harntreibender Wirkung, einsetzbar auch bei Hautleiden. Textilien kann man mit den Wurzeln rot färben und Lebensmittel mit den Blüten gelb. Als Zierpflanze im Handel.

Standort: Wiesen, Magerrasen.

L2

Labkraut, Wiesen-

(Galium album) – Rötegewächse (Rubiaceae)

J F M A M J J A S O N D

Beschreibung: 30–100 cm hohe, stark verzweigte Pflanze. Blätter zu 6–8 in Quirlen, bis 40 mm lang und 7 mm breit, mit Stachelspitze. Blüten weiß, 3–5 mm breit, in Rispen, Kronzipfel mit aufgesetzter Spitze.

Wissenswert: Die im Frühjahr frischen Triebe ergeben einen herrlich nussigen Salat. Die Samen können geröstet als Kaffee-Ersatz verwendet werden.

Standort: Wiesen.

K16

K16_2

L1

L1

L1

L2

L2

L2

301

Lattich, Blauer
(Lactuca perennis) – Korbblütler (Asteraceae)

J F M A **M J J** A S O N D

2
9
11
13
15–18

Beschreibung: 20–60 cm hohe, oben verzweigte Pflanze. Stängel- und Grundblätter fiederspaltig mit schmalen Abschnitten, die unteren Blätter in Rosetten, die oberen stängelumfassend. Blüten in Körbchen, aus blauvioletten Zungenblüten zusammengesetzt.

Standort: Sonnige Felsen auf basenhaltigem Gestein.

Lattich, Kompass-
(Lactuca serriola) – Korbblütler (Asteraceae)

J F M A M J **J A S** O N D

2
4
7
9
10
13–15
18

Beschreibung: 60–120 cm hohe Pflanze, während der Blüte meist ohne grundständige Blattrosette. Stängel aufrecht, oben verzweigt, kahl, unten bisweilen stachelig. Blätter fiederspaltig, mit 3–6 nach hinten gebogenen Fiedern, obere ungeteilt lanzettlich, Mittelrippe der Blattunterseite markant stachelig, Blattränder dornig. Blütenstand rispig, mit zahlreichen Köpfchen, Blüten hellgelb. Frucht dunkelbraun, mit grauen Borsten an der Spitze.

Standort: Sonnige und warme Wegränder, Weinberge.

Wissenswert: Stammpflanze des grünen Salates. Als Anpassung an hohe Sonneneinstrahlung stellt der Kompass-Lattich seine Blätter senkrecht, so dass die Blattflächen nach Ost-West weisen.

Ähnliche Art: Beim bis 2 m hoch wachsenden **Gift-Lattich** (*Lactuca virosa,* L4_2) bleibt die Grundrosette auch während der Blütezeit. Blätter ungeteilt, unregelmäßig gezähnt. Mittelrippe nur leicht stachelig. Blütenhüllblätter mit blutroter Spitze. Giftpflanze, früher auch Heilpflanze. Standort und Blütezeit wie beim Kompass-Lattich. Wanderungen: 5–11, 13–17.

L3

L4

L4_2

L4_2

Lauch, Gemüse-

(Allium oleraceum) – Narzissengewächse (Amaryllidaceae)

| J | F | M | A | M | J | J | A | S | O | N | D |

Beschreibung: 30–60 cm hohe Zwiebelpflanze mit Lauchgeruch. Stängel rund. Blätter hohl, unten halbstielrund, rinnig, zur Spitze abflachend, 4–5 mm breit, ohne Blatthäutchen. Blütenstand locker, von 2 ungleich langen, spitzen Hüllblättern überragt, mit vielen Brutzwiebeln.

Standort: Weinberge, Wegränder, Wiesen.

Ähnliche Art: Beim **Weinbergs-Lauch** (*Allium vineale,* L5_2) wird der Blütenstand von nur einem maximal 2 cm langen Hüllblatt umschlossen. Blätter bis oben röhrig, mit Blatthäutchen. Standort und Blütezeit: wie Gemüse-Lauch. Wanderungen: 2, 3, 7.

Leimkraut, Nickendes

(Silene nutans) – Nelkengewächse (Caryophyllaceae)

| J | F | M | A | M | J | J | A | S | O | N | D |

Beschreibung: 20–60 cm hohe, behaarte Pflanze mit Blattrosette. Rosettenblätter spatelig-eiförmig. Stängelblätter gegenständig, schmal. Blüte 5-zählig, Kelch und Krone zu einer schmalen Röhre verwachsen. Kronblätter weiß oder blass rosa, 15–25 mm lang, ihr freier Teil tief gespalten. Kelchröhre drüsig mit 10 rötlichen Längsnerven. Blüten duftend, nur nachts öffnend.

Standort: Felsen, Trockengebüsche.

Ähnliche Art: Das **Taubenkropf-Leimkraut** (*Silene vulgaris,* L6_2) ist kahl und hat einen aufgeblasenen, netzartig geaderten Kelch ohne Rippen. Standort wie Nickendes Leimkraut. Blütezeit: VI–IX. Langblühende Zierpflanze für Steingärten. Wanderungen: 2, 4, 6, 10, 11, 14–17.

Leinkraut, Gewöhnliches

(Linaria vulgaris) – Wegerichgewächse (Plantaginaceae)

| J | F | M | A | M | J | J | A | S | O | N | D |

Beschreibung: Bis 60 cm hohe, am Grund verzweigte, bläulich-grüne Pflanze. Stängel unten kahl, oben zerstreut drüsig, dicht beblättert. Blätter schmal lanzettlich. Blütenstand dicht, Krone mit Sporn 16–30 mm lang, hellgelb mit orangem Grund.

Wissenswert: In Abführtee und Venensalbe verwendet, früher auch als Fliegengift und zum Gelbfärben und Blondieren der Haare.

Standort: Wegränder.

L5

L5_2

L6_2

L6

L7

L8 Lerchensporn, Gefingerter

(Corydalis solida) – Mohngewächse (Papaveraceae)

J F M A M J J A S O N D

Beschreibung: 10–20 cm hohe Knollenpflanze. Stängel unverzweigt. Blätter aus meist drei Teilblättchen zusammengesetzt, diese wiederum dreiteilig und mit ovalen Zipfeln. Blütentraube mit 4–12 Einzelblüten, diese trübrot mit Sporn. Jede Einzelblüte mit handförmig geteiltem Tragblatt.

Wissenswert: Als Zierpflanze in Landschaftsgärten und Parks eingesetzt.

Standort: Lichte Wälder in warmer Lage.

L9 Lichtnelke, Kuckucks-

(Lychnis flos-cuculi) – Nelkengewächse (Caryophyllaceae)

J F M A M J J A S O N D

Beschreibung: 20–80 cm hohe Pflanze mit Blattrosette, blühenden und nicht blühenden Trieben. Stängel aufrecht, kurzhaarig. Blätter schmal, lanzettlich spitz. Blüten rosa, Kronblätter vierteilig zerschlitzt. Kelchblätter rot überlaufen.

Wissenswert: Die Kuckucks-Lichtnelke sieht man auch als Zierpflanze an Gartenteichen.

Standort: Nasse Wiesen.

L10 Lichtnelke, Weiße

(Silene latifolia) – Nelkengewächse (Caryophyllaceae)

J F M A M J J A S O N D

Beschreibung: 30–80 cm hohe, verzweigte, behaarte Pflanze mit Grundrosette. Blätter breit lanzettlich, 3–10 cm lang. Kelchblätter zu einer 18–30 mm langen Röhre verwachsen, behaart. Kronblätter weiß, 25–35 mm lang, mit Nebenkrone. Blüten nachmittags geöffnet, stark duftend.

Standort: Weg- und Waldränder.

Ähnliche Art: Die **Rote Lichtnelke** (*Silene dioica,* L10_2) besitzt purpurrote, nicht duftende Blüten. Standort: Wiesen, Laubwald. Blütezeit: IV–IX. Wanderungen: 5, 7, 8.

L8

L9

L10

L10_2

Malve, Moschus-

(Malva moschata) – Malvengewächse (Malvaceae)

J	F	M	A	M	J	J	A	S	O	N	D

Beschreibung: 20–100 cm hohe Pflanze mit leichtem Moschusduft. Stängelblätter bis zum Grunde tief geteilt. Blüten einzeln in Blattachseln, nur an den Triebspitzen gehäuft, rosarot mit dunkleren Nerven. Kronblätter 20–35 mm lang. Kelch mit Außenkelch, dessen Blätter lanzettlich. Stängel mit einfachen Haaren, nur am Kelch sternhaarig.

Standort: Trockene Wiesen und Gebüsche.

Wissenswert: Enthält reizlindernde Inhaltsstoffe und wird in Hustentees verwendet. Junge Triebe können wie Spinat zubereitet werden. Als Zierstaude im Handel.

Ähnliche Art: Die Außenkelchblätter der **Sigmarswurz (Malva alcea,** M1_2)** sind breit-eiförmig. Oberer Stängel, Blätter und Kelch mit Sternhaaren. Standort: Böschungen, Wegränder. Blütezeit: VI–IX. Wanderungen: 3, 4, 6, 9, 11, 14–17.

Mannstreu, Feld-

(Eryngium campestre) – Doldenblütler (Apiaceae)

J	F	M	A	M	J	J	A	S	O	N	D

Beschreibung: 20–60 cm hohe, sparrig verzweigte, graugrüne bis weißliche Pflanze. Stängel dick. Blätter distelartig, lederig mit stechenden Zähnen. Blüten weißlich-grün in kugeligen Dolden, Hüllblätter lineal-lanzettlich, stechend, weit voneinander abstehend.

Standort: Trockenrasen auf Kalkboden.

Margerite, Wiesen-

(Leucanthemum vulgare) – Korbblütler (*Asteraceae*)

J	F	M	A	M	J	J	A	S	O	N	D

Beschreibung: 20–80 cm hohe Pflanze, Stängel einfach oder verzweigt. Grundblätter eiförmig-spatelig, am Rand gekerbt. Mittlere Stängelblätter im vorderen Drittel am breitesten, unregelmäßig gelappt. Blütenköpfchen 5–7 cm breit, einzeln oder zu wenigen, Hüllblätter dunkel berandet. Zungenblüten weiß, Röhrenblüten goldgelb.

Wissenswert: Leicht nach Ananas schmeckende Pflanze für Gemüse und Salate, die Blütenknospen sind eine nahrhafte Rohkost-Delikatesse auf Wanderungen. Alte Zierpflanze.

Standort: Wiesen und Magerrasen.

M1

M1_2

M2

M3

Milzfarn

(Asplenium ceterach) – Streifenfarngewächse (Aspleniaceae)

2
9–11
13
14
18

§

Beschreibung: Kleiner Felsfarn mit dicht büscheligen, graugrünen, oberseits matten Blättern, die sich bei Trockenheit einrollen. Blattspreite bis 10 cm lang und 3 cm breit, einfach fiederschnittig. Fiederabschnitte wechselständig. Blattstiel und -unterseite dicht mit braunen Schuppen bedeckt. Vermehrung durch Sporen auf der Blattunterseite, angeordnet in länglichen Häufchen, die erst bei der Sporenreife deutlich sichtbar werden.

Wissenswert: Wurde im Mittelalter gegen Milzerkrankungen verwendet. Die ebenfalls gebräuchlichen Namen „Apothekerfarn" und „Schriftfarn" rühren von der Nutzung als Arzneidroge, bzw. von den schriftzeichenähnlich angeordneten Sporenhäufchen her.

Standort: Sonnige Felsen und Mauern, Weinberge.

Milzkraut, Gegenblättriges

(Chrysosplenium oppositifolium) – Steinbrechgewäche (Saxifragaceae)

| J | F | M | A | M | J | J | A | S | O | N | D |

5

Beschreibung: Bis etwa 15 cm hohe Pflanze mit kriechenden Seitensprossen, daher oft Rasen bildend. Blätter paarweise am vierkantigen Stängel stehend und am Rand nur undeutlich gekerbt. Blüten klein, unscheinbar.

Standort: Kalkarme, nasse Böden, schattige Quellfluren.

Ähnliche Art: Beim etwas größeren **Wechselblättrigen Milzkraut (*Chrysosplenium alternifolium,* M5_2)** stehen die Stängelblätter wechselständig am dreikantigen Stängel und die Blätter sind deutlich gekerbt. Standort: Auwälder, Bachufer. Blütezeit wie Hauptart. Wanderung: 5.

M4

M5

M5_2

M6

alle

Möhre, Wilde

(Daucus carota) – Doldenblütler (Apiaceae)

| J | F | M | A | M | J | J | A | S | O | N | D |

Beschreibung: Bis 1 m hohe Pflanze. Stängel verzweigt, graugrün, borstig behaart, Wurzel zu einer Rübe verdickt. Blätter 2–3-fach gefiedert, mit Möhrengeruch. Blüten weiß, die Randblüten der vielstrahligen Dolde nach außen vergrößert, im Zentrum meist mit großer schwarzpurpurner steriler Blüte. Hüllblätter der Dolde fiederteilig. Dolde zur Fruchtzeit nestförmig eingesenkt.

Wissenswert: Alte Kulturpflanze. Die Wilde Möhre hat im Unterschied zu den Kultursorten eine weißliche Farbe. Junge Blätter und getrocknete Früchte würzen Suppen. In der Volksmedizin wurden die harntreibenden Samen bei Nieren- und Blasensteinen verwendet, das zerriebene frische Kraut diente mit Honig vermischt der Wundbehandlung. Raupenfutterpflanze des Schwalbenschwanz-Falters.

Standort: Wiesen, Wegränder.

M7

9
10

Mutterkraut

(Tanacetum parthenium) – Korbblütler (Asteraceae)

| J | F | M | A | M | J | J | A | S | O | N | D |

Beschreibung: 30–60 cm hohe, aufrechte, stark verzweigte und aromatisch duftende Pflanze. Stängel mit Rippen. Blätter zart, fiederteilig mit runden Zipfeln. Blüten in Körbchen aus gelben Röhren- und weißen Zungenblüten, bei gefüllten Zierformen oft in mehreren Reihen.

Wissenswert: Aus Südosteuropa eingebürgerte Zier- und Heilpflanze. Die frischen, sehr bitter schmeckenden Blätter helfen bei Kopfschmerzen (Migräne).

Standort: Wegränder, Mauerfüße.

Ähnliche Art: Die **Gewöhnliche Straußmargerite** (**Tanacetum corymbosum,** M7_2) ist einheimisch, wächst 40–150 cm hoch und duftet nur schwach aromatisch. Der Stängel ist oben verzweigt, die gefiederten Blätter haben zugespitzte Zipfel. Die Zungenblüten sind schmäler und länger als bei dem Mutterkraut. Standort: Trockene Gebüsche, Wälder. Blütezeit wie beim Mutterkraut. Wanderungen: 9, 11, 13, 14, 18.

M6

M7

M7_2

N1 Nachtschatten, Bittersüßer

(Solanum dulcamara) – Nachtschattengewächse (Solanaceae)

Beschreibung: Unten verholzende Pflanze mit bis 2 m langen, klimmenden Trieben. Blätter im Umriss dreieckig und spitz, die älteren unregelmäßig eingeschnitten. Blüten in lockeren Rispen, aus Blattachseln entspringend. 5 violette, spitze Kronblätter, ausgebreitet oder zurückgeschlagen, in der Mitte eine auffällige gelbe Staubblattröhre. Frucht eine rote, glänzende Beere.

Wissenswert: Giftig, vor allem die Beeren. Heilpflanze mit entzündungshemmender Wirkung.

Standort: Feuchte Waldränder und Gebüsche.

N2 Natternkopf, Gewöhnlicher

(Echium vulgare) – Raublattgewächse (Boraginaceae)

Beschreibung: Bis 1 m hohe Pflanze mit borstig behaartem Stängel und Blättern. Blätter lanzettlich, obere sitzend, untere mit einem geflügelten Stiel. Blüten in einem zylindrischen, bis 50 cm langen Blütenstand. Einzelblüten röhrig mit langen Staubgefäßen und Griffel, anfangs rosenrot, später blau, selten weiß.

Wissenswert: Früher bei Erkältungen und nervösen Beschwerden eingesetzt. Heute wird der Natternkopf medizinisch nicht mehr genutzt. Junge Triebe können als Gemüse verwendet werden, auch die Blüten sind essbar. Schön blühende Wildgartenpflanze, Bienenweide.

Standort: Trocken-steiniges Gelände, Felsfluren.

N3 Nelke, Heide-

(Dianthus deltoides) – Nelkengewächse (Caryophyllaceae)

Beschreibung: 10–40 cm hohe Pflanze mit kurzhaarigen Blütenstängeln. Blätter linealisch, gegenständig, am Grunde zu einer kurzen Scheide verwachsen. Blüten einzeln, von zwei blattartigen Kelchschuppen umgeben. Kronblätter leuchtend rosa, keilförmig, an der Spitze gezähnt, mit weißen Punkten und auffälliger dunkler Querzeichnung.

Standort: Sandmagerrasen, Heiden.

N1

N1

N2

N3

Nelke, Karthäuser-

(Dianthus carthusianorum) – Nelkengewächse (Caryophyllaceae)

| J | F | M | A | M | J | J | A | S | O | N | D |

1
2
11–18

Beschreibung: 15–45 cm hohe aufrechte Pflanze. Stängel und alle Blätter kahl. Blätter 2–4 mm breit. Die Blüten zu mehreren dicht gedrängt, leuchtend purpurn, sitzend oder kurz gestielt, jede Blüte mit einem bräunlichen, dünnen Hochblatt. Blütenblätter gezähnt, ohne Punkte. Außenkelchblätter mit langer Grannenspitze.

Standort: Waldsäume, Magerrasen.

Ähnliche Art: Die etwas seltenere **Raue Nelke** (**Dianthus armeria,** N4_2) wächst verzweigt, der Stängel ist oben rau behaart. Jede Einzelblüte sitzend und von einem schmalen, behaarten, grünen Hochblatt umgeben. Die Kronblätter sind gezähnt und zusätzlich mit weißen Punkten ausgestattet. Standort: wie Karthäuser-Nelke. Blütezeit: VI–VIII. Wanderungen: 6, 10, 13, 14.

Nestwurz

(Neottia nidus-avis) – Orchideengewächse (Orchidaceae)

| J | F | M | A | M | J | J | A | S | O | N | D |

1
3

Beschreibung: Bis 50 cm hohe, blass hellbraune, kahle Orchidee mit Schuppenblättern. Blüten in einer vielblütigen, dichten Traube. Obere Blütenblätter einen Helm bildend, Lippe 2-spaltig mit kurzen, stumpfen Abschnitten.

Wissenswert: Die Nestwurz hat kein Blattgrün und kann daher keine Photosynthese betreiben. Sie schmarotzt auf Pilzmycel.

Standort: Lichte Wälder auf Kalkboden.

Nieswurz, Stinkende

(Helleborus foetidus) – Hahnenfußgewäche (Ranunculaceae)

| J | F | M | A | M | J | J | A | S | O | N | D |

8
10
15
17
18

Beschreibung: Bis 60 cm hohe Pflanze ohne Grundblätter. Stängel beblättert. Blätter geteilt mit 7–11 schmalen Zipfeln, überwinternd. Blütenstand hängend, vielblütig, mit zahlreichen bleichen Hochblättern. Kelchblätter glockig zusammenneigend, grün mit rotem Rand.

Wissenswert: Obwohl die Stinkende Nieswurz einen unangenehmen Geruch verströmt, ist sie, wie die verwandte Christrose, eine beliebte früh blühende Zierpflanze.

Standort: Trockenrasen und lichte Wälder auf Kalkboden.

N4

N4_2

N5

N6

N6

O1 Ohnhorn

(Orchis anthropophora) – Knabenkrautgewächse (Orchidaceae)

| J | F | M | A | M | J | J | A | S | O | N | D |

Beschreibung: 10–40 cm hohe, schlanke Orchidee; am Grund Rosettenblätter, Stängel nur unten beblättert. Blütenstand schmal, vielblütig. Blüten mit grünlichem Helm und langer, hängender und mehrfach geteilter Lippe, ohne Blütensporn (Name!).

Wissenswert: Diese besonders wärmeliebende Orchidee wird aufgrund der in vier Zipfel geteilten Lippe auch „Puppenorchis" oder „Hängender Mensch" genannt. In Italien hat sie den schöneren Namen „Ballerina".

Standort: Trockenrasen, lichte Gebüsche, auf Kalkboden.

P1 Pastinak

(Pastinaca sativa) – Doldenblütler (Apiaceae)

| J | F | M | A | M | J | J | A | S | O | N | D |

Beschreibung: 30 bis über 150 cm hohe Pflanze mit kräftiger Rübe. Stängel kantig gefurcht, spärlich behaart. Blätter meist einfach, selten doppelt gefiedert mit großen, eiförmigen Fiederabschnitten. Blütenstand eine 7–20-strahlige flache Dolde, Hülle und Hüllchen wenigblättrig oder fehlend. Blüten klein, intensiv gelb. Im Moseltal ist der Pastinak oft mit der Unterart *Pastinaca sativa* subsp. *urens* vertreten, die meist unter 10 Doldenstrahlen und Behaarung an Stängel und Blättern aufweist.

Wissenswert: Wie bei der Kulturform kann man auch von der Rübe der Wildform des Pastinaks ein wohlschmeckendes Wurzelgemüse bereiten. In der Volksmedizin als harntreibendes Mittel, gegen Magenbeschwerden, bei Blähungen und Fieber eingesetzt.

Standort: Wiesen, Wegränder.

O1

P1

P1

Pechnelke, Gewöhnliche
(Viscaria vulgaris) – Nelkengewächse (Caryophyllaceae)

J F M A M J J A S O N D

Beschreibung: 30–60 cm hohe Pflanze mit schmal-lanzettlichen Rosettenblättern. Stängel unter den Knoten klebrig und dunkel gefärbt. Stängelblätter kürzer und schmaler. Blüten rosa, in einem traubig-rispigen Blütenstand, Kronblätter gestutzt oder ausgerandet.

Standort: Trockene, lichte Wälder und Trockenrasen.

Ähnliche Art: Das etwas zierlichere **Nelken-Leimkraut (*Atocion armeria*, P2_2)** besitzt im Gegensatz zur Pechnelke breit lanzettliche, gegenständige, blaugrüne Blätter. Stängel unter den Knoten wie bei der Pechnelke klebrig. Blüten leuchtend purpurn, in doldenartigem Blütenstand. Standort: Trockenrasen und Felsfluren auf kalkarmen Böden. Blütezeit: V–X. Wanderung: 9.

Perlgras, Wimper-
(Melica ciliata) – Süßgräser (Poaceae)

J F M A M J J A S O N D

Beschreibung: 20–70 cm hohes, in Horsten wachsendes Gras. Pflanze graugrün, Blätter steif, bis 4 mm breit, trocken oft eingerollt. Blattscheiden kahl. Ährenrispe locker mit meist sichtbarer Achse. Blütchen mit seidigen Wimpern.

Standort: Felsen, Trockenrasen.

Pestwurz, Gewöhnliche
(Petasites hybridus) – Korbblütler (Asteraceae)

J F M A M J J A S O N D

Beschreibung: Bis 60 cm hohe, oft große Herden bildende Pflanze. Blätter groß, rundlich-herzförmig, gezähnt, unterseits graufilzig. Blütenstand traubig, vor den Blättern erscheinend, mit weiß-rosa Blüten, männliche und weibliche Blüten unterschiedlich gestaltet.

Wissenswert: Blätter und Wurzeln werden in der Volksmedizin gegen Fieber und Krämpfe eingesetzt; im Mittelalter hielt man die Pestwurz für heilsam gegen die Pest. Wirksam bei Migräne und Heuschnupfen.

Standort: Nährstoffreiche Ufer, Gräben.

P2

P3

P4

Pfirsich
(Prunus persica) – Rosengewächse (Rosaceae)

9
11
13

Beschreibung: Bis etwa 8 m hoher Baum mit geraden, kahlen, dornenlosen Zweigen. Blätter lanzettlich, bis 15 cm lang, gezähnt. Blüten sehr zahlreich, vor den Blättern erscheinend, meist einzeln, lebhaft rosa. Frucht eine weich behaarte Steinfrucht. Zahlreiche Zuchtsorten.

Wissenswert: Der Anbau der aus China stammenden Sorte Roter Weinbergspfirsich ist eine regionale Besonderheit der Moselhänge. Die Schale ist samtig-pelzig und meist grau, sonnenseits rötlich. Das feste, rote Fruchtfleisch ist aromatisch. Es eignet sich für Kompott, Konfitüre, Obstbrand und Likör.

Standort: Weinbaugebiete.

Platterbse, Schwarzwerdende
(Lathyrus niger) – Schmetterlingsblütler (Fabaceae)

9
10
11
14
15

Beschreibung: 30–80 cm hohe, aufrechte Pflanze. Stängel mit 2 oder 4 Kanten, aber nicht geflügelt. Blätter mit 4–6 Fiederpaaren und grannenartiger Spitze. Teilblättchen bis 3 cm lang. Blütentraube dicht, gestielt, mit 3–10 Einzelblüten. Krone purpurn, beim Verblühen blauviolett.

Standort: Lichte Wälder und Gebüsche.

Ähnliche Art: Die zierliche **Berg-Platterbse (*Lathyrus linifolius*,** P6_2) hat schmal geflügelte Stängel und Blattstiele. Blätter mit 2–3 Fiederpaaren. Blüten bis zu 6 in Trauben. Die Blütenfarbe wechselt während des Verblühens von hellpurpurn mit grünlichem Grund zu hellblau bis grünlich. Standort: wie Hauptart. Blütezeit: IV–VI. Wanderungen: 7, 11–14, 16.

Platterbse, Wald-
(Lathyrus sylvestris) – Schmetterlingsblütler (Fabaceae)

3
4
6
10

Beschreibung: 1–2 m lang rankende, verzweigte Pflanze mit langen Bodenausläufern. Stängel vierkantig und gerillt, deutlich geflügelt. Blätter kräftig, mit geflügeltem Blattstiel, 1 Paar Fiederblättchen und stets mit verzweigter Ranke. Fiederblättchen groß, lanzettlich bis lineal, allmählich zugespitzt. Blütenstände etwa so lang wie Blätter, mit 3–6 Blüten. Krone hellrot bis bleich, oft grünlich überlaufen.

Standort: Wald- und Wegränder.

P5

P5

P6

P6_2

P7

R1 Ragwurz, Hummel-

(Ophrys holosericea) – Orchideengewächse (Orchidaceae)

| J | F | M | A | M | J | J | A | S | O | N | D |

Beschreibung: 20–50 cm hohe Orchidee. Blütenstand mit 2–10 auffällig geformten Blüten: Äußere Blütenblätter rosa bis weißlich mit grüner Aderung. Lippe ungeteilt, pupurbraun, kaum gewölbt, oft mit braunvioletter, gelblich umrandeter Zeichnung. Lippe mit nach oben gerichtetem grünem Anhängsel.

Standort: Magerrasen auf Kalkboden.

Ähnliche Art: Der Blütenstand der zierlicheren **Fliegen-Ragwurz** (**Ophrys insectifera,** R1_2) kann bis zu 20 Einzelblüten umfassen. Äußere Blütenblätter grünlich. Lippe geteilt: 2 schmale Seitenlappen und meist gespaltener Mittellappen. Zeichnung: fast viereckiger graublauer Fleck auf braunem Grund. Lippe ohne Anhängsel. Standort: wie Hummel-Ragwurz. Blütezeit: V–VII. Wanderungen: 1, 3.

R2 Rainfarn

(Tanacetum vulgare) – Korbblütler (Asteraceae)

| J | F | M | A | M | J | J | A | S | O | N | D |

Beschreibung: 30–160 cm hohe Staude mit herbem, aromatischem Geruch. Blätter im Umriss ei-lanzettlich mit spitzen, eingeschnittengesägten Fiedern. Zahlreiche goldgelbe Blütenköpfchen in einer Doldenrispe. Köpfchen 8–11 mm breit, aus vielen Einzelblüten bestehend: Entweder alle Blüten als Röhrenblüten ausgebildet oder Randblüten mit kurzer Zunge.

Wissenswert: Früher gegen Würmer eingesetzt. Aufgrund der Giftigkeit wird von dieser Anwendung heute abgeraten. Als Einstreu in Viehställen oder in Duftsäckchen sollte Rainfarn gegen Ungeziefer helfen. Kann Hautreizungen und allergische Reaktionen hervorrufen. Aus den Blüten hat man gelben Farbstoff gewonnen. Alte Gartenpflanze.

Standort: Hecken, Wegränder.

R1

R1

R1_2

R1_2

R2

Riemenzunge, Bocks-
(Himantoglossum hircinum) – Orchideengewächse (Orchidaceae)

Beschreibung: Kräftige, 30–80 cm hohe Orchidee. Blütenstand dicht, vielblütig. Blüte grünlich mit purpurner Zeichnung, auffällig gestaltet: mittlerer Teil der dreiteiligen Lippe bis 6 cm lang, bandförmig, später spiralig gedreht. Blüte mit intensivem Geruch nach Ziegenbock (Name!).

Wissenswert: Die großen, eiförmigen Blätter der Blattrosette treiben bereits im Spätsommer aus. Die Bocks-Riemenzunge ist besonders im westlichen Mittelmeerraum beheimatet und hat ihr Areal stetig nach Norden ausgedehnt. Sie gehört zu den Gewinnern der Klimaerwärmung.

Standort: Stickstoffarme Kalkmagerrasen und Gebüschränder.

Rose, Bibernell-
(Rosa spinosissima) – Rosengewächse (Rosaceae)

Beschreibung: Bis 1 m hoher aufrechter, stark verzweigter Strauch. Stängel mit Borsten zwischen den zahlreichen geraden Stacheln. Blätter mit 3–5 Fiederpaaren, kahl. Blüte meist weiß. Reife Hagebutten schwarz, kugelig.

Wissenswert: Beliebter Zierstrauch, auch zur Befestigung von Straßenböschungen angepflanzt. Die vitaminreichen Früchte finden vielfältige Verwendung für Tee und Marmelade.

Standort: Felsen, trocken-warme Gebüschsäume.

R3

R4

R4

Rose, Feld-

(Rosa arvensis) – Rosengewächse (Rosaceae)

Beschreibung: Bis 2 m große Pflanze, liegend, kletternd oder über-hängend. Blätter meist 7-zählig, Blattfiedern eiförmig. Blüten groß, bis 5 cm, einzeln, weiß. Griffel zu einer Säule verwachsen. Kelchblät-ter ungefiedert. Stacheln an den Ästen relativ dünn, leicht gebogen.

Standort: Lichte Wälder und Gebüsche, besonders auf Kalkboden.

Ähnliche Art: Die häufigere **Hunds-Rose** (**Rosa canina,** R5_2), eben-falls kletternd, hat kräftigere Äste und kann bis zu 3 m groß werden. Kronblätter hellrosa, Kelchblätter gefiedert. Griffel nicht zu einer Säule verwachsen. Die Hunds-Rose ist sehr formenreich und wird im Garten-bau eingesetzt. Die Blüten und Früchte sind in der Wildkräuterküche beliebt. Standort: Hecken. Blütezeit: wie Feld-Rose. Fruchtzeit: X–XI. Wanderungen: alle.

Salbei, Wiesen-

(Salvia pratensis) – Lippenblütler (Lamiaceae)

Beschreibung: Bis 60 cm hohe Pflanze mit Pfahlwurzel und dem Boden anliegender Blattrosette. Stängel kantig, etwas behaart, wie die Blü-ten mit Drüsen besetzt. Blätter im Umriss oval bis länglich, am Grund abgerundet oder herzförmig, runzlig, am Rand stumpf eingekerbt. Blü-tenstände regelmäßig verzweigt. Blüten leuchtend blau, in Quirlen, 1,5–2,5 cm lang, mit sichelförmig gebogener Oberlippe.

Wissenswert: Der Wiesen-Salbei ist eine gute Nektarpflanze für Hum-meln und eine schön blühende Staude für Naturgärten.

Standort: Trockenwiesen.

Sandglöckchen, Berg-

(Jasione montana) – Glockenblumengewächse (Campanulaceae)

Beschreibung: Zierliche, höchstens 60 cm hohe Pflanze mit Blattro-sette. Stängel verzweigt, oben ohne Blätter. Diese sitzend und läng-lich, am Rand gewellt. Blütenstand kugelig, etwa 2 cm breit. Blüten himmelblau.

Wissenswert: Das Berg-Sandglöckchen ist eine schön blühende Staude für Steingärten.

Standort: Kalkarme Heiden und Felsen.

R5_2

R5

S2

S1

Schafgarbe, Wiesen-

(Achillea millefolium) – Korbblütler (Asteraceae)

J F M A M J J A S O N D

Beschreibung: 30–60 cm hohe, häufige Pflanze mit Ausläufern. Stängel aufrecht, zäh und schwer abreißbar mit fein zerteilten, doppelt bis dreifach fiederschnittigen Blättern. Zungenblüten weiß oder rosa, in zahlreichen Köpfchen, die in Doldenrispen zusammenstehen.

Wissenswert: Alte Heilpflanze: Schon Achilles (Name!) soll verwundete Soldaten im trojanischen Krieg wegen der blutstillenden Eigenschaften mit Schafgarbenblättern behandelt haben. Schafgarbe wirkt Appetit und Stoffwechsel anregend. Wolle lässt sich mit den Blättern gelb oder braun färben, jung können sie als Wildgemüse und Salat gegessen werden.

Standort: Wiesen.

Ähnliche Art: Die bis über 1 m hohe **Sumpf-Schafgarbe (Achillea ptarmica,** S3_2) hat ungeteilte, lanzettliche, gesägte Blätter. Blütenköpfchen etwa doppelt so groß wie bei der Wiesen-Schafgarbe, Zungenblüten bis 6 mm lang. Standort: Feuchte Wiesen, Uferstauden. Blütezeit: VII–IX. Wanderungen: 7, 8, 12.

Schaumkresse, Sand-

(Arabidopsis arenosa) – Keuzblütler (Brassicaceae)

J F M A M J J A S O N D

Beschreibung: 10–40 cm hohe Pflanze ohne Ausläufer. Stängel stark behaart. Grundblätter fiederteilig, obere Stängelblätter lanzettlich. Blüten rosa oder weiß, deutlich gestielt. Schoten bis 5 cm lang, nicht eingeschnürt. Im Moseltal ist die Sand-Schaumkresse mit der etwas Schatten und Feuchte liebenden Unterart *Arabidopsis arenosa* subsp. *borsaii* vertreten, deren untere Blätter meist 3–9 Fiederpaare aufweisen.

Standort: felsige und sandige Böden, Steinschutt.

S3

S3_2

S4

S5 Schildfarn, Gelappter

(Polystichum aculeatum) – Wurmfarngewächse (Dryopteridaceae)

Beschreibung: Bis 1 m lange wintergrüne, dunkelgrün glänzende Farnpflanze. Blätter mehrfach gefiedert. Fiederblättchen stachelig gezähnt, das unterste vordere Fiederchen deutlich größer als die anderen. Blattwedel nach unten schmaler werdend.

Standort: Feuchte, felsige Wälder.

S6 Schlüsselblume, Echte

(Primula veris) – Primelgewächse (Primulaceae)

| J | F | M | A | M | J | J | A | S | O | N | D |

Beschreibung: 10–20 cm hohe Pflanze. Blattrosette mit bis zu 12 cm langen, runzligen, oberseits kahlen und am Rande welligen Blättern. Blütenstand eine vielblütige Dolde aus dottergelben Blüten. Schlund mit 5 rotgelben Flecken. Kronsaum glockig, Kelch bauchig.

Wissenswert: Inhaltsstoffe aus den Wurzeln und Blüten sind Bestandteil mancher Hustentees. Junge Blätter und Blüten haben Eingang in die Wildkräuterküche gefunden. Seit dem 10. Jahrhundert Gartenpflanze. Bei empfindlichen Menschen kann die Berührung von Schlüsselblumen eine Allergie auslösen.

Standort: Nährstoffarme Wiesen, Magerrasen und Gebüsche.

S7 Schwalbenwurz

(Vincetoxicum hirundinaria) – Immergrüngewächse (Apocynaceae)

| J | F | M | A | M | J | J | A | S | O | N | D |

Beschreibung: Lockere Herden bildende Staude mit 40–100 cm hohen Stängeln, an denen kurz gestielte Blätter paarweise einander gegenüberstehen. Blätter dunkelgrün, länglich, vorn spitz, am Grund herzförmig abgerundet. Blüten in lang gestielten, lockeren Trauben, die aus Blattachseln entspringen. Blütenkrone cremegelb, 5–7 mm groß, mit 5 Zipfeln. Frucht bis 7 cm lang, zu zweit, bohnenförmig.

Wissenswert: Alle Pflanzenteile, besonders die unterirdischen, sind giftig. Früher wurde die Schwalbenwurz unter anderem als harntreibendes Mittel eingesetzt.

Standort: Kalkreiche trocken-warme Magerrasen und lichte Wälder.

S5

S6

S7

S8

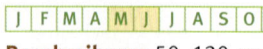

Schwertlilie, Wasser-

(Iris pseudacorus) – Schwertliliengewächse (Iridaceae)

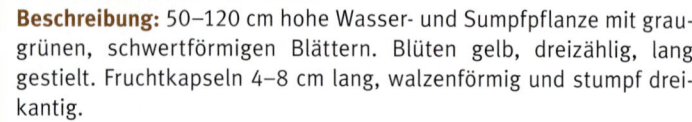

Beschreibung: 50–120 cm hohe Wasser- und Sumpfpflanze mit graugrünen, schwertförmigen Blättern. Blüten gelb, dreizählig, lang gestielt. Fruchtkapseln 4–8 cm lang, walzenförmig und stumpf dreikantig.

Wissenswert: Für feuchte Standorte geeignete Gartenpflanze. Die Pflanze ist in allen Teilen giftig. Ihre Wurzeln wurden zum Gerben benutzt. Mit Eisensalzen versetzt, dienten sie zudem zum Schwarzfärben.

Standort:. Gräben, Fluss- und Teichufer, Röhrichte.

S9

Seidelbast, Gewöhnlicher

(Daphne mezereum) – Seidelbastgewächse (Thymelaeaceae)

Beschreibung: 40–150 cm hoher Strauch. Blätter erst nach der Blüte erscheinend, lanzettlich, 2–6 cm lang, kurz gestielt, nur an den Zweigenden. Blüten rosa, duftend, in Büscheln von 2–4. Früchte rot, glänzend.

Wissenswert: Alle Pflanzenteile, besonders die auffälligen Früchte sind stark giftig.

Standort: Laubwälder auf Kalkboden.

S10

Seifenkraut, Gewöhnliches

(Saponaria officinalis) – Keuzblütler (Brassicaceae)

Beschreibung: 40–80 cm hoch wachsende, fast kahle Pflanze mit aufrechtem Stängel. Blätter breit-lanzettlich mit 3–5 Blattnerven, kreuzgegenständig. Blüten weiß oder rötlich, in doldigen Blütenständen. Kelchblätter röhrig verwachsen.

Wissenswert: Der Wurzelstock enthält schäumende Inhaltsstoffe (Saponine). Diese finden Verwendung als Seifenersatz und als Tee bei Bronchialleiden. Höhere Dosen sind schwach giftig und können Erbrechen auslösen.

Standort: Nährstoffreiche Ufer.

S8

S9

S9

S10

S11 Senf, Schwarzer

(Brassica nigra) – Keuzblütler (Brassicaceae)

| J | F | M | A | M | J | J | A | S | O | N | D |

Beschreibung: 50–150 cm hohe Pflanze, Stängel reich verzweigt, bläulich, nur am Grund behaart. Blätter gestielt, die unteren fiederteilig mit großem Endabschnitt. Blüten gelb, zahlreich, in Trauben zusammenstehend. Schoten 10–22 mm lang, wie die Fruchtstiele dem Stängel angedrückt.

Wissenswert: Die Samen des Schwarzen Senfs enthalten Öle, Senfölglycoside und ungesättigte Fettsäuren und werden schon seit Jahrtausenden zum Würzen von Speisen und zur Verdauungsförderung verwendet. Aus den gemahlenen Samen kann man Senfpflaster zur Durchblutungsförderung bereiten. Sie eignen sich auch zur Sprossen-Anzucht. Die gekochten Blätter ergeben ein leckeres Gemüse.

Standort: Nährstoffreiche Flussufer.

Ähnliche Art: Der seltene und an trockenen, humusarmen Orten vorkommende **Lacksenf (Coincya cheiranthos,** S11_2) wird meist nur etwa 60 cm hoch und ist damit nicht so stattlich wie der Schwarze Senf. Die Kronblätter sind ebenfalls gelb, jedoch mit etwa 1,5 cm Länge deutlich größer als beim Schwarzen Senf. Auch der Lacksenf besitzt Schoten, sie sind jedoch länger, stehen vom Stängel ab und sind gebogen. Blütezeit: VI–X. Wanderung: 10.

S12 Sommerwurz, Labkraut-

(Orobanche caryophyllacea) – Sommerwurzgewächse (Orobanchaceae)

| J | F | M | A | M | J | J | A | S | O | N | D |

Beschreibung: 20–60 cm hohe Pflanze von bleicher Farbe. Stiel, Kelch und Krone gleichfarbig gelblich bis braunviolett. Blüte 20–35 mm lang, auffällig weitröhrig, nach Gewürznelken duftend.

Wissenswert: Die einander oft sehr ähnlichen Sommerwurz-Arten sind selten geworden und daher geschützt. Die Labkraut-Sommerwurz parasitiert an den Wurzeln von Labkräutern.

Standort: Trockene, oft kalkhaltige Säume.

S11_2

S11

S12

337

Sonnenröschen, Gewöhnliches
(Helianthemum nummularium) – Zistrosengewächse (Cistaceae)

J F M A **M J J** A S O N D

1
2
12
13
16–18

Beschreibung: 5–30 cm hohe, unten verholzte Pflanze. Stängel niederliegend-aufsteigend, im oberen Teil krautig, meist behaart. Blätter immergrün, derb, eiförmig bis lanzettlich, mit deutlichem Mittelnerv und kleinen lanzettlichen Nebenblättern. Blüten in Trauben, gelb, rosenartig, zerknittert wirkend. Staubblätter zahlreich.

Wissenswert: Das Gewöhnliche Sonnenröschen wird in der Bach-Blütentherapie eingesetzt (Rock Rose), ebenso in Cremes zur Hautpflege. Steingartenpflanze.

Standort: Warme, oft kalkhaltige Magerrasen.

Springkraut, Drüsiges
(Impatiens glandulifera) – Balsaminengewächse (Balsaminaceae)

J F M A **M J J** A S O N D

4
5
12
18

Beschreibung: Bis über 2 m hohe Pflanze mit kräftigen, kahlen Stängeln. Blätter länglich-eiförmig, bis 25 cm lang, Blattrand gezähnt, am Grund mit großen Drüsen (Name!). Blüten groß, bis 4 cm lang, rosafarben, in aufrecht stehenden Trauben. Früchte keulenförmig, bis 5 cm lang.

Wissenswert: Neophyt aus dem Himalaya und Ostindien mit süßlichem Geruch. Das Drüsige Springkraut ist wegen des reichen Nektar- und Pollenangebots bei Imkern beliebt – wird jedoch mancherorts wegen zu starker Ausbreitung bekämpft. Schleudermechanismus der reifen Früchte wie bei den nachfolgenden Arten.

Standort: Beschattete, nährstoffreiche Uferfluren.

S13

S14

S14

S14

Springkraut, Großes

(Impatiens noli-tangere) – Balsaminengewächse (Balsaminaceae)

J F M A M J J A S O N D

5–7
15
16
18

Beschreibung: Bis 1 m hohe, aufrechte, oben verzweigte Pflanze. Blätter eiförmig, mit stumpfen Zähnen. Blüten goldgelb, blattunterseits hängend, mit hakig gekrümmtem Sporn und roten Punkten.

Standort: Feuchte Wälder.

Ähnliche Art: Das **Kleinblütige Springkraut** (*Impatiens parviflora,* S15_2), ein Neophyt, ist in allem kleiner. Die Blätter haben spitze Zähne und der Sporn der blass gelben, aufrechten Blüte ist gerade. Standort: nährstofffreie schattige Wegränder. Blütezeit: VI–IX. Wanderungen: 12, 13.

Wissenswert: Die reifen Kapseln platzen bei geringster Berührung auf und die Samen werden mehrere Meter weit geschleudert – daher der Volksname des Großen Springkrauts: Rühr-mich-nicht-an.

Staudenknöterich, Japanischer

(Fallopia japonica) – Knöterichgewächse (Polygonaceae)

J F M A M J J A S O N D

4
5
12

Beschreibung: Bis über 3 m hohe und rasch wachsende Pflanze mit kräftigem Wurzelstock. Stängel aufrecht, rot gefleckt, hohl, über 2 cm dick. Blätter 5–13 cm lang und 5–10 cm breit, eiförmig, am Grund gestutzt, vorne plötzlich zugespitzt. Blüten weiß, eine Rispe bildend.

Wissenswert: Die aus Ostasien stammende Art wurde im 19. Jh. als Gartenpflanze eingeführt und ist mittlerweile auch in der freien Natur weit verbreitet. Da sie einheimische Arten verdrängt, raten Naturschutzfachleute dringend ab, sie weiterhin anzusiedeln.

Standort: Bach- und Flussufer, Kies.

Steinsame, Blauroter

(Lithospermum purpurocaeruleum) – Raublattgewächse (Boraginaceae)

J F M A M J J A S O N D

1
2
13
17

Beschreibung: Blühende Stängel bis 30 cm hoch, aufrecht, nichtblühende Sprosse bis 50 cm lang, niederliegend. Blätter schmal, 4–8 cm lang, Mittelrippe auf der Unterseite deutlich sichtbar. Blüten anfangs purpurrosa, dann azurblau, in dichten Wickeln zusammenstehend. Reife Früchte klein, rund, keramikähnlich, steinhart (Name!).

Standort: Buchen- und Buchenmischwälder auf Kalkboden.

S15

S15_2

S16

S17

S18 Stendelwurz, Breitblättrige

(Epipactis helleborine) – Orchideen (Orchidaceae)

| J | F | M | A | M | J | J | A | S | O | N | D |

Beschreibung: Bis 1 m hohe, kräftige Orchidee. Stängel grün, vor dem Aufblühen oft gebogen, mit bis zu 14 auffallend großen, eiförmigen Blättern. Blütenstand lang gestreckt, leicht einseitswendig, kurz flaumhaarig und mit 13–80, leicht nickenden grünlichen, meist rötlich oder purpurn überlaufenden Blüten besetzt.

Wissenswert: Die Breitblättrige Stendelwurz ist formenreich und wird von Orchideenkundlern in mehrere Unterarten aufgegliedert.

Standort: Wälder.

S19 Sternmiere, Große

(Stellaria holostea) – Nelkengewächse (Caryophyllaceae)

| J | F | M | A | M | J | J | A | S | O | N | D |

Beschreibung: Herden bildende Pflanze mit 20–60 cm hohen, vierkantigen Stängeln. Blätter 3–8 cm lang, schmal lanzettlich, steif, zugespitzt und am Rand rau, sie wachsen paarweise am Stängel. Blüte weiß, 2–3 cm groß, mit 5 bis zur Mitte gespaltenen Kronblättern.

Standort: Lichte Laubwälder, Gebüsche.

S20 Sternmiere, Hain-

(Stellaria nemorum) – Nelkengewächse (Caryophyllaceae)

| J | F | M | A | M | J | J | A | S | O | N | D |

Beschreibung: In Herden wachsende Pflanze mit bis zu 50 cm langen, runden, behaarten Stängeln. Blätter gegenständig, länglich bis herzeiförmig. Die unteren Stängelblätter gestielt, die oberen meist sitzend. Kronblätter weiß, fast bis zum Grund eingeschnitten, mehr als doppelt so lang wie die Kelchblätter, meist 3 Griffel, Staubblätter weißlich.

Wissenswert: Die jungen Pflanzen wurden früher als Wildgemüse verwendet.

Standort: Auwälder, Ufer.

S18

S19

S20

Storchschnabel, Blutroter

(Geranium sanguineum) – Storchschnabelgewächse (Geraniaceae)

J F M A M J J A S O N D

11
13–17

Beschreibung: 20–50 cm hohe Pflanze. Stängel abstehend behaart. Blätter beiderseits behaart und bis fast zum Grund in 5–7 schmale Abschnitte geteilt, diese mit 2–3 Zipfeln. Blütenstiel mit je einer großen, leuchtend purpurroten Blüte. Kronblätter 15–20 mm lang, meist ausgerandet.

Wissenswert: Der Blutrote Storchschnabel eignet sich als lange blühende Gartenpflanze an sonnigen, trockenen Standorten.

Standort: Trockenwälder, sonnige Gebüschsäume.

Storchschnabel, Wiesen-

(Geranium pratense) – Storchschnabelgewächse (Geraniaceae)

J F M A M J J A S O N D

1
4
5
7
12

Beschreibung: 20–60 cm hohe Pflanze mit angedrückt behaartem Stängel. Blätter handförmig in meist 7 fiederteilige Abschnitte mit spitzen Enden geteilt. Blütenblätter lilablau, 15–22 mm lang.

Standort: Wiesen, Säume.

Streifenfarn, Brauner

(Asplenium trichomanes) – Streifenfarngewächse (Aspleniaceae)

2
3
5
6
8–18

Beschreibung: Ausdauernder Farn mit bis zu 25 cm langen, einfach gefiederten Blättern. Fiedern 2–12 mm lang, eiförmig, kurz gestielt und stumpf gesägt. Blattstiel nur wenige Zentimeter lang und wie Blattspindel glänzend braunschwarz. Vermehrung durch Sporen, 4–6 längliche Sporenhäufchen pro Blattfieder auf der Blattunterseite.

Standort: Beschattete Felsen, Mauern.

Weitere Art: Der **Schwarze Streifenfarn** (**Asplenium adiantum-nigrum,** S23_2) hat bis zu 40 cm lange, mehrfach gefiederte, glänzende Blätter. Der Blattstiel ist vom Grunde an bis zur Mitte des Stiels schwarzbraun. Blattspreite im Umriss verlängert dreieckig, etwa doppelt so lang wie breit. Fiederabschnitte etwa doppelt so lang wie breit, gesägt, Zähne stachelspitzig. 3–4 längliche Sporenhäufchen pro Fiederabschnitt, nahe am Mittelnerv. Standort: wie Brauner Streifenfarn. Wanderungen: 6, 8–11, 14–18.

S21

S22

S23

S23_2

Streifenfarn, Nördlicher

(Asplenium septentrionale) – Streifenfarngewächse (Aspleniaceae)

10
11
14–17

Beschreibung: Wintergrüner Farn mit in Büscheln stehenden, graugrünen, bis 15 cm langen und nur bis 2 mm breiten, kahlen, glänzenden Blättern. Blattspreite unregelmäßig gabelteilig mit bis 3 cm langen Fiederabschnitten. Vermehrung durch Sporen, Sporenhäufchen die ganze Unterseite bedeckend.

Standort: Trockene kalkfreie besonnte Felsen und Mauern.

Ähnliche Art: Die Blätter der **Mauerraute** (*Asplenium ruta-muraria,* S24_2) sind 2–3-fach gefiedert mit dreieckigen bis rautenförmigen Fiederblättchen. Fiederchen seitlich ganzrandig, vorne gezähnt. Blattstiel länger als die Spreite, grün, unten schwarzbraun. Sporenhäufchen fast die gesamte Unterseite des Fiederchens bedeckend. Standort: Kalkhaltige besonnte Felsen und Mauern. Wanderungen: 8, 10, 11, 13, 18.

Tausendgüldenkraut, Echtes

(Centaurium erythraea) – Enziangewächse (Gentianaceae)

5
6

Beschreibung: 10–50 cm hohe, aufrechte Pflanze. Stängel kantig, erst im oberen Bereich verzweigt. Blätter eiförmig, die unteren rosettig, die oberen gegenständig. Blütenstand eine endständige Dolde. Blüten rosarot mit fünf Kronzipfeln.

Wissenswert: Die Blüten öffnen sich nur kurze Zeit um die Tagesmitte. Pharmazeutisch vielfältig genutzte oberirdische Pflanzenteile, besonders bei Verdauungsbeschwerden.

Standort: Wald- und Wegränder, Trockenrasen.

Teichrose, Gelbe

(Nuphar lutea) – Seerosengewächse (Nymphaeaceae)

| J | F | M | A | M | J | J | A | S | O | N | D |

4
12

Beschreibung: Wasserpflanze mit ovalen, 10–30 cm langen Schwimmblättern. Gelbe Blüten von 4–5 cm Durchmesser mit 5 Blütenblättern und zahlreichen Staubblättern.

Wissenswert: Alle Seerosengewächse sind geschützt und schwach giftig. Die Gelbe Teichrose wurzelt im Gewässergrund und besitzt unterschiedlich geformte Schwimm- und Unterwasserblätter. Über ein spezielles Durchlüftungsgewebe (Aerenchym) in den Schwimmblättern gelangt Luft bis in die Wurzelspitzen.

Standort: Stehende und langsam fließende Gewässer.

S24

S24_2

T1

T2

347

Thymian, Feld-
(Thymus pulegioides) – Lippenblütler (Lamiaceae)

Beschreibung: Zwergstrauch mit bis zu 25 cm langen, kriechenden und bogig aufsteigenden Trieben. Alle Sprosse mit einem Blütenstand abschließend. Stängel vierkantig, auf den Kanten behaart. Blättchen eiförmig. Blüten rosarot, in Köpfchen am Ende der Stängel sitzend. Zur Blütezeit aromatisch duftend.

Standort: Magerrasen, Felsköpfe.

Wissenswert: Feld-Thymian enthält ätherische Öle und wirkt heilsam bei Fieber, Erkältungen, Entzündungen, Magen- und Darmbeschwerden. Die aromatischen Blätter sind ein beliebtes Küchengewürz.

Ähnliche Art: Beim nur bis 15 cm hohen und im Moseltal selteneren **Frühblühenden Thymian** (**Thymus praecox,** T3_2) ist der Stängel ringsum behaart und stumpf vierkantig bis rund. Zur Blütezeit auch liegende, nicht blühende Sprosse. Blättchen am Grund mit langen Wimpern. Nur schwach aromatisch. Standort: Trockenrasen, Felsfluren. Blütezeit: V–VII. Wanderungen: 1, 11, 15–17.

Topinambur
(Helianthus tuberosus) – Korbblütler (Asteraceae)

Beschreibung: Bis 3 m hohe, aufrechte Pflanze mit essbaren, kartoffelähnlichen Knollen. Stängel rauhaarig, oben verzweigt. Blätter ungeteilt, eiförmig, gezähnt, lang zugespitzt. Blütenköpfe gelb, 4 bis über 10 cm breit, einzeln an langen Stielen. Zungenblüten bis 4 cm lang.

Wissenswert: In Nordamerika heimisch, gebietsweise als Futter- und Gemüsepflanze kultiviert und verwildert. Die Knollen eignen sich als Kartoffelersatz für Diabetiker.

Standort: Flussufer, Waldränder, Hochstaudenfluren.

T3

T3_2

T3_2

T4

Tüpfelfarn, Gewöhnlicher

(Polypodium vulgare) – Tüpfelfarngewächse (Polypodiaceae)

Beschreibung: Wintergrüner Felsfarn, oft dichte Bestände an Mauern und Felsen bildend. Blätter meist dunkelgrün, bis 50 cm lang. Die ganzrandigen Fiederblättchen links und rechts der Blattrippe gegeneinander versetzt. Vermehrung durch Sporen, diese in tüpfelartigen Häufchen auf der Unterseite der Blätter.

Wissenswert: Aus den getrockneten Wurzeln bereiteter Tee wurde bei Asthma, Husten und Fieber eingesetzt. Wegen des süßen Geschmacks des Wurzelstocks auch als Engelsüß bezeichnet.

Standort: Beschattete Felsen und Mauern, lichte Wälder.

Veilchen, März-

(Viola odorata) – Veilchengewächse (Violaceae)

| J | F | M | A | M | J | J | A | S | O | N | D |

Beschreibung: Pflanze 5–10 cm groß und mit oberirdischen Ausläufern, Blätter etwa so lang wie breit, am Grund tief ausgebuchtet, vorne stumpf, oft glänzend. Blüte dunkelviolett, Kelchblätter stumpf, Sporn gerade und von gleicher Farbe wie die Kronblätter.

Wissenswert: Das aus dem Mittelmeergebiet stammende März-Veilchen (Archaeophyt) wird schon lange als Zier- und Heilpflanze kultiviert. Die essbaren Blüten sind dekorative Zugabe zu Salaten und wurden in der Parfümherstellung verwendet. Das März-Veilchen besitzt schleimlösende Inhaltsstoffe.

Standort: Wald- und Heckenränder.

Ähnliche Art: Das etwas größere **Raue Veilchen** (*Viola hirta,* V1_2) besitzt keine Ausläufer und hat wie das März-Veilchen stumpfe Kelchblätter. Es unterscheidet sich durch die herzförmigen, behaarten Blätter und eine hellere Blütenfarbe. Der Sporn ist nach oben gebogen und dunkler als die Kronblätter. Standort: Sonnige Gebüschränder, Trockenrasen. Blütezeit: III–V. Wanderungen: 2, 9, 11, 15, 17.

T5

V1

V1

V1_2

V1_2

V2 Veilchen, Wald-

(Viola reichenbachiana) – Veilchengewächse (Violaceae)

| J | F | M | A | M | J | J | A | S | O | N | D |

1
3
5–9
12
14
18

Beschreibung: Pflanze 10–25 cm hoch mit kahlem Stängel. Grundblätter lang gestielt, wie die kurz gestielten Stängelblätter stumpf oder spitz, etwa so breit wie lang. Blüte hellviolett, Blütensporn dunkelviolett, schlank, gerade oder abwärts gebogen. Kelchblätter spitz.

Standort: Laub- und Mischwälder.

Ähnliche Art: Das ähnliche **Hain-Veilchen (Viola riviniana,** V2_2**)** unterscheidet sich durch die hellere Blütenfarbe. Der Sporn ist weißlich, dick und nach oben gebogen. Blütezeit und Standort wie beim Wald-Veilchen. Wanderungen: 5, 7, 8, 10, 13, 14, 16, 17.

Wissenswert: Unter den Veilchen gibt es von Natur aus viele Kreuzungen, so dass nicht jede einzelne Pflanze exakt bestimmbar ist.

W1 Wachtelweizen, Acker-

(Melampyrum arvense) – Sommerwurzgewächse (Orobanchaceae)

| J | F | M | A | M | J | J | A | S | O | N | D |

1
2
15
17
18

Beschreibung: 10–40 cm hohe Pflanze. Untere Stängelblätter schmallanzettlich, obere am Grunde gezähnt. Tragblätter des walzlichen Blütenstandes auffällig rötlich, an den Spitzen lang ausgezogen. Blüten 15–25 mm lang, purpurn mit weißlich-gelbem Ring.

Wissenswert: Halbschmarotzer auf Getreide und anderen Gräsern. Durch den Gehalt an Aucubinen ist der Acker-Wachtelweizen schwach giftig.

Standort: Äcker, Magerrasen.

W2 Wachtelweizen, Wiesen-

(Melampyrum pratense) – Sommerwurzgewächse (Orobanchaceae)

| J | F | M | A | M | J | J | A | S | O | N | D |

5
6
8
10–12
14–17

Beschreibung: 10–50 cm hohe Pflanze. Untere Blätter ganzrandig, im oberen Teil des Blütenstands lang gezähnte, grüne Hochblätter. Blüten 10–20 mm lang, goldgelb bis weißgelb in wenigblütigen, lockeren, einseitswendigen Trauben.

Wissenswert: Wie die vorherige Art Halbschmarotzer. Durch den Gehalt an Aucubinen ist der Wiesen-Wachtelweizen schwach giftig.

Standort: Lichte Wälder und Gebüsche.

V2

V2

V2_2

V2_2

W1

W1

W2

W2

Waldmeister

(Galium odoratum) – Rötegewächse (Rubiaceae)

J F M A M J J A S O N D

1-3
5-7
16
18

Beschreibung: Pflanze bis 30 cm hoch. Stängel aufrecht, unterhalb des Blütenstandes unverzweigt, vierkantig. Blätter elliptisch mit Stachelspitze, zu je 6–10 in Wirteln angeordnet. Blätter nach Zerreiben mit typischem Waldmeister-Geruch. Blüten klein, weiß, mit deutlicher Kronröhre.

Wissenswert: Kumarinhaltige, in hohen Dosen giftige Gewürzpflanze. Waldmeister wird zum Aromatisieren von Waldmeisterbowle, -limonade oder -sirup verwendet, ferner als Mottenmittel (Duftkissen). In Gärten als dekorativer Bodendecker angepflanzt.

Standort: Schattige Laubwälder, besonders unter Buchen.

Ähnliche Art: Das bis 1 m hohe **Wald-Labkraut** (**Galium sylvaticum,** W3_2) hat einen runden Stängel und ist unterhalb des Blütenstandes verzweigt. Blüten flach, ohne Kronröhre. Standort: Wälder. Blütezeit: VII–IX. Wanderungen: 1, 5–12, 14, 15, 18.

Waldvögelein, Weißes

(Cephalanthera damasonium) – Orchideen (Orchidaceae)

J F M A M J J A S O N D

1-3

§

Beschreibung: 30–60 cm hohe Pflanze mit kahlem Stängel. Blätter wechselständig, oval bis elliptisch und mit deutlichen Längsnerven. Blütenstand locker mit 3–8 gelblich-weißen Blüten. Die Blüten steil aufrecht stehend, kaum geöffnet.

Standort: Trockene Laub- und Mischwälder, oft auf kalkreichem Boden.

Ähnliche Art: Das ebenfalls geschützte, seltenere **Schwertblättrige Waldvögelein** (**Cephalanthera longifolia,** W4_1) unterscheidet sich durch schmälere Blätter, die mehr als 10-mal so lang wie breit sind. Die Blüten, die meist geschlossen bleiben, sind rein weiß. Standort: Waldränder, lichte Wälder. Blütezeit: V–VII. Wanderungen: 9, 11.

Wissenswert: Alle Orchideen in Deutschland sind geschützt.

W3_2

W3

W4_2

W4

355

W5 Wasserdost

(Eupatorium cannabinum) – Korbblütler (Asteraceae)

J F M A M J J A S O N D

Beschreibung: 50 cm bis über 1,5 m hohe, aufrecht wachsende Pflanze, erst im Blütenstand verzweigt. Blätter gegenständig angeordnet und handförmig geteilt. Blüten rosa, zu 4–6 in kleinen Köpfchen zusammenstehend, diese bilden leicht gewölbte Doldenrispen. Die weißlich-gelblichen Narben weit aus der Blütenkrone herausragend.

Wissenswert: Alte Heilpflanze, das Immunsystem stärkend, schon in der Antike bei Leber- und Gallenleiden sowie als Salbe gegen Geschwüre verwendet. Bei lang andauernder, hoch dosierter Anwendung kann er leberschädigend wirken. Nektarspender für Insekten im Spätsommer, Schmetterlingspflanze für den Naturgarten.

Standort: Feuchte Staudensäume.

W6 Weidenröschen, Schmalblättriges

(Epilobium angustifolium) – Nachtkerzengewächse (Onagraceae)

J F M A M J J A S O N D

Beschreibung: 60 cm bis 2 m hoch wachsende Staude mit kriechendem Wurzelstock. Stängel unverzweigt, kahl. Blätter lineal-lanzettlich, 15 cm lang, unterseits blaugrün, mit deutlich hervortretenden Seitennerven. Blüten purpurrot, 2–3 cm im Durchmesser, in vielblütiger, endständiger Traube.

Wissenswert: Die Samen besitzen einen langen Haarschopf und können mehrere km weit verdriftet werden. Die jungen Sprosse lassen sich wie Spargel zubereiten und auch die dekorativen Blüten sind essbar.

Standort: Waldschläge, Wegränder, Schuttplätze.

W7 Weidenröschen, Zottiges

(Epilobium hirsutum) – Nachtkerzengewächse (Onagraceae)

J F M A M J J A S O N D

Beschreibung: 50 cm bis über 1 m hoch wachsende Staude mit kriechendem Wurzelstock. Stängel reich verzweigt, mit langen abstehenden Haaren, oben filzig behaart. Blätter 6–10 cm lang, scharf gezähnt und wenigstens am unteren Stängel gegenständig. Blüten purpurrosa, bis 2 cm im Durchmesser.

Wissenswert: Für die Raupen vieler Schmetterlingsarten ist das Zottige Weidenröschen eine wichtige Nahrungspflanze.

Standort: Nährstoffreiche Gewässerufer und Röhrichte.

W5

W6

W7

W7

Weiderich, Blut-

(Lythrum salicaria) – Weiderichgewächse (Lythraceae)

| J | F | M | A | M | J | J | A | S | O | N | D |

Beschreibung: 50 cm bis über 1 m hoch wachsende, straff aufrechte, gelegentlich verzweigte Pflanze. Stängel und Blätter behaart. Blätter ganzrandig, sitzend, meist gegenständig. Der Blütenstand bildet eine Scheinähre. Die Blüten sind in Quirlen angeordnet, violettrot, etwa 2 cm groß, mit 6 Kronblättern.

Wissenswert: Aufgrund des hohen Gerbstoffgehaltes früher zum Imprägnieren von Holz und Seilen sowie zum Gerben von Leder verwendet. Wegen der antibakteriellen Wirkung früher als Heilpflanze genutzt. Der Blut-Weiderich ist Futterpflanze für Raupen von Nachtpfauenaugen sowie Nektarspender für Tagfalter und andere Insekten.

Standort: Feuchtwiesen, Ufersäume.

Weißwurz, Wohlriechende

(Polygonatum odoratum) – Spargelgewächse (Asparagaceae)

| J | F | M | A | M | J | J | A | S | O | N | D |

Beschreibung: Bis 45 cm hohe, aufrechte Pflanze mit kantigen Stängeln. Blätter zweizeilig, eiförmig. Blüten glockenförmig, weiß, duftend, einzeln oder zu zweit in den Blattachseln an langen Stielen hängend. Beeren blauschwarz bereift.

Standort: Lichte, oft steile Laub- und Mischwälder, besonders auf Kalkboden.

Ähnliche Art: Die stielrunden Stängel der **Vielblütigen Weißwurz** (**Polygonatum multiflorum,** W9_2) können bis zu 60 cm lang werden. Die weißen Blüten hängen zu 2–5 in den Blattachseln. Standort: Laubwälder, besonders auf Kalk. Blütezeit: V–VI. Wanderungen: 1, 3, 5–11, 14, 17, 18.

W8

W9

W9

W9_2

W10 Wicke, Vogel-

(Vicia cracca) – Schmetterlingsblütler (Fabaceae)

J F M A M J J A S O N D

Beschreibung: Bis über 1 m hohe, oft kletternde Pflanze. Blätter mit 6–10 Fiederpaaren. Fiederblättchen linealisch, 3–5 mm breit mit langer 2-teiliger Ranke. Blütenstände in Blattachseln sitzend, blauviolett bis purpurn, langgestielt und vielblütig. Blütenstand mit Stiel etwa so lang wie das Tragblatt.

Standort: Wiesen, Gebüsche, Säume.

Ähnliche Art: Bei der **Feinblättrigen Wicke** (*Vicia tenuifolia,* W10_2) ist der Blütenstand mit Stiel 1,5–2-mal so lang wie das Tragblatt. Die Fiederblättchen sind meist zahlreicher und schmaler als bei der Vogelwicke. Die Feinblättrige Wicke kann bei der Erhaltung schutzwürdiger Magerrasen zum Problem werden: Sie bildet zuweilen dichte Bestände und streut zahlreiche Samen aus. Standort: trockenwarme Säume. Blütezeit: V–VIII. Wanderungen: 1–3.

W11 Wicke, Zaun-

(Vicia sepium) – Schmetterlingsblütler (Fabaceae)

J F M A M J J A S O N D

Beschreibung: 30–60 cm große, Ausläufer treibende und oft kletternde Pflanze. Blätter 5–10 cm lang, aus 4–8 Fiederpaaren zusammengesetzt, fein bespitzt und bewimpert. Die oberen Fiedern mit geteilter Ranke. Blütenstände hellviolett, kurz gestielt, meist 2–6-blütig, in Blattachseln sitzend. Kelchzähne ungleich lang.

Standort: Wiesen, Gebüsche, Säume.

Ähnliche Art: Die Blütenstände der **Schmalblättrigen Wicke** (*Vicia sativa* subsp. *nigra,* W11_2) sind mit nur 1–2 Blüten weniger reich – und von leuchtend rotvioletter Farbe. Die oberen Fiederblättchen sind nur 2–3 mm breit und deutlich schmäler als die unteren. Die Kelchzähne sind gleich lang und etwa halb so lang wie die Blütenröhre. Standort: trockenwarme Säume. Blütezeit: V–VII. Wanderungen: 1, 3–5, 7.

W10

W10_2

W11_2

W11

W12 Wiesenknopf, Kleiner

(Sanguisorba minor) – Rosengewächse (Rosaceae)

Beschreibung: 20 bis über 60 cm hohe, aufrecht wachsende Pflanze. Grundblätter rosettig angeordnet und gefiedert, wie die gefiederten Stängelblätter am Rand mit groben Zähnen. Blüten in kugeligen Köpfchen, diese aus kleinen, grünlichen, gedrängt stehenden Einzelblüten zusammengesetzt. Obere Blüten weiblich, Narben rot und pinselartig, untere Blüten männlich mit 20–30 langen, überhängenden, gelben Staubfäden.

Wissenswert: Alte Salat- und Gewürzpflanze der Bauerngärten. Die Blätter haben einen würzigen Geschmack. Der Kleine Wiesenknopf geht bei Düngung zurück und ist daher eine Zeigerpflanze für stickstoffarme Standorte.

Standort: Trockene magere Wiesen, Raine.

W13 Wiesenraute, Gelbe

(Thalictrum flavum) – Hahnenfußgewächse (Ranunculaceae)

Beschreibung: Seltene, bis 120 cm hohe, aufrecht wachsende Pflanze. Blätter 2–3-fach gefiedert, Fiederblättchen breit eiförmig, unterseits kahl, grün. Blütenblätter unscheinbar oder fehlend. Staubfäden gelblich und aufrecht stehend.

Standort: Kalk- und nährstoffreiche Ufersäume, feuchte bis nasse Wiesen.

Ähnliche Art: Die ebenfalls recht seltene **Kleine Wiesenraute (Thalictrum minus,** W13_2) kann ähnlich hoch werden, blüht etwas früher und kommt auf trockenen Standorten vor. Sie unterscheidet sich von der Gelben Wiesenraute außerdem durch *herabhängende* Staubfäden und die etwa so lang wie breiten Fiederblättchen. Blütezeit: V–VII. Wanderungen: 1, 7, 12, 13.

W12

W13

W13_2

Windröschen, Busch-

(Anemone nemorosa) – Hahnenfußgewächse (Ranunculaceae)

J F **M A M** J J A S O N D

Beschreibung: Ausdauernde, 10–25 cm hohe, mehr oder weniger kahle Pflanze mit waagerecht im Boden kriechendem Wurzelstock. Die drei Stängelblätter quirlständig, gestielt, aus je 3 Blättchen bestehend, Blättchen eingeschnitten oder fiederspaltig. Blüten einzeln, weiß bis rötlich-violett, 2–4 cm groß mit meist 6–8 Blütenblättern.

Standort: Lichte Laub- und Mischwälder, schattige Wiesen.

Ähnliche Art: Das meist blau blühende **Balkan-Windröschen** (*Anemone blanda,* W14_2) unterscheidet sich vom Busch-Windröschen neben der Blütenfarbe durch einen behaarten Stängel. Die relativ großen Blüten besitzen 12–15 schmale Blütenblätter. Blütezeit: III–IV. Wanderung: 4.

Wissenswert: Beide Windröschen sind wie viele Hahnenfußgewächse in allen Teilen giftig. Anemonen sind für Wildpflanzengärten zu empfehlen. Das Balkan-Windröschen, eine verwilderte Zierpflanze, stammt aus Vorderasien.

Wirbeldost

(Clinopodium vulgare) – Lippenblütler (Lamiaceae)

J F M **A M J** J **A S O** N D

Beschreibung: 20–60 cm hohe, abstehend bis zottig behaarte Pflanze mit schwach aromatischem Geruch. Blätter eiförmig, abgerundet, kurz gestielt, schwach gezähnt. Blüten rosarot, zu 10–20 in 1–4 dichten halbkugeligen, ungestielten Scheinquirlen, obere Blüten kopfig gehäuft.

Wissenswert: In der Volksmedizin bei Verdauungsschwäche eingesetzt. Die frischen Blätter eignen sich als Gewürz und Beigabe zu Salat. Bienenpflanze und Nektarpflanze für Schmetterlinge.

Standort: Magerrasen, Gebüsche und Waldränder, oft auf Kalk.

Ähnliche Art: Die bis 80 cm hohe, seltene **Wald-Bergminze** (*Clinopodium menthifolium,* W15_2) verströmt einen minzeartigen Geruch. Jeweils etwa 3–7 violette Blüten bilden einen gestielten Scheinquirl. Die unteren Kelchzähne sind deutlich kürzer als die oberen. Standort: lichte Trockengebüsche auf Kalkboden. Blütezeit: VII–IX. Wanderungen: 9, 15, 17.

W14

W14_2

W15

W15_2

W15_2

W16

1–3
5
7
8
10
12
18

Witwenblume, Acker-
(Knautia arvensis) – Geißblattgewächse (Caprifoliaceae)

J F M A M J J A S O N D

Beschreibung: 30–100 cm hohe, verzweigte Pflanze. Stängelblätter leierförmig bis fiederteilig. Stängel borstig-zottig behaart. Blütenköpfe 2–4 cm im Durchmesser mit bis zu 50 Einzelblüten. Diese vierspaltig, blauviolett, Kelch der Einzelblüte behaart und mit 8–10 kurzen Borsten.

Standort: Magere Wiesen und Magerrasen.

Wissenswert: In der Volksmedizin bei Hauterkrankungen und Ekzemen verwendet, auch in der Homöopathie eingesetzt.

Ähnliche Art: Die ebenfalls blauviolett blühende, zierlichere **Tauben-Skabiose (*Scabiosa columbaria*,** W16_2) besitzt 5-spaltige Blüten; an den Blütenköpfchen sieht man von unten die schwarzen Kelchborsten. Die oberen Stängelblätter sind fein gefiedert. Standort: kalkhaltigen Böden, Trockenrasen, Magerwiesen. Blütezeit: VII–X. Wanderungen: 2, 3, 7, 8, 10.

W17

alle

Wolfsmilch, Zypressen-
(Euphorbia cyparissias) – Wolfsmilchgewächse (Euphorbiaceae)

J F M A M J J A S O N D

Beschreibung: Bis 50 cm hohe, bläulich-grüne Pflanze mit Milchsaft und dicht beblättertem Stängel. Blätter sehr schmal, bis 3 cm lang. Blütenstand mit etwa 15 Doldenstrahlen. Enddolden gelbgrün, aus 1 weiblichen und mehreren männlichen Blüten zusammengesetzt. Tragblätter der Enddolden rautenförmig, gelbgrün und später oft rot werdend. Hüllbecheranhängsel sichelförmig, Früchte gefurcht, runzeligwarzig. Die nichtblühenden Triebe erinnern an Nadelbaumsämlinge.

Wissenswert: Alle Pflanzenteile sind durch den Milchsaft stark giftig und hautreizend.

Standort: Magerrasen, lichte Waldränder.

W16_2

W16_2

W16

W18 Wundklee, Gewöhnlicher

(Anthyllis vulneraria) – Schmetterlingsblütler (Fabaceae)

| J | F | M | A | M | J | J | A | S | O | N | D |

Beschreibung: 5–60 cm hohe, anliegend behaarte Pflanze. Stängel niederliegend bis aufrecht. Grundblätter manchmal gestielt und ungeteilt. Stängelblätter 1–7-paarig gefiedert mit vergrößerter Endfieder. Blüten goldgelb, in kopfigem, von gefingerten Hüllblättern umgebenem Blütenstand. Kelch der Einzelblüte röhrig, weißzottig behaart, zur Fruchtzeit aufgeblasen.

Wissenswert: Die Blüten hatten früher als Wund- und Hustenmittel Bedeutung. Die zarten Blätter galten in Öl angeröstet als Spezialität zu Bratgerichten.

Standort: trockene Magerrasen, meist auf Kalkgestein.

Z1 Zahnwurz, Zwiebel-

(Cardamine bulbifera) – Kreuzblütler (Brassicaceae)

| J | F | M | A | M | J | J | A | S | O | N | D |

Beschreibung: 30–60 cm hohe aufrechte Pflanze mit unterirdischem Wurzelstock, der zahnförmige Blattschuppen aufweist (Name!). Stängel unverzweigt, mit großen gezähnten Fiederblättern. Blüte hellviolett, weiß oder rosa. In den Blattachseln kleine bräunlich-violette Brutknöllchen.

Wissenswert: Bei der Zwiebel-Zahnwurz sind Schoten mit reifen Samen nur selten entwickelt. So geschieht die Vermehrung hauptsächlich über die Brutknollen, die von Ameisen verschleppt werden.

Standort: Mäßig nährstoffreiche Laubwälder.

Zaunrübe, Zweihäusige

(Bryonia dioica) – Kürbisgewächse (Cucurbitaceae)

| J | F | M | A | M | J | J | A | S | O | N | D |

| J | F | M | A | M | J | J | A | S | O | N | D |

Beschreibung: Kletterpflanze mit bis zu 4 m langen Stängeln und korkenzieherartigen Ranken. Blätter handförmig gelappt. Zweihäusig, d.h. es gibt männliche und weibliche Pflanzen. Blüten weißlich-grün, die weiblichen 10–12 mm breit mit einem Fruchtknoten (großes Bild) und dreiteiligem behaartem Griffel, die männlichen 12–18 mm breit mit 5 Staubblättern (kleines Bild links). Die erbsengroßen roten Beeren hängen bis in den Spätherbst an der dann schon vertrockneten Pflanze (kleines Bild rechts).

Wissenswert: Alle Teile der Pflanze, besonders die Beeren und die rübenartige Wurzel sind stark giftig und verursachen Koliken und schweren Durchfall. Medizinische Anwendung findet die Zaunrübe heute ausschließlich als homöopathisches Präparat gegen Rheuma, Muskelschmerzen und Gicht.

Standort: Nährstoffreiche Säume und Waldränder.

Ziest, Aufrechter

(Stachys recta) – Lippenblütler (Lamiaceae)

| J | F | M | A | M | J | J | A | S | O | N | D |

Beschreibung: Bis 60 cm hohe, kräftig behaarte Staude mit vierkantigem Stängel. Blätter gegenständig, eiförmig bis lanzettlich, untere Blätter kurz gestielt, obere sitzend. Blass gelbe Blüten zu je 6–10 in quirlartigen Teilblütenständen. Krone der Einzelblüte 1–2 cm lang, unten zu einer Röhre verwachsen, Ober- und Unterlippe weit auseinanderklaffend. Am Blütenkelch 5 lange Stachelspitzen.

Standort: Trockenrasen und warme Säume auf kalkreichem Boden.

Z2

Z2

Z2

Z3

Ziest, Echter
(Stachys officinalis) – Lippenblütler (Lamiaceae)

| J | F | M | A | M | J | J | A | S | O | N | D |

Beschreibung: Bis 80 cm hohe Staude mit unterirdischen Ausläufern, Stängel vierkantig, fast kahl. Alle Blätter am Rand gekerbt, grundständige Rosettenblätter lang gestielt und herzförmig; am Stängel nur 2–3 Paar gegenständige, kurz gestielte, lanzettliche Blätter. Blütenstand kompakt, aus dichten, quirlartigen Teilblütenständen mit je etwa 10 rot bis dunkelrosa Blüten zusammengesetzt. Einzelblüte bis 1,5 cm lang, unterer Teil zu einer Röhre verwachsen, oberer in Ober- und Unterlippe geteilt.

Wissenswert: Hausmittel gegen Durchfall, Darmbeschwerden und gegen Entzündungen im Rachenraum. Bereits Hildegard von Bingen würdigte den Echten Ziest im 12. Jahrhundert als Heilpflanze.

Standort: Nährstoffarme Feuchtwiesen, Heiden, Magerrasen.

Ziest, Wald-
(Stachys sylvatica) – Lippenblütler (Lamiaceae)

| J | F | M | A | M | J | J | A | S | O | N | D |

Beschreibung: Bis 100 cm hohe Staude mit unterirdischen Ausläufern, Stängel vierkantig, weich behaart. Blätter gegenständig, lang gestielt, herzförmig, brennnesselähnlich. Blütenstand 12–15 cm lang, ähnlich einer Ähre. Blüten zu je 4–10 quirlig angeordnet, trüb purpurn mit weißer Zeichnung. Krone der Einzelblüte etwa 1,5 cm lang, unten zu einer Röhre verwachsen. Ganze Pflanze drüsig behaart, unangenehm riechend. Beim Zerreiben der Blätter wechselt dieser Geruch nach wenigen Sekunden zu einem steinpilzähnlichen Aroma.

Standort: Wald.

Ähnliche Art: Der an feuchten Standorten wachsende **Sumpf-Ziest** (**Stachys palustris,** Z5_2) hat im mittleren Stängelteil sitzende, gekerbte Blätter von lanzettlicher Form. Der unangenehme Geruch fehlt. Standort: Feuchtwiesen und Ufersäume. Blütezeit: VI–VIII. Wanderungen: 4, 12.

Z4

Z4

Z5

Z5_2

Zimbelkraut

(Cymbalaria muralis) – Wegerichgewächse (Plantaginaceae)

| J | F | M | A | M | J | J | A | S | O | N | D |

7
13
14

Beschreibung: Krautige Pflanze mit bis über 50 cm langen, kriechenden, schlaffen Stängeln. Blätter 5–7-lappig, kahl, unterseits oft violett. Blütenform ähnlich wie kleine Löwenmäulchen: 9–13 mm lang, gestielt, weißlich-violett, Wülste der Unterlippe weiß mit gelben Flecken.

Wissenswert: Das Zimbelkraut wurde im ausgehenden Mittelalter aus dem Mittelmeergebiet als Zier- und Heilpflanze bei uns eingeführt. Heute wird es nicht mehr zu medizinischen Zwecken verwendet.

Standort: Mauern, Felsen.

Zwergmispel, Gewöhnliche

(Cotoneaster integerrimus) – Rosengewächse (Rosaceae)

| J | F | M | A | M | J | J | A | S | O | N | D | | J | F | M | A | M | J | J | A | S | O | N | D |

10
11
13
15–17

Beschreibung: Aufrecht wachsender, sparrig verzweigter Strauch bis 2 m hoch, ohne Dornen, mit braunroten Zweigen. Blätter wechselständig, eiförmig bis fast rund, 1–4 cm lang, ganzrandig, oberseits kahl und unterseits graufilzig, später kahl werdend. Blüten zu 2–4, klein, weiß bis rosa. Früchte kahl, 6 mm lang, kugelig, rot.

Wissenswert: Die roten auffälligen Früchte, die im Spätsommer reifen, werden gerne von Vögeln aufgenommen. Über die Verdauung tragen sie zur Verbreitung der Samen bei.

Standort: Felsen, Trockengebüsche.

Z6

Z7

Literaturverzeichnis

Bönsel, D., Schmidt, P., Wedra, C., 2013: Die Pflanzenwelt im Westerwald, Quelle & Meyer, Wiebelsheim.

Bundesamt für Naturschutz: FloraWeb. – http://www.floraweb.de

Cleveley, A. & Richmond, K., 1995: Dumont's großes Kräuterbuch, Dumont, Köln.

Haffner, P., 1990: Geobotanische Untersuchungen im Saar-Mosel-Raum. – Abh. Delattinia, 18 (= Aus Natur und Landschaft im Saarland), S. 1–383, Saarbrücken.

Hand, R., 1991: Floristische Übersicht für den Regierungsbezirk Trier. – Dendrocopos Sonderband 1, Trier.

Korneck, D., 1974: Xerothermvegetation in Rheinland-Pfalz und Nachbargebieten. – Schriftenreihe für Vegetationskunde, H. 7, Bonn-Bad Godesberg.

Kremer, B.P., 1976: Neulinge der heimischen Flora: Adventivpflanzen im Rheinland. – Rheinische Heimatpflege 13, H. 3, 161–164.

Landesamt für Umwelt, Wasserwirtschaft und Gewerbeaufsicht Rheinland-Pfalz (Hrsg.), 2010: Naturräumliche Gliederung von Rheinland-Pfalz. Liste der Naturräume und Karte. http://www.luwg.rlp.de/Aufgaben/Naturschutz/Grundlagendaten/Naturraeumliche-Gliederung (letzter Zugriff: 16.10.2014)

Lüder, R., 2013: Grundkurs Pflanzenbestimmung, 6. Aufl., Quelle & Meyer, Wiebelsheim.

Ministerium für Soziales, Gesundheit und Umwelt Rh.-Pf. (Hrsg.), 1983: Naturschutz-Handbuch II, Geschützte Pflanzen in Rheinland-Pfalz.

Moselkommission – Commission de la Moselle: Verzeichnis der Moselbrücken (nach Angaben des WESKA 2010 – Europäischer Schifffahrts- und Hafenkalender). – http://www.moselkommission.org/downloads/27/Verzeichnis%20der%20Moselbr%C3%BCcken_D_2010.pdf (letzter Zugriff: 23.09.2014)

Negendank, J., 1983: Trier und Umgebung. Sammlung Geologischer Führer Bd. 60, 2. Aufl., Borntraeger, Berlin-Stuttgart.

Pahlow, M., 1993: Das große Buch der Heilpflanzen, Gräfe und Unzer, München.

Poller, U., Todt, W., 2014: Moselsteig, ideenmedia, Neuwied.

REICHERT, H., 2013: Wanderungen an felsigen Steilhängen des Moseltales. – http://bad-kreuznach.pollichia.de/berichte/botex/ziele/mosel/mosel2013.htm

REICHERT, H., o.J.: Klettersteig Ürziger Lay/Erdener Treppchen. – http://www.naturregion-trier.de/exkursionen/klettersteig.html (letzter Zugriff: 06.09.2014)

RICHTER, G., SCHRÖDER, D., 1985 (Nachdruck): Exkursionsführer zur Jahrestagung der Deutschen Bodenkundlichen Gesellschaft 1983 in Trier, Trier.

RUTHSATZ, B., 2011: Die Verbreitung von Scilla bifolia im Raum Trier. – Dendrocopos 38, 159–182, Trier.

SCHMEIL, O., FITSCHEN, J., 2011: Die Flora Deutschlands und der angrenzenden Länder, 95. Aufl. bearb. von S. SEYBOLD, Quelle & Meyer, Wiebelsheim.

SCHMITT, T., 1989: Xerothermvegetation an der Unteren Mosel. – Gießener Geographische Schriften, H. 66, Gießen.

SCHMOLL, J.A. gen. Eisenwerth, 1972: Die Mosel von der Quelle bis zum Rhein, 2. Aufl., Deutscher Kunstverlag, 89 S. + 160 Fotos, Deutscher Kunstverlag, München-Berlin.

Schweizerischer Bund für Naturschutz (Hrsg.), 1991: Tagfalter und ihre Lebensräume. Arten – Gefährdung – Schutz, 3. Aufl., K. HOLLIGER, Basel.

SEBALD, O., SEYBOLD, S.; & PHILIPPI, G. (Hrsg.) 1990a–1992b: Die Farn- und Blütenpflanzen Baden-Württembergs. Bd. 1–4, Eugen Ulmer, Stuttgart.

SEBALD, O., SEYBOLD, S.; PHILIPPI, G. & A. WÖRZ (Hrsg.) 1996a–1998b: Die Farn- und Blütenpflanzen Baden-Württembergs. Bd. 5–8, Eugen Ulmer, Stuttgart.

Verbandsgemeindeverwaltung Untermosel: Kulturraum Untermosel. http://www.kulturraum-untermosel.de (letzter Zugriff: 30.10.2014)

VON DEN HOFF-KREMER, E., o.J.: Das Moseltal als historische Kulturlandschaft. Argumente zur Aufnahme in die UNESCO-Welterbeliste. – http://material.pro-mosel.de/landschaft/welterbe_hoff.html (letzter Zugriff: 08.09.2014)

WEIDEMANN, H.-J., 1986: Tagfalter, Bd. 1, Neumann-Neudamm, Melsungen.

Bildnachweis

Die Nummern beziehen sich auf die Bildnummern im Porträt-teil.

Dirk Bönsel: H18, P6_2, M7_2

Bernd Nowak: A3, B3 oben, F3, K5, K8, L9, S8, S18 (Lupe), S21, W4, W8, Z1

Barbara Ruthsatz: B3 unten, H17, W13_2, W13_2 (Lupe)

Petra Schmidt: G3_2 rechts, W18 unten

Annette Steinbach-Zoldan: H1

Alle übrigen Fotos stammen von den Autorinnen.

Coverbild: Stefan Vladuck (CC4.0)

Touren-Karten: Für die Erstellung der Touren-Karten wurden Map-Source-Karten verwendet, mit freundlicher Genehmigung der Firma Garmin Deutschland GmbH. © 1999–2009 Garmin Ltd. or its subsidiaries. All rights reserved.

Übersichtskarte: Theiss Heidolph, Dachau

Die fett markierten Seitenanga-
ben beziehen sich auf die nähere
Beschreibung der Pflanze im
Porträtteil ab Seite 223.

Bewährte Führer für interessante botanische Wanderungen

Dirk Bönsel/Petra Schmidt

Die Pflanzenwelt des Vogelsberges

12 faszinierende Entdeckungstouren auf dem Vulkan

Der Vogelsberg bietet nicht nur vielfältige Wandermöglichkeiten, sondern durch seinen vulkanischen Ursprung auch eine reiche Pflanzenwelt. Dieser Wanderführer begleitet die Leser sowohl auf gut beschriebenen Rundwanderwegen als auch auf Etappen des Vulkanrings zu den botanisch interessantesten Stellen. Jede Tour beginnt mit einer ausführlichen Beschreibung der vegetationskundlichen Besonderheiten und führt zu den bemerkenswertesten dort anzutreffenden Pflanzen. Dabei werden nützliche Hinweise zu Schwierigkeit der Wanderung, Anreise sowie Park- und Einkehrmöglichkeiten nicht vergessen. Ein eigener, alphabetisch aufgebauter und hervorragend bebildeter Pflanzenteil porträtiert sämtliche für Vogelsberg typischen Pflanzen mit Angabe der Standorte, so dass auch gezielte Entdeckungstouren möglich sind.

2016, 432 S., 620 farb. Abb., kart.,
ISBN: 978-3-494-01601-6
Best.-Nr.: 494-01601

€ 16,95

Dirk Bönsel/Petra Schmidt/Christel Wedra

Die Pflanzenwelt im Westerwald

18 faszinierende Entdeckungstouren zwischen Rothaargebirge und Lahntal

Der Westerwald besitzt eine überaus reiche Pflanzenwelt und zeichnet sich durch eine enorme Vielfalt unterschiedlichster Lebensräume aus. Dieses Buch führt und begleitet Sie auf gut beschriebenen Rund- und Fernwanderwegen durch die botanisch interessantesten Regionen. Jede Tour beginnt mit einer ausführlichen Beschreibung der vegetationskundlichen Besonderheiten und führt Sie anschließend zu den bemerkenswertesten dort anzutreffenden Pflanzen. Dabei werden nützliche Hinweise zur Anreise sowie Park- und Einkehrmöglichkeiten nicht vergessen. Ein eigener, systematisch aufgebauter und hervorragend bebilderter Pflanzenteil porträtiert sämtliche für diesen Teil des Westerwaldes typischen Pflanzen mit Angabe der Standorte, so dass auch gezielte Entdeckungstouren möglich sind.

2013, 432 S., 535 farb. Abb., 18 Karten, kart.,
ISBN: 978-3-494-01530-9
Best.-Nr.: 494-01530

€ 19,95

Quelle-Meyer Verlag
Industriepark 3 · D-56291 Wiebelsheim · Telefon 06766/903-140 · Fax -320
E-Mail: vertrieb@quelle-meyer.de · **www.quelle-meyer.de**

Hermann Bothe

Die Pflanzenwelt der Eifel
26 faszinierende Entdeckungstouren auf Rundwanderwegen

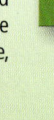

Die Eifel bietet eine überaus reiche Pflanzenwelt und zeichnet sich durch eine große Vielfalt unterschiedlichster Lebensräume aus: von Kalkmagerrasen über Osterglockenwiesen und Schwermetallflora bis hin zu den Mooren der Vulkaneifel mit ihren Maaren. Dieses Buch führt und begleitet den Leser auf gut beschriebenen Rundwanderwegen durch die botanisch interessantesten Regionen. Jede Tour beginnt mit einer ausführlichen Beschreibung der vegetationskundlichen Besonderheiten und führt zu den bemerkenswertesten, dort anzutreffenden Pflanzen. Dabei werden nützliche Hinweise zu Schwierigkeit der Wanderung, Anreise sowie Park- und Einkehrmöglichkeiten nicht vergessen. Ein eigener, alphabetisch aufgebauter und hervorragend bebilderter Pflanzenteil porträtiert sämtliche für die Eifel typischen Pflanzen mit Angabe der Standorte, so dass auch gezielte Entdeckungstouren möglich sind.

2014, 328 S., 298 farb. Abb., 28 Tourkarten, kart., ISBN: 978-3-494-01579-8
Best.-Nr.: 494-01579

€ 16,95

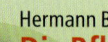

Preisstand 2016 · Änderungen vorbehalten

Hermann Bothe

Die Pflanzenwelt im Großraum Köln
23 faszinierende Entdeckungstouren auf Rund- und Fernwanderwegen

Der Großraum Köln, der sich von Solingen über Leverkusen und Bonn bis zur Nordeifel erstreckt, besitzt eine überaus reiche Pflanzenwelt und zeichnet sich durch eine enorme Vielfalt unterschiedlichster Lebensräume aus. Dieses Buch führt und begleitet Sie auf exakt beschriebenen Rund- und Fernwanderwegen durch die botanisch interessantesten Regionen. Jede Tour beginnt mit einer ausführlichen Beschreibung der vegetationskundlichen Besonderheiten und führt Sie anschließend zu den bemerkenswertesten, dort anzutreffenden Pflanzen. Dabei werden nützliche Hinweise zur Anreise sowie Park- und Einkehrmöglichkeiten nicht vergessen. Ein eigener, systematisch aufgebauter und hervorragend bebilderter Pflanzenteil porträtiert sämtliche für den Großraum Köln typischen Pflanzen mit Angabe der Standorte, so dass auch gezielte Entdeckungstouren möglich sind.

2012, 256 S., 248 farb. Abb., 2 s/w-Abb., 23 Wanderkarten, kt., ISBN: 978-3-494-01519-4
Best.-Nr.: 494-01519

€ 16,95

Quelle-Meyer Verlag
Industriepark 3 · D-56291 Wiebelsheim · Telefon 06766/903-140 · Fax -320
E-Mail: vertrieb@quelle-meyer.de · **www.quelle-meyer.de**